实用兽医
消毒技术
大全

杨洪战 ◎ 主编

中国农业出版社
农村读物出版社
北京

图书在版编目（CIP）数据

实用兽医消毒技术大全 / 杨洪战主编 . —北京：
中国农业出版社，2021.2
　　ISBN 978 - 7 - 109 - 27396 - 2

　　Ⅰ . ①实… 　Ⅱ . ①杨… 　Ⅲ . ①兽疫－消毒 　Ⅳ .
①S851.36

中国版本图书馆 CIP 数据核字（2020）第 188090 号

中国农业出版社出版

地址：北京市朝阳区麦子店街 18 号楼
邮编：100125
责任编辑：肖　邦
版式设计：杜　然　责任校对：吴丽婷
印刷：北京万友印刷有限公司
版次：2021 年 2 月第 1 版
印次：2021 年 2 月北京第 1 次印刷
发行：新华书店北京发行所
开本：720mm×960mm　1/16
印张：17
字数：300 千字
定价：80.00 元

本书编写人员

主编　杨洪战

参编（按姓氏笔画排序）

　　　毛彦杰　张松柏　潘逢文

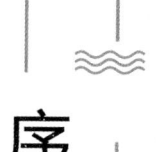

序

科学研究发现，养殖场在预防和治疗上的药物投入比例应为消毒剂：疫苗：治疗保健药物＝6：3：1，而我们国家实际生产上则正好相反，究其原因是人们观念上对消毒在畜牧业中的重要性认识不够，技术上又缺乏科学的理论指导。《实用兽医消毒技术大全》一书理论与实践紧密结合，填补了消毒学中理论与应用方面的许多空白，此书的出版将对我国畜牧业消毒观念的转变起到重要的推动作用，同时也是从事疫病防控人员的一本实用参考书。

本书的编者都是多年从事消毒剂理论研究、产品研发和生产实践工作的技术人员，曾参加过部分消毒剂国家行业标准的制定工作，获得过多项国家新型专利技术。他们理论基础扎实，实践经验丰富，同时借鉴了大量的国内外案例，形成了独特的消毒理论体系。他们编写的《实用兽医消毒技术大全》一书集科学性、实用性、指导性于一体，结构严谨、内容丰富、深入浅出、通俗易懂。

该书涵盖面很广，除了讲述消毒基础知识、消毒剂选用原则、消毒效果的检测、提高消毒效果的方法以及常见消毒剂的介绍外，还详细论述了猪场、鸡场、牛场、羊场、兔场、水禽养殖、皮毛兽养殖、养蚕、养蜂、饮用水、动物医院、国家级省级兽医实验室、传染病疫源地、兽用生物疫苗生产厂、屠宰场、动物交易场所等消毒技术，对养殖产业链不同环节的消毒技术都做了详细介绍，是一本实用的工具书。

2020 年 4 月

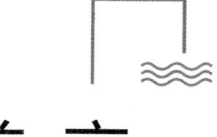

前　言

　　近年来，随着大量新技术、新方法的推广应用，我国的养殖业发生了翻天覆地的变化。然而，相比西方养殖业发达国家，我国养殖业的总体水平仍然较低，特别是在抵抗疫病风险的能力上更是如此。因此，提高养殖从业人员的兽医生物安全专业知识与技术水平，尤其是第一线与疫病作斗争的防疫员业务水平，就成为当前一项迫在眉睫的任务。为此，我们编写了本书，以期为广大养殖从业人员提供相应的技术指导。

　　本书有以下几个特点：一是科学性强，本书参考了大量消毒学的新成果、新资料；二是实用性强，本书用通俗易懂的语言，较多关注其实用性；三是涵盖面广，不仅涵盖了不同畜禽养殖场的消毒技术，同时还涵盖了不同生产环节的消毒技术；四是新的消毒技术、消毒理念的介绍，在纠正过去错误消毒观念与做法的同时，提出了很多新的消毒理念和技术。总之，希望本书的出版对广大养殖户和专业技术人员有所帮助，能为我国动物疫病防控做出力所能及的贡献。

　　由于时间仓促、编者水平有限，书中缺点和不足之处在所难免，恳请广大读者和老师批评指正。

编　者

2020 年 4 月

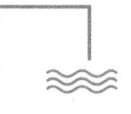

目 录

序

前言

第一篇　消毒基础知识

第二篇　实用消毒技术

第一篇
消毒基础知识

第一章　概　　述

在漫漫的历史长河中，人类经历了多次的瘟疫流行。流行病威胁着人类的生命安全，如何预防成了难题。18世纪，医学及其相关的科学得到了快速发展，显微镜的发明让人类认识了微生物，随后又认识到了引起疫病传染的真正原因是微生物。路易斯·巴斯德（Louis Pasteur）发明了巴氏消毒法。消毒领域先驱伊格纳兹·塞麦尔维斯（Ignaz Semmelweis）提出的洗手消毒法等科研成果没有从根本上解决人类感染死亡问题，直到现代消毒之父约瑟夫·李斯特（Joseph Lister）提出消毒理论和方法，才真正解决了手术感染死亡问题。当"细菌理论"被证实，消毒原则被广泛认同时，德国诞生了全世界第一家消毒剂专业生产商——舒美公司。德国舒美公司成立于1889年，公司成立3年后，德国汉堡发生霍乱疫情，在这次对抗流行病的战斗中，由于来苏水的使用，有效地抗击了霍乱疫情。而来苏水就是德国舒美公司的第一个消毒剂品牌，舒美公司也因此受到汉堡政府的表彰。后来随着世界医学、化学的进一步发展，消毒剂的种类也逐渐多起来，高效、低毒或无毒的消毒剂开始出现，给人们生活带来了极大便利。

近年来，人们生活水平不断提高，对畜产品的需求量越来越大，极大促进了养殖业的发展；养殖业从传统的家庭养殖模式向集约化、规模化、工厂化发展。同时，由于高密度饲养，动物相互之间接触的概率增加，许多接触性传染病、消化道传染病、呼吸道传染病、昆虫媒介传染病等的传播速度比原来更快，一旦暴发疫情，再采取措施为时已晚。这就形成了现代养殖业"高投入、高风险、高效益"的新特点，其中，高风险主要指的就是传染病，可见传染病给养殖业造成了极大威胁，预防和控制传染病的发生是饲养管理的重中之重。

传染源、传播途径、易感动物是传染病的三个重要环节，缺少其中任何一环，传染病都不会发生和流行。对付传染源，我们要做到早发现、早诊断、早隔离、早治疗，加强疫情监测，防止疫情传播蔓延。实际上，当发现传染源时，疫病已经开始流行，甚至有时疫病已经开始流行了，我们还不知道传染源在哪里，有时即使知道传染源在哪里我们也没有办法，所以，靠对付传染源来控制疫情不太现实。在易感动物的保护上，最佳的方案是使用针对性的疫苗，提高易感动物的自身免疫力。然而疫苗的研制往往滞后于疾病的发展速度，所以，完全靠疫苗来保障动物群体的安全有点亡羊补牢；即使疫苗有了，对易感动物的保护率也不能做到百分之百。另外，疫苗接种得太多反而不利于动物的健康，况且现在养殖场的疫病大多是多种疾病混合感染，单靠疫苗来保护易感动物也不太现实。在切断传播途径上，最有效的方法是"消""灭""杀"。"消"指的是消毒，"灭"指的是灭鼠，"杀"指的是杀灭蚊蝇、体内及体表寄生虫等。在切断传播途径上，我们有时不用考虑传染源在哪里，也不用像接种疫苗那样需要有很强的针对性，因为现在发明的许多高效消毒剂的杀菌谱非常广，一种消毒剂可以杀灭多种病原微生物。由此可见，只要按照规程操作，有效切断传播途径是预防和扑灭传染病最有效、最便捷的措施。

随着我国畜牧业飞速发展，动物疫病出现了新的变化，比如新的疫病出现、混合感染、病毒毒株变异、耐药株的出现等，给畜牧业的疫病防控工作带来了极大困难。笔者走访全国各地许多养殖场，把造成当前养殖业疫病流行的原因做了如下总结：

1. 对消毒的认识不够　许多中小规模养殖场对消毒认识不够，没有疫情的时候根本不消毒，认为消毒没有任何作用，还浪费金钱和时间。这些养殖场每年都可能发生疫情，不但给自己造成了损失，同时还给别的养殖场造成威胁和损失。疫病控制需要全民皆兵才能达到完全控制的目的，现在的实际情况多是各自为政，水平参差不齐，方法也是千差万别，这给我国疫病控制工作带来了不利影响，这也是为什么我国很多看似普通的疫病却一直净化不了的主要原因。

2. 消毒剂使用方法错误　养殖场的从业人员专业水平参差不齐，很多情况是消毒剂拿来不看说明就用。错误使用消毒剂不但起不到消毒作用，有时还会对动物造成伤害，比如烧碱、甲醛严禁带动物消毒，否则会造成动物死亡。

3. 消毒剂本身的质量问题　我国专业生产消毒剂的厂家很少，同种产品名称、质量也是千差万别。有些厂家的产品在功效上夸大其词；有的为了突出性价比，乱写稀释比例，造成产品使用时没有效果；还有个别黑心厂家干脆生产假冒伪劣产品，其危害更大。

4. 疫苗的问题　疫苗本身也有问题，低效价疫苗或假疫苗是造成免疫失败的主要原因，所以一定要选择正规厂家生产的疫苗。另外疫苗购进后在使用前一定要测效价；疫苗在运输、储藏过程中没按照规定操作和检测，甚至有的疫苗到养殖场后已经解冻，又冷藏起来数日后再用，其实这时的疫苗已经失效；没有严格按照疫苗使用说明正确使用疫苗，比如乱用稀释剂造成免疫失败；盲目过多使用和依赖疫苗，造成部分疫苗免疫失败；使用后的疫苗瓶、用具随手乱丢；许多弱毒疫苗（如法氏囊弱毒苗）在自然环境中非常容易复壮和变异，从而造成疫病的传播。大部分养殖场都有自己的免疫程序并能够按照免疫程序执行，但是该程序未必是该养殖场最科学的免疫程序，最科学的免疫程序应该建立在抗体检测基础上。

5. 随意丢弃、出售、运输病死动物　由于从业人员的职业道德问题，随意丢弃、出售、运输病死动物现象屡禁不止，同时运输病死动物的车辆基本不消毒，到处乱跑，这给疫病的控制带来极大困难，甚至有些疫病是人畜共患病，给人类的健康也带来极大隐患。

6. 过分依赖和使用抗生素　盲目使用抗生素或加倍使用抗生素也是造成疫病流行的原因之一，尤其是使用一些免疫抑制药，比如地塞米松、安乃近、磺胺类药物、长效土霉素等，这些药不是不能用，而是应该尽量少用或仅在特殊情况下使用。在饲料中添加抗生素用来促生长曾经屡见不鲜；治疗疫病用抗生素，预防疾病用抗生素，甚至有很多养殖户把抗生素当保健品来用，造成了抗生素的滥用，其结果是耐药菌的出现使疫病更难控制，甚至动物都药物中毒了，疫病还没有控制住。所以，抗生素的使用要规范起来，"有的放矢"才能既节约了成本又控制了疫病。

7. 养殖场环境卫生条件差　养殖场内蚊蝇乱飞、鼠害成灾、猫狗乱跑、粪便乱堆，这样的养殖场就是用再多的疫苗（比如口蹄疫病毒的量过大时，即使打了这种病毒的疫苗，动物照样会发病）、用再多的抗生素、天天消毒也很难杜绝疫病的暴发。

8. 养殖密度过大　我国人多地少，养殖场征地一是困难，二是土地价格较高，这就造成了很多养殖场在有限的土地上尽量多养，多养的后果是密度过大。密度过大带来的直接后果一是疫病一旦暴发很难控制，二是给通风造成困难，这栋舍排出的风又排入另一栋舍，周而复始，等于没有通风，同时还传染疾病。

9. 引种带来疫病的潜在危险　我国养殖业自从走上集约化、规模化、工厂化发展道路，品种的好坏对养殖场的效益影响越来越大。由于我国良种繁育体系滞后，养殖场不得不到国外引进优良品种，引种时由于检疫、监测、诊断不力等原因，致使一些新的疫病传入我国，再加上养殖场缺乏有效的隔离、监测手段，新疫病很快在我国传播开来，给养殖业带来了巨大损失，比如圆环病毒、蓝耳病、猪伪狂犬病、鸡法氏囊炎等。

10. "重治疗，轻淘汰"观念根深蒂固　我国养殖的观念是有病能治就治，治不好了再淘汰，这就造成了许多疫病不能得到有效净化。疫病治愈以后畜禽长期带毒排毒，给养殖场生产带来极大危害，这就是为什么我国拥有许多优秀的疫苗，却净化不了疫病的原因。

11. 养殖场设计不合理 大多数养殖场在设计时为节约设计费用而自行设计，照猫画虎造成养殖场的设计不合理。养殖场设计涉及畜牧学、动物环境卫生学、建筑工程学等学科，不是一个人就能完成的工作。设计不合理一是给饲养管理带来不便，二是给疫病控制带来隐患。比如过去设计猪场产房和保育舍紧挨着以便转群，而现在新的设计理念是保育舍要单独建场，仔猪断奶后转到保育场，仔猪结束保育后又转到育肥场。经过两次转场，减少了疫病，提高了仔猪成活率，同时也大大降低了养殖风险。

12. 专业人才缺乏，养殖场管理水平落后 我国畜牧业真正有水平的人才比较缺乏，有相当一部分养殖场的技术人员没有经过严格的系统理论知识学习，甚至有的仅仅是曾经在养殖场当过饲养员，对疫病的检疫、监测、防控一窍不通，他们大多数是想当然、盲从，没有科学的理论体系，导致疫病不断发生。当然，也有虽然不是科班出身，但是通过刻苦学习，水平甚至超过了专业人员的情况。

13. 疫病本身造成的动物免疫力低下 许多疫病都能造成动物免疫抑制，比如鸡法氏囊炎、猪蓝耳病、猪圆环病毒等，动物一旦患上这类疫病，会造成免疫抑制，其他疫病乘虚而入，造成混合感染甚至大批死亡。

14. 饲料对动物健康的影响还没有完全引起足够的重视 我国从传统养殖业向现代养殖业过渡的时间并不长，过去传统养殖业没有饲料的概念，更谈不上动物的营养标准，造成动物生产力低下。饲料行业的出现，让人们认识到了饲料给自己带来的巨大好处，这也给饲料企业提出了更高的要求。饲料企业为了迎合养殖户的需求，不断改进饲料配方，添加剂，尤其是曾经的抗生素大量添加到饲料中，让动物长得更快，产蛋、产奶更多，我们虽然从中获得了巨大利益，却牺牲了动物的健康。另外饲料中霉菌超标也威胁到动物的健康。

15. 忽视终末消毒或终末消毒执行不严格 终末消毒对老的养殖场更为重要，做好终末消毒是切断传播途径的重要手段，也是养殖成败的关键措施，应该引起养殖场的高度重视。国内外大型集团化养殖公司严格执行全进全出制，对终末消毒都非常重视，对没有按照要求做好终末消毒的车间，严禁下一批动物进入。所以，这些养殖公司在养殖过程中很少出现大的疫病流行。

第二章　病原微生物

第一节　微生物的分类

微生物是一类个体微小、结构简单，吸收多、转化快，生长快、繁殖快，适应强、易变异，分布广、种类多的生物。它们与人类、动物、植物的关系十分密切；有的有益，有的则有害。目前已发现的微生物有 10 万种以上，根据微生物的结构可分为如下三类：

1. 真核细胞型微生物　真核细胞型微生物为单细胞或多细胞，细胞核完整，分化为核仁、核膜和染色体，细胞质中有完整的细胞器。真菌、原生动物和部分藻类都属于此类。

2. 原核细胞型微生物　原核细胞型微生物仅有原始核，而无核膜与核仁，细胞质中无核糖体以外的细胞器。原核细胞微生物包括细菌、螺旋体、支原体、立克次氏体、衣原体和放线菌。

3. 非细胞型微生物　非细胞型微生物更微小，不具细胞结构，不能独立生存，能通过细胞滤器。病毒属于这一类。

第二节　重要的致病性细胞型微生物

1. 链球菌　呈圆形，呈链状或成对排列，幼龄培养物可形成荚膜，不形成芽孢，多数无鞭毛，革兰氏染色阳性。抵抗力不强，60 ℃ 30 分钟即被杀死，对普通消毒药抵抗力不强。主要引起的疾病：牛链球菌乳房炎、牛肺炎链球菌病，猪淋巴结肿、关节炎、脑膜炎、败血症，羊败血型链球菌病，鸡链球菌病等。

2. 大肠杆菌　呈直杆状，散生或成对存在，无芽孢，多数为周身鞭毛，能运动，无可见荚膜，但有微荚膜。革兰氏染色阴性。大肠杆菌对热的抵抗力较其他肠道杆菌强，对一般化学消毒药比较敏感。主要引起的疾病：仔猪黄痢、仔猪白痢、猪水肿病、断奶仔猪腹泻等。

3. 沙门氏菌　呈直杆状，除鸡白痢沙门氏菌和鸡伤寒沙门氏菌无鞭毛不能运动外，其余各菌均有周身鞭毛，大多数有普通菌毛，无荚膜，不形成芽孢，革兰氏染色阴性。抵抗力中等，对化学消毒剂的抵抗力不强。主要引起的疾病：该菌常侵害幼龄动物，引起败血症、胃肠炎及其他组织局部炎症，如猪副伤寒、鸡白痢、鸡伤寒等。

4. 多杀性巴氏杆菌　呈球杆状或短杆状，两端钝圆，新分离的强毒株有荚膜，无鞭毛，不形成芽孢。革兰氏染色阴性，病料用瑞氏染色或美蓝染色时，可见典型的两极着色。本菌抵抗力不强，对一般的化学消毒剂比较敏感。主要引起的疾病：猪肺疫、牛出血性败血症、禽霍乱、兔出血性败血症。

5. 猪胸膜肺炎放线杆菌　呈小球杆状，有荚膜和菌毛，不形成芽孢，革兰氏染色阴性，呈两极浓染。该菌抵抗力弱，对常用消毒剂敏感。主要引起的疾病：猪接触性传染性胸膜肺炎。

6. 副猪嗜血杆菌　呈短小杆状、球状或长丝状，无鞭毛，无芽孢，新分离的致病菌株有荚膜。革兰氏染色阴性，美蓝染色呈两极浓染。本菌抵抗力不强，易被常用消毒剂及较低温度的热力杀灭。主要引起的疾病：猪副嗜血杆菌病。

7. 布鲁氏菌　呈球杆状，不形成芽孢和荚膜，无鞭毛。该菌难以着色，吉姆萨染色呈紫色，革兰氏染色阴性。该菌对外界环境的抵抗力较强，但对湿热较敏感，对消毒剂抵抗力不强。主要引起的疾病：主要侵害生殖器官及其他各组织局部，引起牛、羊、猪的布鲁氏菌病。

8. 丹毒杆菌　菌体呈小的直杆或弯杆状，无鞭毛、无荚膜，不产生芽孢，革兰氏染色阳性。本菌是无芽孢杆菌中抵抗力较强的，在干燥环境中存活三周，但对热和直射日光敏感，对常用消毒剂抵抗力不强。主要引起的疾病：猪丹毒、羔羊多发性关节炎。

9. 产气荚膜梭菌（魏氏梭菌）　两端钝圆的粗大杆菌，无鞭毛，芽孢大而卵圆，位于菌体中央或近段，但一般情况下罕见形成芽孢，多数菌株可形成荚膜。革兰氏染色阳性。该菌在含糖厌氧环境中存活几周，而在无糖厌氧环境中存活几个月，芽孢的抵抗力更强。主要引起的疾病：仔猪红痢、羔羊痢疾、羊肠毒血症、羊猝狙、牛肠毒血症、犊牛痢疾、恶性水肿。

10. 破伤风梭菌　该菌为两端钝圆、细长、直或稍弯曲的杆菌，无荚膜，有周身鞭毛，在动物体内外均可形成芽孢，位于菌体的一端，使芽孢体呈鼓槌状。革兰氏染色阳性。本菌繁殖体抵抗力不强，但其芽孢抵抗力极强，在土壤中可存活数十年。主要引起的疾病：各种动物和人的破伤风。

11. 腐败梭菌　本菌为直或弯曲杆状，无荚膜，有周身鞭毛，芽孢呈卵圆形，位于菌体的中央或近段，呈梭状或汤匙状。革兰氏染色阳性。芽孢抵抗力极强，在土壤中可保持活力 20～25 年。主要引起的疾病：人和动物的恶性水肿、羊快疫。

12. 分支杆菌 本属菌可分为结核分支杆菌、牛分支杆菌和禽分支杆菌 3 个种，菌体平直或弯曲，有时分支，呈丝状，牛分支杆菌短而粗；禽分支杆菌呈多形性，无鞭毛、芽孢和荚膜。革兰氏染色阳性，但不易着色，抗酸性染色呈红色，其他菌呈蓝色或绿色。本菌对干燥、寒冷及一般消毒剂具有较强的抵抗力，对湿热、紫外线和酒精较敏感。主要引起的疾病：人和各种动物的结核病。

13. 猪痢疾短螺旋体 该菌呈波浪状，多为 2～4 个弯曲，两端尖锐，形似双燕翅状。革兰氏染色阴性。对外界抵抗力较强，对消毒剂抵抗力不强。主要引起的疾病：猪痢疾。

14. 猪肺炎支原体 多形性，以环形为主，也见球状、短链状、丝状，革兰氏染色阴性。对外界抵抗力较弱，对常用消毒剂均敏感。主要引起的疾病：猪喘气病。

15. 禽败血支原体 通常呈球形，也有卵圆形或梨形，革兰氏染色阴性，对理化因素抵抗力不强。主要引起的疾病：禽类的慢性呼吸道病。

16. 丝状支原体丝状亚种 菌体最常见的是球形颗粒，还有球杆状、丝状和分枝等形态，革兰氏染色阴性。对外界环境抵抗力不强，能被常用的消毒剂杀死，不耐高温、干燥和阳光，对低温有一定的抵抗力。主要引起的疾病：牛肺疫。

17. 丝状支原体山羊亚种 菌体呈多形性，可见点状、球状、小环形和丝状。革兰氏染色阴性。抵抗力较弱。主要引起的疾病：羊支原体性肺炎。

18. 立克次氏体 具有小杆状、球状、新月状、丝状等多种形态，无鞭毛和荚膜，革兰氏染色阴性。对理化因素具有较强的抵抗力。主要引起的疾病：人的 Q 热，各种动物的热性疾病。

19. 猪附红细胞体 多呈环形，也有球状、杆状等形态，革兰氏染色阴性。对干燥和消毒剂比较敏感，对低温抵抗力较强。主要引起的疾病：猪附红细胞体病。

其他常见致病性细胞型微生物请见表 2 - 1。

表 2 - 1 其他常见致病性细胞型微生物

细菌名称	革兰氏染色	能否形成芽孢	抵抗力	备注
钩端螺旋体	—	/	较强	
李氏杆菌	+	否	较强	
胞内劳森氏菌	—	否	不强	

（续）

细菌名称	革兰氏染色	能否形成芽孢	抵抗力	备注
坏死杆菌	－	否	不强	
葡萄球菌	＋	否	较强	
炭疽杆菌	＋	能	很强	体外能形成芽孢
衣原体	－	／	不强	
白色念珠菌	＋	否	不强	
麦氏弧菌	－	否	较强	
伪结核耶尔森氏菌	＋	否	不强	
鸡副嗜血杆菌	－	否	不强	

注：＋为革兰氏阳性，－为革兰氏阴性。

第三节　重要的病毒

1. 马立克氏病病毒　为双股 DNA 病毒，病毒在鸡体组织内有两种存在形式，即无囊膜的裸病毒和有囊膜的完全病毒。裸病毒存在于肿瘤的病变中，与细胞完全结合，与细胞共存亡，在外界存活能力很弱。完全病毒存在于羽毛囊上皮细胞内，能在外界存活较长时间，具有传染性，对外界抵抗力很强，但常用消毒剂可使其失活。病毒通过直接或间接接触经空气传播。主要引起的疾病：鸡马立克氏病。

2. 鸭瘟病毒　鸭瘟病毒属于疱疹病毒科疱疹病毒属，为双股 DNA 病毒，有囊膜，对外界抵抗力不强，对低温抵抗力较强，常用消毒剂能使其失活。病毒主要通过消化道传播，也可通过交配、眼结膜和呼吸道传播。主要引起的疾病：鸭、鹅的鸭瘟。

3. 痘病毒　为双股 DNA 病毒，结构复杂，有囊膜，在细胞浆内复制，并形成包含体。病毒对温度具有较高的抵抗力，在干燥的痂块中可存活几年，但容易被氯制剂或对巯基有作用的物质所破坏。病毒主要通过呼吸道传播，也可通过损伤的皮肤和黏膜传播。主要引起的疾病：羊痘、猪痘、牛痘、禽痘等。

4. 减蛋综合征病毒　为双股 DNA 病毒，无囊膜，对环境抵抗力较强，对乙醚、氯仿不敏感，对 pH 适应谱广，对其他消毒剂敏感。本病毒主要经垂直传播，也可经消化道水平传播。主要引起的疾病：鸡产蛋下降综合征。

5. 猪细小病毒　为单股 DNA 病毒，无囊膜，对外界环境抵抗力较强，耐热，对乙醚、氯仿不敏感，pH 适应范围很广。病毒经呼吸道和消化道传播，也可经胎盘和精液垂直传播。主要引起的疾病：猪细小病毒病。

6. 口蹄疫病毒　目前可分为 A 型、O 型、C 型、亚洲 I 型、南非 I 型、南非 II 型、南非 III 型七个血清型，各血清型之间无交叉免疫性，每个血清型之间又包含若干个亚型，同型各亚型之间也仅有部分交叉免疫性，我国主要是 A 型、O 型和亚洲 I 型，其中 O 型最常见。口蹄疫病毒对外界的抵抗力很强，耐干燥、低温十分稳定，高温和直射阳光对病毒有杀灭作用，病毒对酸和碱都特别敏感，在 pH3.0 和 9.0 以上的缓冲液中病毒将瞬间灭活，所以强酸性消毒药是口蹄疫病毒的良好消毒剂。本病毒常通过消化道和呼吸道以及损伤的皮肤、黏膜感染。主要引起的疾病：偶蹄兽的口蹄疫。

7. 猪传染性胃肠炎病毒　为单股 RNA 病毒，有囊膜，对光照和高温敏感，对常用消毒剂抵抗力不强，对胰蛋白酶有抗性，耐低温，对酸敏感。病毒主要通过呼吸道和消化道传播。主要引起的疾病：猪传染性胃肠炎。

8. 猪瘟病毒　为单股 RNA 病毒，有囊膜，对环境的抵抗力不强，常用消毒剂能将其杀死，病毒在 pH 5～10 条件下稳定，过酸或过碱能使其失活。本病毒主要通过消化道和呼吸道直接或间接接触传播。主要引起的疾病：猪瘟。

9. 新城疫病毒　为单股 RNA 病毒，有囊膜，对外界抵抗力不强，一般消毒剂可使其失活，在酸、碱环境中相对稳定，在 pH 3～10 不被破坏。主要引起的疾病：鸡新城疫。

10. 传染性法氏囊病毒　为双股 RNA 病毒，无囊膜，病毒在外界环境中极为稳定，能在鸡舍内长期存在，并且特别耐热，56 ℃ 3 小时病毒效价不受影响，一般消毒剂不能将其杀死。病毒通过消化道或直接接触传播，也可垂直传播。主要引起的疾病：鸡传染性法氏囊炎。

11. 兔出血症病毒　为单股 RNA 病毒，无囊膜，对乙醚和氯仿有抵抗力，能耐强酸（pH3）和 50 ℃ 40 分钟处理。对紫外线、日光、热敏感。常用消毒剂需作用足够的时间。病毒经过消化道、呼吸道、皮肤等途径传播。主要引起的疾病：兔瘟。

12. 禽传染性支气管炎病毒　为单股 RNA 病毒，有囊膜，病毒不耐热，对一般的消毒剂敏感。病毒主要通过飞沫传染，也可经消化道传染。主要引起的疾病：鸡传染性支气管炎。

13. 禽流感病毒　为单股 RNA 病毒，有囊膜。病毒对环境的抵抗力较弱，高热或低 pH、非等渗环境和干燥均可使其失活，一般消毒剂均有杀灭作用，尤其是病毒对碘制剂特别敏感。病毒经呼吸道传播或经消化道传播。主要引起的疾病：禽流感。

14. 猪繁殖与呼吸障碍综合征病毒　为单股 RNA 病毒，有囊膜，病毒耐低温不耐高温，对酸、碱比较敏感，pH 高于 7 或低于 5 时感染力很快消失。病毒主要经呼吸道感染，也可垂直传播。主要引起的疾病：猪蓝耳病。

15. 伪狂犬病毒　为双股 DNA 病毒，有囊膜，病毒对外界抵抗力较强。在畜舍内干草上的病毒，夏季可存活 30 天，冬季存活 46 天，对热抵抗力较强。对一般的消毒剂敏感。直接接触是病毒传播的主要方式。另外，猪场老鼠不灭，此病不绝。主要引起的疾病：猪伪狂犬病。

16. 鸡传染性喉气管炎病毒　本病毒为双股 DNA 基因组，有囊膜，对热、脂溶剂及许多消毒剂均敏感。飞沫传播是该病毒传播的基本方式，入侵门户是上呼吸道和口。主要引起的疾病：鸡传染性喉气管炎。

17. 猪圆环病毒　为单股 DNA 病毒，无囊膜，对外界理化因子的抵抗力较强，在酸性环境中可存活较长时间，可耐受 pH3 的环境。抗热，56 ℃不能将其灭活，一般消毒剂很难将其杀灭。本病毒经消化道、呼吸道传播。主要引起的疾病：猪断奶后多系统衰竭综合征、皮炎和肾病综合征、增生性坏死性间质性肺炎、繁殖障碍。

18. 猪流感病毒　本病毒为单股 RNA 病毒，有囊膜，对干燥和冰冻的抵抗力较强，对高热、低 pH、非等渗环境敏感，一般消毒剂对病毒均有作用。本病毒主要经呼吸道和口传播。主要引起的疾病：猪流感。

19. 牛病毒性腹泻病毒　为单股 RNA 病毒，有囊膜，病毒在外界环境中不太稳定，热、普通消毒剂极易使之灭活，pH3 以下可以致死病毒。本病毒主要经上呼吸道和口传播。主要引起的疾病：牛黏膜病、猪腹泻。

20. 猪轮状病毒　为双股 RNA 病毒，无囊膜，对理化因素有较强的抵抗力，对有机溶剂有抗性，在 pH3～9 范围稳定，对醛类、卤族类消毒剂敏感。病毒经消化道传播。主要引起的疾病：仔猪腹泻，人畜共患病。

21. 猪流行性腹泻病毒　为单股 RNA 病毒，有囊膜，对有机溶剂敏感，一般消毒剂可将其杀灭，病毒对外界抵抗力弱。病毒经消化道传播。主要引起的疾病：猪流行性腹泻。

22. 猪水疱病病毒　为单股 RNA 病毒，无囊膜，对环境和消毒剂有较强的抵抗力，在 pH3～5 表现稳定，高效消毒剂对病毒有杀灭作用。病毒经受伤的蹄部、鼻端皮肤、消化道黏膜传播。主要引起的疾病：猪水疱病。

23. 鸭肝炎病毒　为 RNA 病毒，无囊膜，对外界环境的抵抗力较强，高效消毒剂对其有杀灭作用。病毒主要通过接触传播，也可经呼吸道感染。主要引起的疾病：鸭病毒性肝炎。

24. 狂犬病毒　属于弹状病毒科狂犬病毒属，外观似子弹形。狂犬病毒不耐热，56 ℃ 15 分钟、100 ℃ 2 分钟即可灭活。—70 ℃条件下可保存几年。

本病毒对复合酚、过氧乙酸、卤素类、氧化剂类、醛类等消毒剂敏感。主要引起的疾病：狂犬病，人畜共患病。

第四节 一、二、三类动物疫病病种名录

1. 一类动物疫病 一类动物疫病共 17 种，包括口蹄疫、猪水泡病、猪瘟、非洲猪瘟、高致病性猪蓝耳病、非洲马瘟、牛瘟、牛传染性胸膜肺炎、牛海绵状脑病、痒病、蓝舌病、小反刍兽疫、绵羊痘和山羊痘、高致病性禽流感、新城疫、鲤春病毒血症、白斑综合征。

2. 二类动物疫病 二类动物疫病共 77 种，其中：

（1）多种动物共患病 9 种 包括狂犬病、布鲁氏菌病、炭疽、伪狂犬病、魏氏梭菌病、副结核病、弓形虫病、棘球蚴病、钩端螺旋体病。

（2）牛病 8 种 包括牛结核病、牛传染性鼻气管炎、牛恶性卡他热、牛白血病、牛出血性败血病、牛梨形虫病（牛焦虫病）、牛锥虫病、日本血吸虫病。

（3）绵羊和山羊病 2 种 包括山羊关节炎脑炎、梅迪-维斯纳病。

（4）猪病 12 种 包括猪繁殖与呼吸综合征（经典猪蓝耳病）、猪乙型脑炎、猪细小病毒病、猪丹毒、猪肺疫、猪链球菌病、猪传染性萎缩性鼻炎、猪支原体肺炎、旋毛虫病、猪囊尾蚴病、猪圆环病毒病、副猪嗜血杆菌病。

（5）马病 5 种 包括马传染性贫血、马流行性淋巴管炎、马鼻疽、马巴贝斯虫病、伊氏锥虫病。

（6）禽病 18 种 包括鸡传染性喉气管炎、鸡传染性支气管炎、传染性法氏囊病、马立克氏病、产蛋下降综合征、禽白血病、禽痘、鸭瘟、鸭病毒性肝炎、鸭浆膜炎、小鹅瘟、禽霍乱、鸡白痢、禽伤寒、鸡败血支原体感染、鸡球虫病、低致病性禽流感、禽网状内皮组织增殖症。

（7）兔病 4 种 包括兔病毒性出血病、兔黏液瘤病、野兔热、兔球虫病。

（8）蜜蜂病 2 种 包括美洲幼虫腐臭病、欧洲幼虫腐臭病。

（9）鱼类病 11 种 包括草鱼出血病、传染性脾肾坏死病、锦鲤疱疹病毒病、刺激隐核虫病、淡水鱼细菌性败血症、病毒性神经坏死病、流行性造血器官坏死病、斑点叉尾鮰病毒病、传染性造血器官坏死病、病毒性出血性败血症、流行性溃疡综合征。

（10）甲壳类病 6 种 包括桃拉综合征、黄头病、罗氏沼虾白尾病、对虾杆状病毒病、传染性皮下和造血器官坏死病、传染性肌肉坏死病。

3. 三类动物疫病 三类动物疫病共 63 种。

（1）多种动物共患病 8 种 包括大肠杆菌病、李氏杆菌病、类鼻疽、放线

菌病、肝片吸虫病、丝虫病、附红细胞体病、Q 热。

（2）牛病 5 种 包括牛流行热、牛病毒性腹泻/黏膜病、牛生殖器弯曲杆菌病、毛滴虫病、牛皮蝇蛆病。

（3）绵羊和山羊病 6 种 包括肺腺瘤病、传染性脓疱、羊肠毒血症、干酪性淋巴结炎、绵羊疥癣、绵羊地方性流产。

（4）马病 5 种 包括马流行性感冒、马腺疫、马鼻腔肺炎、溃疡性淋巴管炎、马媾疫。

（5）猪病 4 种 包括猪传染性胃肠炎、猪流行性感冒、猪副伤寒、猪密螺旋体痢疾。

（6）禽病 4 种 包括鸡病毒性关节炎、禽传染性脑脊髓炎、传染性鼻炎、禽结核病。

（7）蚕、蜂病 7 种 包括蚕型多角体病、蚕白僵病、蜂螨病、瓦螨病、亮热厉螨病、蜜蜂孢子虫病、白垩病。

（8）犬、猫等动物病 7 种 包括水貂阿留申病、水貂病毒性肠炎、犬瘟热、犬细小病毒病、犬传染性肝炎、猫泛白细胞减少症、利什曼病。

（9）鱼类病 7 种 包括鲴类肠败血症、迟缓爱德华氏菌病、小瓜虫病、黏孢子虫病、三代虫病、指环虫病、链球菌病。

（10）甲壳类病 2 种 包括河蟹颤抖病、斑节对虾杆状病毒病。

（11）贝类病 6 种 包括鲍脓疱病、鲍立克次氏体病、鲍病毒性死亡病、包纳米虫病、折光马尔太虫病、奥尔森派琴虫病。

（12）两栖与爬行类病 2 种 包括鳖腮腺炎病、蛙脑膜炎败血金黄杆菌病。

第五节　人畜共患传染病名录

《人畜共患传染病名录》（农业部第 1149 号公告）共列举了 26 种人畜共患传染病，分别为：牛海绵状脑病、高致病性禽流感、狂犬病、炭疽、布鲁氏菌病、弓形虫病、棘球蚴病、钩端螺旋体病、沙门氏菌病、牛结核病、日本血吸虫病、猪乙型脑炎、猪Ⅱ型链球菌病、旋毛虫病、猪囊尾蚴病、马鼻疽、野兔热、大肠杆菌病（O157：H7）、李氏杆菌病、类鼻疽、放线菌病、肝片吸虫病、丝虫病、Q 热、禽结核病、利什曼病。

第三章　消毒及消毒剂

第一节　消毒的概念

（一）消毒

消毒是指利用物理、化学或生物学的方法杀灭或清除外环境中的病原微生物及其他有害微生物，从而切断其传播途径，防止疫病的流行。这里所说的"外环境"是指无生命物体的表面、体表皮肤、黏膜及浅表体腔。在对"消毒"一词含义的理解上，需要注意两点：其一，消毒是针对病原微生物和其他有害微生物的，并不要求清除或杀灭所有微生物；其二，消毒是相对的而不是绝对的，它只要求将有害微生物的数量减少到无害程度，并不要求把所有的病原微生物全部杀灭。

（二）灭菌

清除或杀灭一切活的微生物，包括致病性微生物和非致病性微生物的物理的或化学的方法称为灭菌。灭菌在畜牧、兽医工作中应用很广泛，如手术器材、注射器、药品、养殖业的疫源地、圈舍、饮水设备等。细菌、芽孢和某些抵抗力强的病毒采取一般的消毒措施不能将其杀灭，对这些病原体污染的物品，需要采取灭菌措施。

（三）防腐

抑制所有微生物生长繁殖，以防止活体组织受感染或其他生物制品、食品、药品等发生腐败的措施称为防腐。

灭菌、消毒、防腐的差别本质上是对微生物作用的效力强弱和强度上的差别。

（四）消毒剂

用于杀灭或清除外环境中的病原体的化学药物，称为消毒剂。消毒剂一般不要求杀灭芽孢，但能杀灭芽孢的化学药物是更好的消毒剂。消毒剂一般是指化学药品，但是能直接杀灭病原体的某些物理因子也统称为消毒剂。

理想的化学消毒剂应具备以下标准：杀菌谱广；有效浓度低；作用速度快；化学性质稳定；易溶于水；能在低温下使用；不易受有机物、酸、碱等理化因素的影响；对物品无腐蚀性；无色、无味、无臭，使用后易除去残留；毒性低，使用无危险；价格低；便于大量生产、储存和运输。

（五）灭菌剂

能够杀死一切微生物（包括细菌的繁殖体、芽孢、病毒、真菌的孢子和菌丝等）的化学药物和能够达到同样效果的物理因子，统称为灭菌剂。

（六）防腐剂

防腐剂是指用于破坏或抑制微生物生长繁殖的化学药物。

（七）杀菌效果和杀灭率

杀菌效果（GE）用消毒后菌数（Nd）比消毒前菌数（Nc）减少的对数值表示：

$$GE = \log Nc - \log Nd$$

杀灭率（KR）用消毒过程中杀灭微生物的百分率表示：

$$KR = \frac{Nc - Nd}{Nc} \times 100\%$$

（八）杀灭指数

杀灭指数（KI）是指消毒后微生物减少的程度。

$$KI = \frac{Nc}{Nd}$$

第二节 消毒的作用

随着我国畜禽养殖业从分散、个体经营向规模化、集约化的方向发展，畜禽疾病的防治，特别是传染病的防控显得尤为重要，在控制疾病的工作中，消毒工作越来越被人们所重视。消毒的作用包括如下方面：

1. 切断病原体的传播途径 在传染病的发生和流行过程中，病原微生物不仅在动物体内生长、繁殖，导致动物发病，而且还以一定的方式不断地从传染源向易感动物转移，造成疾病的流行。而消毒就是要把病原微生物消灭在转换宿主的过程中，这个过程有两种方式：一种是垂直传播，主要是通过生殖道，消毒工作的实施有一定难度。另一种是水平传播，对于水平传播的传染病，消毒是杀灭病原体的主要方法。水平传播又分为两种方式：一种是经饲料、饮水由消化道传播，搞好环境消毒对预防以此方式传播的传染病有重要意义；另一种是通过空气和飞沫经呼吸道传播，对空气和环境中的物品消毒，可以有效地预防以此方式传播的传染病。

2. 防止动物源性病原微生物的感染　有些病原微生物及其毒素引起的疾病，不是传染病，如手术感染等。这些疾病因子来自外界环境的污染，来自动物体表。所以，对外界环境和动物体表采取经常性的预防消毒措施，对于预防此类传染病具有重要意义。

3. 防止畜禽群体及个体的交叉感染　有些传染病具有种的特异性，同种间的交叉感染是传染病发生和流行的主要途径。有些是人畜共患病，可以在不同动物种群间流行。因此，建立正确常规的消毒制度，是防止畜禽疾病交叉感染的重要措施。

4. 保障人类的健康　有些传染病，如炭疽、狂犬病等是人畜共患病，不仅严重危害动物，而且严重危害人类的生命和健康，通过正确的消毒，可以防止这些疾病的发生和流行，减少对人类的危害。另外，通过消毒，可以为人类提供安全的畜禽产品，保障人类的健康。

第三节　消毒的种类

按照消毒的目的，可将消毒分为两大类：疫源地消毒和预防性消毒。

（一）疫源地消毒

疫源地消毒是指对存在着或曾经存在传染病的场所进行的消毒，主要指被病原微生物感染的动物群及其生存的环境，其目的是杀灭这些感染动物排出的病原体。疫源地消毒又可分为以下两种：

1. 随时消毒　也叫紧急消毒或临时消毒，当疫源地内有传染源存在时，所进行的消毒称为随时消毒，如对正在流行猪瘟的猪群和猪场进行的消毒。目的是及时杀灭或消除感染或发病动物排出的病原体。

2. 终末消毒　指传染源或疑似传染源离开疫源地后，对疫源地进行的最后一次消毒，称为终末消毒。如发病动物群因死亡、扑杀等方法清群后，或全进全出养殖模式下动物全部出栏后，对被这些动物所污染的环境（栏舍、各种物品、空气、分泌物及排泄物等）所进行全面彻底的消毒，统称为终末消毒。

（二）预防性消毒

对健康的动物群体或隐性感染的群体，在没有被发现有某种传染病或被其他疫病的病原体感染或存在的情况下，对可能受到某种病原微生物或其他有害微生物污染的畜禽饲养的场所和环境物品进行的消毒，称为预防性消毒。另外，畜禽养殖场的附属部门，如门卫、运输车、兽医站等的消毒也是预防性消毒。

第四节　消毒的方法

消毒工作中比较常用的消毒方法主要有以下几种：

（一）机械性清除

用机械的方法如清扫、通风、冲洗等清除病原体，是最常用的方法，也是消毒工作的第一步。机械性清除不仅可以除去环境中的 85% 病原体，而且由于除去了各种有机物对病原体的保护作用，可使随后的化学消毒剂对病原体发挥更好的杀灭作用。清除前，应根据环境是否干燥及病原体危害大小，决定是否先用清水或某些化学消毒剂喷洒，以免打扫时尘土飞扬，造成病原体散播，影响人和动物健康。清扫出来的污物，应根据病原体的性质，进行堆沤发酵、掩埋、焚烧或药物处理。通风可在短期内使舍内空气交换，减少病原体的数量。通风时间随温差大小适当掌握，一般不少于 30 分钟。

（二）物理消毒法

1. 阳光、紫外线和干燥　阳光是天然的消毒剂，其中的紫外线有较强的杀菌能力，阳光蒸发水分引起的干燥亦有杀菌能力。一般病毒和非芽孢性病原菌在阳光直射下几分钟至几小时可被杀死。革兰氏阴性菌对紫外线最敏感，革兰氏阳性菌次之。紫外线对芽孢无效。紫外线的消毒作用受很多因素的影响，如物体表面的光滑度、空气中的尘埃等。

2. 高温　最彻底的消毒方法之一。

（1）火焰烧灼及烘烤　用于废弃物及耐热物等消毒。

（2）煮沸消毒　大部分非芽孢病原菌在 100 ℃水中迅速死亡，芽孢 15～30 分钟内也能致死。

（3）蒸汽消毒　相对湿度在 80%～100% 的热空气能携带许多热量，遇到消毒物品凝结成水，放出大量热量，从而达到消毒的目的。

（三）化学消毒法

防疫工作中，常用化学药品的溶液进行消毒。化学消毒法主要用于畜禽场内外环境中，畜禽笼舍、饲槽、饮水及各种物品表面消毒。通常有浸泡、擦拭、喷雾、熏蒸等方法。其消毒效果受环境、温度、病原体的种类、消毒液的浓度等因素的影响。

（四）生物热消毒法

主要用于污染的粪便、垃圾等的无害处理，在粪便堆沤过程中利用粪便中的微生物发酵产热，可使温度达到 70 ℃以上，经过一段时间，可以杀死病原体，但不能杀死芽孢。

第五节　消毒剂的分类

（一）按作用水平分类

1. 高效消毒剂　可杀灭一切微生物，包括细菌的繁殖体和芽孢、真菌、结核杆菌、亲水病毒、亲脂病毒，因而可使物品达到灭菌要求，故又称灭菌剂。如复方戊二醛、复合酚（商品名农可福）、过氧乙酸、过硫酸氢钾复合物（商品名卫可安）等。

2. 中效消毒剂　除不能杀灭细菌的芽孢之外，可杀灭其他各种微生物。如来苏儿、乙醇等。

3. 低效消毒剂　指可以杀灭细菌繁殖体、真菌、亲脂病毒，不能杀灭结核杆菌、细菌芽孢和亲水病毒、抵抗力较强的真菌和病毒。如双胍类、季铵盐类等。

（二）按化学结构分类

1. 酚类　如石炭酸、甲酚、农可福、复合酚（商品名菌疫灭）等，能使菌体蛋白变性、凝固而呈现杀菌作用。

2. 醇类　如 75％乙醇等，能使菌体蛋白凝固和脱水，而且有溶脂的特点，能渗入细菌体内发挥杀菌作用，属于中效消毒剂，消毒作用快。

3. 酸类　如醋酸、农可福、盐酸等，能抑制细菌细胞膜的通透性，影响细菌的物质代谢。

4. 碱类　如氢氧化钠等，能水解菌体蛋白和核蛋白，使细胞膜和酶活性受阻。

5. 氧化剂 如过氧乙酸（商品名过氧可安）、卫可安、高锰酸钾、二氧化氯等，遇有机物即释放初生态氧，破坏菌体蛋白和酶，属于高效消毒剂。

6. 含碘化合物 如碘酊、聚维酮碘、磺附（Ⅰ）（商品名安比杀）、碘酸混合溶液（商品名安灭杀）等，能渗入菌体细胞内，对菌体蛋白产生卤化和氧化作用，主要用于外科手术消毒。

7. 含氯化合物 如漂白粉、二氧化氯、二氯异氰脲酸钠、三氯异氰脲酸等，能渗入菌体细胞内，与菌体蛋白发生强烈的氧化和卤化作用，属于中效消毒剂，广泛用于水源、环境、饲养场、疫源地的消毒。

8. 双胍类消毒剂 能抑制细菌、病毒的繁殖，使其丧失生殖能力，同时形成薄膜阻碍微生物的呼吸，属于低效消毒剂，主要用于皮肤、黏膜和动物体表的消毒。

9. 季铵盐类消毒剂 如苯扎溴铵、癸甲溴铵（商品名优普诺）、胖三甲氯铵（商品名卫牧）等，是一类阳离子表面活性剂，能破坏菌体细胞表面的电位，改变菌体细胞膜的通透性而起到杀菌作用，属于低效消毒剂，主要用于皮肤黏膜和外环境及物体表面消毒。

10. 醛类消毒剂 如甲醛、戊二醛等，能与菌体蛋白和核酸的氨基、羟基、巯基发生烷基化作用，使菌体蛋白变性或核酸功能改变，呈现杀菌作用，属于高效消毒剂。

11. 干粉消毒剂 主要成分是蒙脱石、硅铝酸盐矿合物、吸附剂、天然海藻萃取物等。蒙脱石又名微晶高岭石，是一种硅铝酸盐，其主要成分为八面体蒙脱石微粒，因其最初发现于法国的蒙脱城而命名的。兽药上既可以用于治疗急、慢性腹泻，又可以用作干粉消毒剂、接生粉、空气改良剂等。

12. 重金属类 如升汞等，能与菌体蛋白结合，使菌体蛋白变性沉淀而产生杀菌作用，主要用于皮肤黏膜消毒。因重金属类消毒剂毒性强、污染大被禁用，极个别产品仅在疫苗防腐上使用（如硫柳汞）。

13. 染料类消毒剂 如甲紫等，能改变细菌的氧化还原电位，破坏正常的离子交换机能，抑制酶的活性，用于皮肤黏膜的消毒防腐。

14. 环境泡沫清洗类 主要由阴离子表面活性剂、两性离子表面活性剂、碱性清洁成分及络合剂等组成，广泛应用于畜禽养殖场地面、天花板、墙壁、金属栏、孵化场、屠宰厂、食品加工厂等场所及设备、器具的清洗。

15. 挥发性烷化剂 化学活性很强，在常温常压下易挥发成气体，其烷基能取代生物大分子的氨基、巯基、羟基和羧基的不稳定氢原子，发生烷化作用，使细胞的蛋白质、酶、核酸等变性或功能改变而呈现杀菌作用，能杀死繁殖型细菌、霉菌、病毒和芽孢。与其他消毒剂不同，对芽孢的杀灭效力与对繁殖型细菌相似，此外对仓库害虫及其虫卵也有杀灭作用，它们主要作为气体消毒。常见产品有环氧乙烷和 β-丙内酯。

（三）按作用机制分类

（1）凝固蛋白质和溶解脂肪　如醛、酚、酸、醇等。
（2）溶解蛋白质　如氢氧化钠、石灰等。
（3）氧化蛋白质　如氧化剂、含碘化合物、含氯化合物等。
（4）与细胞膜作用的阳离子表面活性剂　优普诺、卫牧、新洁尔灭等。
（5）与核酸作用的染料类　如甲紫等。
（6）与蛋白质巯基作用　如重金属类。
（7）致细胞脱水　如醛类、醇类等。

第六节　各类消毒剂的特性、用法与用量

一、碱类消毒剂

碱类消毒剂杀菌作用强度主要取决于解离的 OH^- 浓度，其解离度越大杀菌作用越强，高浓度 OH^- 能水解菌体蛋白和核酸，使酶系统和细胞结构受损，并能抑制细胞代谢机能，分解菌体中的糖类，使其死亡。碱类消毒剂对细菌和病毒的杀灭作用均强，高浓度还能杀灭芽孢。

1. 氢氧化钠　氢氧化钠又名苛性钠，又叫烧碱或火碱，含 NaOH 96％和少量的氧化钠和碳酸钠。

【性状】苛性钠为白色不透明固体，吸湿性强，露置空气中会逐渐溶解而成溶液状态，易从空气中吸收二氧化碳，逐渐变成碳酸钠而失去消毒作用。本品易溶于水和乙醇。

【作用与用途】消毒药。烧碱属于原浆毒，杀菌力强，对细菌繁殖体、芽孢、病毒均有较强的杀灭作用，高浓度烧碱还能杀灭寄生虫虫卵。烧碱的杀灭作用随温度的升高而增强，随浓度的增高而增强。另外，加入 10％食盐可以增强烧碱杀芽孢的能力。由于烧碱的副作用强，所以烧碱仅用于外环境消毒、终末消毒。

【用法与用量】烧碱的有效浓度与温度有直接关系，有效浓度一般为2％～5％，温度低时要适当提高浓度。空栏时喷洒消毒或器具浸泡洗刷消毒、大门口消毒池消毒，要求两天适当补充烧碱和水，至少每月清洗一次消毒池，这样才能保证消毒效果。

【注意事项】①烧碱对有机组织有很强的腐蚀作用，使用时要加强人员防护，比如戴手套、眼镜和口罩。厩舍空栏消毒后要用清水冲洗干净，不得有任何残留，以免对动物的皮肤、趾蹄造成伤害；②烧碱呈碱性略带苦味，猪特别喜欢这个味道，所以要防止猪舔食烧碱及烧碱溶液，以防中毒死亡；③烧碱对纺织品和铝制品有破坏作用，要注意防护；④使用时严禁喷雾消毒，以防对动物和人的呼吸道黏膜造成伤害；⑤不小心溅到眼睛或皮肤上时，请尽快用清水冲洗；⑥因烧碱对环境会造成严重污染，出于环保政策考虑，在规模化养殖场的使用正受到越来越多的限制。

2. 生石灰（氧化钙）

【性状】生石灰为白色粉状或块状物，主要成分是氧化钙（$CaCO_3 = CaO + CO_2 \uparrow$），生石灰加水后产热产气并生成氢氧化钙 [$CaO + H_2O = Ca(OH)_2$]，加水制成10%～20%石灰乳才有消毒作用。氢氧化钙又叫熟石灰或消石灰，强碱性，几乎不溶于水，吸湿性很强，同时极易吸收空气中的二氧化碳形成碳酸钙而失效 [$Ca(OH)_2 + CO_2 = CaCO_3 + H_2O$]。

【作用与用途】本品属于中效消毒剂，对大多数繁殖型病原菌有效，对芽孢、结核杆菌无效。

【用法与用量】墙壁、栏舍消毒，配成10%～20%生石灰乳。

【注意事项】不得将本品干粉直接撒在厩舍内，因为荡起的粉尘会引起动物和人的异物性呼吸道病。

3. 氢氧化钾　氢氧化钾又名苛性钾，其性状、用途、用量及注意事项与烧碱相同。市场上很少见到苛性钾，草木灰的主要成分是氢氧化钾，可以代替苛性钾使用。具体办法是草木灰加水煮沸，制成30%热草木灰水使用。由于使用时比较麻烦，并且消毒效果不稳定，故现在使用者很少。

二、酸类消毒剂

酸类消毒剂包括盐酸、醋酸、硼酸、过氧乙酸（强氧化剂，故也可划到氧化剂类）、复方煤焦油酸（因含有酚类物质，故也可划到复合酚类）、碘酸（安比杀、安灭杀主要是靠碘化作用消毒的，故也可划到卤素类）、过硫酸氢钾复合物（强氧化剂，故也可划到氧化剂类）、苯甲酸、山梨酸、乳酸、草酸、甲酸等。酸类消毒剂的杀菌作用主要是氢离子，高浓度的氢离子能使菌体蛋白变性和水解，低浓度的氢离子可以改变菌体蛋白两性物质的解离度，抑制细胞膜的通透性，影响细菌的正常代谢，抑制细菌生长。氢离子还可以与其他阳离子在菌体表现竞争性吸附，妨碍细菌的正常活动。有机酸因解离度小而呈现杀菌作用较弱，但是其杀菌作用比同等解离度的无机酸强。

1. 盐酸

【性状】淡黄色透明液体，强酸性，易挥发，吸水性强，有浓烈的刺鼻味道。

【作用与用途】主要用于消毒受炭疽芽孢污染的皮张。

【用法与用量】2％盐酸溶液加15％食盐，加温到30 ℃，将皮张在此溶液中浸泡40小时，再将皮张浸泡到1.5％～2％烧碱溶液或3％碳酸氢钠溶液中1.5～2小时，然后以清水冲洗。

【注意事项】盐酸属于原浆毒，对组织有强烈的刺激性和腐蚀作用，并且对金属、衣物及其他用具均有破坏作用，所以一般消毒不用盐酸。

2. 硼酸

【性状】本品为无色微带珍珠光泽结晶或白色疏松的粉末，无臭，有油腻感，水溶液呈弱酸性，溶于乙醇和甘油。

【作用与用途】防腐药。主要用于洗眼或冲洗黏膜。

【用法与用量】外用药，2％～4％溶液用于洗眼或冲洗黏膜。

【注意事项】不得用于大面积创伤或新生肉芽组织，以免吸收后蓄积中毒。急性中毒的早期症状为呕吐、腹泻、皮疹，中枢神经系统先兴奋后抑制，严重时可引起循环衰竭或休克。

3. 乳酸

【性状】淡黄色透明液体，无臭，微酸，有吸湿性。

【作用与用途】用于空气熏蒸消毒。

【用法与用量】每立方米6～12毫升用量，加水稀释成20％溶液加热熏蒸消毒。熏蒸完毕30～90分钟后再通风换气。

【注意事项】优点是毒性低，缺点是杀菌力不够强。

4. 醋酸

【性状】无色透明液体，有强烈酸味。

【作用与用途】用于空气熏蒸消毒。

【用法与用量】每立方米5～10毫升用量，加等量水稀释加热熏蒸消毒。熏蒸完毕30～90分钟后再通风换气。

【注意事项】优点是毒性低，缺点是消毒效果还不如乳酸。

5. 苯甲酸、山梨酸、丙酸及其盐

【作用与用途】主要用于饲料防霉防腐剂及食品保存剂。

【用法与用量】见各厂家使用说明。

6. 枸橼酸

【性状】又名柠檬酸（CA），分子式分为 $C_6H_8O_7$，是一种重要的有机酸，为无色晶体，无臭，有很强的酸味，易溶于水，是天然防腐剂和食品添加剂。

【作用与用途】用于喷雾消毒和饮水消毒。

【用法与用量】该产品无刺激性，可应用于任何部位的喷雾消毒，不同病毒、细菌使用浓度参照说明书。该产品可应用于饮水消毒（替代目前市面上所谓的"酸化剂"，这类酸化剂大部分为无机酸＋少量有机酸复配而成），经实验室检测 1∶500 倍稀释 pH 为 2.99，1∶1 000 倍稀释 pH 为 3.41，针对目前非洲猪瘟病毒在酸性（pH 3.9 以下）条件下即可有效抑制的原则，建议饮用水消毒 1∶1 000（即 1 吨水添加本品 1 千克）。

【注意事项】枸橼酸为食用酸类，可增强体内正常代谢，适当的剂量对人体和动物无害。在某些食品、饲料、饮水中加入枸橼酸后口感好，可促进食欲，因此我国允许在果酱、饮料、罐头和糖果中使用枸橼酸。虽然枸橼酸对人体无直接危害，但它可以促进体内钙的排泄，如长期食用含枸橼酸的食物，有可能导致低钙血症。

三、酚类消毒剂

酚类是一种表面活性物质，极性的羟基是亲水基团，苯环是亲脂基团。低浓度的酚主要是灭活或抑制细菌的酶系统，还能破坏菌体细胞膜，使细胞质外漏而达到杀菌目的；高浓度的酚能穿透和破坏细菌细胞壁，进而使菌体蛋白变性、沉淀而起杀菌作用。不同类型的酚类消毒剂，其杀菌能力差异较大，温度、浓度越高杀灭力越强。酚类消毒剂中加入适量的乙醇或氧化物或阴离子表面活性剂能增强杀菌能力。酚类消毒剂品种很多，消毒效果有低效的、中效的和高效的，大部分对皮肤、黏膜有一定的毒性，有特臭，大部分用于环境消毒。

1. 来苏儿

【性状】来苏儿又称煤酚皂溶液、甲酚皂溶液，杀菌力是苯酚的 3 倍，是过去常用的一种酚类消毒剂。主要成分甲酚（煤酚，是对、邻、间位三种甲基酚异构体的混合物，无色或淡黄色澄清液体，有类似苯酚的臭味，其水溶性差，仅能制成 1.75% 水溶液）。每 1 000 毫升来苏儿中含甲酚 480～520 毫升，植物油 173 克，氢氧化钠 27 克和水适量。本品为黄棕色至红棕色的黏稠液体，有酚的臭味，毒性较小，难溶于水。

【作用与用途】消毒防腐药，对芽孢、亲水性病毒无作用或作用很小。主要用于污染物、用具、车辆、环境消毒，因其属于低效消毒剂，现在已经很少使用。

【用法与用量】3%～5%溶液用于用具消毒；5%～10%溶液用于车辆、环境、污染物消毒。

【注意事项】①来苏儿属于原浆毒，严禁用于黏膜、创伤等消毒；②若不慎将原液弄到皮肤上，可用酒精擦拭去除；③配制溶液时，勿使用硬度过高的水，以免降低杀菌效果；④严禁用于食品的运输车辆及食品储存仓库的消毒。

2. 苯酚

【性状】又名酚或石炭酸，为无色或微红色针状结晶或结晶性块，有特臭，水溶液呈弱酸性反应，遇光或在空气中颜色逐渐变深，易溶于水、乙醇、氯仿、乙醚、甘油、脂肪油或挥发油，在液体石蜡中微溶。

【作用与用途】苯酚为原浆毒，可使菌体蛋白变性、凝固而发挥杀菌作用。对芽孢、病毒无效。因其消毒效果差、毒性强现已被淘汰。

【用法与用量】3%～5%溶液用于环境与器械消毒。2%溶液用于皮肤消毒。

【注意事项】①苯酚属于原浆毒，严禁用于黏膜、创伤等消毒，黏膜大面积接触苯酚会引起全身中毒，表现为中枢神经先兴奋后抑制以及心血管系统受抑制，严重者可因呼吸麻痹致死；②若不慎将原液弄到皮肤上，可用酒精擦拭去除；③苯酚有致癌作用；④严禁用于食品的运输车辆及食品储存仓库的消毒。

3. 臭药水

【性状】臭药水又名煤焦油皂液、克辽林。总酚量按酚计算为10%，为深棕褐色浓稠的乳状液，含煤焦油，有特臭，水溶液可得乳白色或带咖啡乳白色乳液。

【作用与用途】与来苏儿相似。

【用法与用量】3%～5%溶液用于污染物、用具、车辆、环境消毒。

【注意事项】同来苏儿。

4. 复合酚

【性状】复合酚又名菌疫灭、菌毒净。主要成分：酚（41%～49%）、醋酸（22%～26%），本品为深红褐色黏稠液，有特臭。原液pH2.3，1:300稀释后pH3.5。

【作用与用途】消毒防腐药。本品是一种广谱、中效、长效（环境中药效能维持7天）的酚类消毒剂，主要用于环境、车辆、消毒池、脚踏池、用具、污染物的消毒。

【用法与用量】见表3-1。

表 3-1　复合酚的用途与用量

用　　途	用法用量（以菌疫灭计）
疫源地消毒	1∶（100～200）稀释
带体消毒	1∶300 稀释
车辆消毒、器具消毒、污染物消毒	1∶200 稀释
环境消毒、消毒池、脚踏池	1∶300 稀释

【注意事项】①使用时的稀释水温不宜低于 8 ℃，否则不利于复合酚的溶解；②严禁与碱性药物或其他消毒剂混合使用。

5. 复方煤焦油酸

【性状】复方煤焦油酸的商品名称为农可福，现在农业农村部已经取消复方煤焦油酸进口标准，统一为复合酚。本品为深褐色液体，有醋酸及煤焦油的特臭。主要成分：高沸点煤焦油酸（41%～49%）、醋酸（22%～26%）、十二烷基苯磺酸（23.5%～25.5%）及适量的聚六亚甲基双胍盐酸盐（PHMB）。原液 pH2.4，1∶300 稀释后 pH3.7。

【作用与用途】消毒防腐药。本品是一种广谱、低毒、高效、长效（环境中药效能维持 7 天）的酚类消毒剂，主要用于环境、车辆、消毒池、脚踏池、用具、污染物的消毒。

【用法与用量】见表 3-2。

表 3-2　复方煤焦油酸的用途与用量

用　　途	用法用量（以农可福计）
疫源地消毒	1∶（100～200）稀释
带体消毒	1∶300 稀释
车辆消毒、器具消毒、污染物消毒	1∶200 稀释
环境消毒、消毒池、脚踏池	1∶300 稀释
各种原因引起的伤口感染消毒	用原液直接涂抹
终末消毒	1∶（100～200）稀释
治疗猪、兔疥螨病、猪渗出性皮炎	1∶50 稀释刷拭，2 天一次，连用 1 周
治疗口蹄疫	用原液直接涂抹

【注意事项】①使用时的稀释水温不宜低于 8 ℃，否则不利于复合酚的溶解；②严禁与碱性药物或其他消毒剂混合使用。

复合酚和复方煤焦油酸质量的直观鉴别：一要看颜色，颜色应为深褐色液体；二是可以通过水溶液的溶解情况来鉴别，好的复合酚和复方煤焦油酸倒进水中时，不用搅拌，它会像云雾一样扩散开，颜色像咖啡加牛奶的颜色，并且没有任何杂质，不附着在容器的壁上。质量差的复合酚和复方煤焦油酸不溶解或溶解差，溶解时的颜色呈黑色，有杂质或黏附在容器壁上。

四、醛类消毒剂

醛类消毒剂的化学活性很强，在常温、常压下极易挥发，故又称挥发性烷化剂。杀菌机制主要是通过烷基化反应使菌体蛋白变性，酶和核酸等的功能发生改变，从而呈现强大的杀菌作用。常用的醛类消毒剂有甲醛、聚甲醛、戊二醛。

1. 甲醛

【性状】甲醛又叫蚁醛，有极强的还原性，为无色气体，有刺激性臭味，36%~40%的甲醛溶液叫福尔马林，为无色或几乎无色的透明液体。在冷处储存过久易生成聚甲醛。所以，为防止甲醛溶液生成聚甲醛常添加10%~12%甲醇。

【作用与用途】高效消毒防腐药。多用于标本保存和舍内熏蒸消毒。

【用法与用量】生物或病理标本固定和保存及尸体防腐，配成5%~10%溶液；熏蒸消毒按每立方米15毫升甲醛溶液加水20毫升加热蒸发消毒4~10小时，消毒结束后开门窗通风；熏蒸消毒还可以用强氧化剂高锰酸钾加福尔马林熏蒸消毒。种蛋消毒（一级浓度）：每立方米空间用量为福尔马林14毫升，水7毫升，高锰酸钾7克；中度污染时消毒（二级浓度）：每立方米空间用量为福尔马林28毫升，水14毫升，高锰酸钾14克；重度污染时消毒（三级浓度）：每立方米空间用量为福尔马林42毫升，水21毫升，高锰酸钾21克。消毒时应密闭门窗7小时以上才能达到消毒效果，然后开门窗通风。为了彻底消除甲醛的刺激性气味，可用浓氨水加热蒸发，每立方米用量2~5毫升，使其变成无刺激性气味的六甲烯胺。

【注意事项】①甲醛有强致癌作用，尤其是肺癌，实际生产中逐渐被淘汰；②不得用于带体消毒；③甲醛加高锰酸钾熏蒸消毒时不得使用金属容器，容器容积要比药液容量大10倍以上，并且要先将高锰酸钾放进容器中，再加福尔马林，以免发生意外。

2. 聚甲醛

【性状】聚甲醛为甲醛的聚合物，为白色疏松粉末，有甲醛特臭，在冷水中溶解很慢，在热水中很快溶解。

【作用与用途】聚甲醛本身没有消毒作用，加热时很快解聚产生大量甲醛气体，呈现强大的杀菌作用。

【用法与用量】环境熏蒸消毒：每立方米 3～5 克，消毒时间不少于 10 小时。

【注意事项】不得用于带体消毒。

3. 戊二醛

【性状】戊二醛为无色或淡黄色油状液体，味苦，有微弱的甲醛臭，不易挥发，可与水或醇以任何比例混溶，溶液呈弱酸性，当溶液 pH 大于 9 时，可迅速聚合生成聚甲醛。

【作用与用途】戊二醛是一种广谱、高效、低毒、安全、刺激性小、腐蚀性小、不受有机物影响且稳定性好的一款消毒剂，消毒效果是甲醛的 2～10 倍。主要用于动物厩舍、运输车辆、器具及环境消毒、带体消毒、空气消毒，还适宜零排放发酵床的消毒。

【用法与用量】喷洒、浸泡消毒时直接用 2% 稀戊二醛溶液。如果在 2% 溶液中按 0.3% 添加小苏打，可以提高消毒效果 20 倍。

市场上所售 2% 稀戊二醛一般都是直接使用，不能再进行稀释，即使稀释也是按 1：1 稀释，即 1 份 2% 稀戊二醛兑 1 份水。然而在实际应用中，很多人都是按 1：100 稀释使用，甚至有人按 1：200 稀释使用，这样的稀释比例根本起不到任何消毒作用。

【规格】市面上常见的戊二醛有 2%、20%、25% 的含量。

【注意事项】①避免与皮肤、黏膜接触，接触后应及时用水冲洗干净；②在使用过程中应尽量避免接触金属容器；③添加小苏打使用时应现配现用，一般不要超过 2 天，因为戊二醛在酸性环境中稳定但消毒作用弱，在碱性环境中（pH8.5 时）杀灭力强但容易生成聚甲醛而失效；④无论哪种含量，单方的戊二醛在用作环境消毒时，有效浓度为 0.78%（以戊二醛计），并且效果不如复方制剂。

4. 复方戊二醛

【性状】复方戊二醛为琥珀色的澄清液体，有特臭，主要成分：戊二醛（15%）、苯扎氯铵（10%）、有机酸（调整产品的 pH，使戊二醛稳定有效）等组成。原液 pH6.1，1：300 稀释后 pH7.5～8.5。

【作用机理】①苯扎氯铵为双长链阳离子表面活性剂，其季铵阳离子能主动吸引带负荷的细菌和病毒并覆盖其表面，阻碍细菌代谢，导致膜的通透性改变发生脂质溶解反应，改变细胞膜的通透性，溶解损伤细胞使菌体破裂；②戊二醛渗透到病原微生物内部，使菌体蛋白发生变性和沉淀；③破坏病原微生物酶系统，干扰病原微生物正常代谢；④苯扎氯铵与戊二醛合用，使戊二醛变为复合醛，此三种方式是交叉和联合作用，大大增强戊二醛的杀灭作用，达到高效、快速的消毒目的。

【作用与用途】复方戊二醛是一种比戊二醛更加广谱、高效、低毒、安全、刺激性小、腐蚀性小、不受有机物影响且稳定性好的消毒剂。复方戊二醛的优点有：①消毒作用在环境中持续达4天；②可在5分钟接触时间内杀灭病毒、细菌、支原体、原虫和真菌；③基本不受水的硬度影响，在硬水中仍可发挥效力；④无毒副作用；⑤含有强表面活性剂（脂质溶解反应），具有很强的清洁作用，在有机物质存在下仍可发挥效力，非常适用于生产过程中清洁和消毒；⑥适用范围广：农场、医院、公共场所喷雾消毒、消毒池等；⑦对不锈钢、锌、铜、黄铜、锡、铝、橡胶不产生腐蚀作用；⑧可用于"高热病"等重大疫情的扑灭消毒；⑨可以在发酵床上使用（4天之内不得翻床）。主要用于动物厩舍、运输车辆、器具及环境消毒、带体消毒、空气消毒等。

【用法与用量】见表3-3。

表3-3　复方戊二醛的用途与用量

使用范围	稀释比例	使用范围	稀释比例
非洲猪瘟、蓝耳病、圆环病毒病扑疫消毒	1∶（150～200）	洁净栏舍、墙壁和空气常规消毒	1∶（200～300）
口蹄疫扑疫消毒	1∶80	有机物污染的栏舍和墙壁消毒	1∶（150～200）
链球菌、葡萄球菌、真菌等引起脓肿、破溃、皮炎的猪只带体消毒及场地消毒	1∶（200～300）	产房、保育舍的带猪消毒	1∶（200～300）
车辆、装猪台、大门口、脚踏池、污道道路消毒	1∶（100～150）	人员通道消毒	1∶（200～300）
生活区道路，生产区净道道路消毒	1∶（150～200）	圆环病毒引起的皮肤上的红斑、红点	1∶20稀释，对患处每天喷2次，连喷5～7天

【注意事项】因为本品稀释后呈现弱碱性略带苦味，所以猪特别喜欢舔食，产床上的小猪舔食后可能会腹泻，但是不必担心，停药后自愈。

5. 戊二醛癸甲溴铵溶液

【性状】戊二醛癸甲溴铵溶液商品名为镇疫醛，为无色至淡黄色澄清液体，有刺激性特臭。原液 pH6.0，1：150 稀释后 pH8.0。

【药理作用】 消毒药。戊二醛为醛类消毒剂，可杀灭细菌的繁殖体和芽孢、真菌、病毒。癸甲溴铵为双长链阳离子表面活性剂，其季铵阳离子能主动吸引带负电荷的细菌和病毒并覆盖其表面，阻碍细菌代谢，导致膜的通透性改变，协同戊二醛更易进入细菌、病毒内部，破坏蛋白质和酶活性，达到快速高效的消毒作用。

【用途】 用于养殖场、公共场所、设备器械及种蛋等的消毒。

【用法与用量】 以本品计。临用前用水按一定比例稀释，喷洒：常规环境消毒，1：（2 000～4 000）稀释；疫病发生时的环境消毒，1：（500～1 000）稀释。浸泡：器械、设备等消毒，1：（1 500～3 000）稀释。

【不良反应】 按推荐剂量使用，未见不良反应。

【注意事项】 禁与阴离子表面活性剂混合使用。

戊二醛、戊二醛癸甲溴铵溶液和复方戊二醛产品质量的直观鉴别：好的戊二醛、戊二醛癸甲溴铵溶液和复方戊二醛的原液呈弱酸性，水溶液则呈弱碱性，这是因为戊二醛在酸性环境中稳定，在碱性环境中杀灭力增强，为保证产品质量，专业厂家采用了特殊工艺和配方生产。戊二醛凭直观很难鉴别，从杀菌效果上也很难区别甲醛和戊二醛，所以市场上假货横行且价格参差不齐，掺入甲醛的戊二醛有很强的致癌作用，养殖户应从正规的、专业的厂家采购。

五、氧化剂类消毒剂

氧化剂类消毒剂又叫过氧化物类消毒剂，多依靠其强大的氧化能力杀灭微生物。通过氧化反应，可直接与菌体或蛋白酶中的氨基、羧基、巯基发生反应而损伤细胞结构或抑制代谢机能，导致细菌死亡；或者通过氧化作用破坏菌体代谢系统，使代谢失去平衡而致死亡；或者通过氧化还原反应，加速菌体的代谢，损害生长过程而致死。此类消毒剂中多为透明白色液体，无染色之弊；杀菌能力强，多可做灭菌剂；可分解为无毒成分，不引起残留毒性。常见的氧化类消毒剂有以下几种。

1. 过氧乙酸　过氧乙酸又叫过醋酸，商品名称过氧可安、过氧卫安，由过氧化氢作用于乙酸酐制得，故本品为过氧乙酸和乙酸的混合物。原液pH1.0，1：300 稀释后 pH2.7。

【性状】 纯品为无色透明液体，呈弱酸性，有刺激性酸味，易挥发，易溶于水和有机溶剂，性质不稳定，遇热、有机物、重金属离子、强碱等易分解。浓度高于 45％的溶液经剧烈碰撞或加热可发生爆炸。浓度低于 20％的溶液无此危险。

【作用机理】过氧乙酸兼具酸和氧化剂的特性，是一种高效灭菌剂，其挥发气体和溶液均具有较强的杀菌作用，并较一般的酸或氧化剂作用强。作用快，杀菌谱广（能杀死细菌、真菌、病毒和芽孢），分解快，无残留，并且杀菌力不受低温影响。

【用法与用量】按20％过氧乙酸计算。食品屠宰厂的地面、墙壁、工作台消毒1∶200稀释；养殖场地面、墙壁、饲槽、带体消毒、厩舍消毒1∶200稀释；实验室、库房消毒1∶（100～200）稀释；肉类、蛋品消毒1∶（500～2 000）稀释；皮肤消毒1∶500稀释；黏膜消毒（冲洗、滴眼）1∶5 000稀释；带体熏蒸消毒时配成1∶（20～30）的溶液自由挥发，既可消毒，又能增氧、除臭（室温低时可适当加温）；空栏熏蒸消毒时配成1∶（5～10）的溶液加热熏蒸（表3-4）。

表3-4　过氧乙酸用途与用量

用途	用法用量（以过氧可安计）
食品厂的地面、墙壁、工作台消毒	1∶200稀释
养殖场地面、墙壁、饲槽、带体消毒、厩舍消毒	1∶（200～300）稀释
扑疫消毒	1∶（100～200）稀释
畜禽饮水消毒或清管线消毒	每吨水添加0.4千克
微生物实验室、库房消毒	1∶（100～200）稀释
肉类、蛋品消毒	1∶（500～2 000）稀释
种蛋浸泡消毒	1∶（500～2 000）稀释浸泡3～5分钟
皮肤消毒	1∶500稀释
黏膜消毒（冲洗、滴眼）	1∶5 000稀释

【注意事项】①使用时需用洁净水配制（金属离子和还原性物质可加速过氧乙酸的分解，降低药效），并现配现用。②本品腐蚀性强，有漂白作用，使用时要注意，若高浓度药液不慎溅入眼内或皮肤、衣服上，应立即用水冲洗。③本品挥发性强、易燃，储存时要远离火源，放置在通风、阴凉、干燥地方。剧烈摇动可加速分解、挥发，为防止这一点，产品包装盖上都装有排气孔，以防爆炸，所以本品严禁倒置。④本品对呼吸道和眼结膜有较强的刺激作用，使用时要注意消毒后如果浓度过高、刺激性较强时要及时通风，吸入过多要及时就医。⑤有机物对其消毒效果有影响。

【直观鉴别】①检测含量，国际产品过氧乙酸含量在16.0％～23.0％；

②看产品的包装桶上是否有排气孔，没用排气孔的为不合格产品；③闻气味，气味大的质量相对会好；④将原液倒在水泥地上或土地上，反应越剧烈越好。

2. 过氧化氢　过氧化氢又叫双氧水，含过氧化氢为 $2.5\%\sim3.5\%$。浓过氧化氢含过氧化氢为 $26\%\sim28\%$。

【性状】过氧化氢溶液为无色澄清液体，无臭或有类似臭氧的味道。遇氧化物或还原物迅速分解并产生泡沫，遇光、热易变质。

【用法与用量】过氧化氢有较强的氧化性，在于组织或血液中的过氧化氢酶接触时迅速分解，释放出新生态氧，对细菌产生氧化作用，干扰其酶系统的功能而发挥抗菌作用。由于作用时间短，并且有机物能大大减弱其作用，因此杀菌力很弱。过氧化氢主要用于清创，在接触创面时，过氧化氢会迅速分解并产生大量气泡和氧气，机械地松动脓块、血块、坏死组织及与组织粘连的辅料，有利于清洁创面，尤其对厌氧性细菌感染更有效。清创时的使用浓度为 3% 过氧化氢溶液。另外，5% 过氧化氢溶液还有除臭和止血作用。

【注意事项】①避免用手直接接触高浓度过氧化氢溶液，可发生刺激性灼伤；②与有机物、碱、生物碱、碘化物、高锰酸钾或其他氧化剂有配伍禁忌；③不能注入胸腔、腹腔等封闭性体腔或腔道以及气体不易逸散的深部创伤，以免产气过速而导致栓塞或扩大感染。

3. 过硫酸氢钾复合物

【性状】过硫酸氢钾复合物商品名称叫卫可安，是一款高效、低毒、刺激性小、绿色环保的消毒剂。主要成分由过硫酸氢钾复合物、强效催化剂、表面活性剂、有机酸、无机缓冲体系、复合粉状制剂组成。外观呈粉红、灰色粉末，有淡柠檬气味。本品易溶于水，在水中经链式反应连续产生次氯酸、新生态氧、氧化、氯化和酸化病原体，对病毒、细菌、支原体、真菌、霉菌均有效。1∶100 稀释后 pH2.6，1∶200 稀释后 pH2.9。

【作用机理】增加细胞膜的通透性，造成酶和营养物质流失、病原体溶解破裂，进而杀灭病原体使病原体的蛋白质凝固变性，干扰病原体酶系统的活性、影响其代谢、导致死亡；干扰病原体的 DNA 和 RNA 合成，阻碍遗传物质的复制和病原微生物的繁殖。

【用法与用量】各类养殖场带体喷雾消毒1∶200 稀释；动物饮水消毒1∶1 000 比例使用；烟雾熏蒸消毒1∶25 稀释溶液通过烟雾发生设备可对空栏、种蛋进行熏蒸消毒，具体用方法是将卫可安、丙二醇、水按照1∶5∶20 的比例混合，每立方米用15～20 毫升混合液，然后用专用烟雾机熏蒸消毒；洗手消毒1∶200 稀释；养殖器具浸泡消毒1∶200 稀释（表3-5）。

表 3-5　过硫酸氢钾复合物的用途和用量

用途	用法用量（以卫可安计）
疫源地消毒	1∶(100～150) 稀释
带体消毒	1∶(150～200) 稀释
车辆消毒、器具消毒、人员消毒	1∶150 稀释
动物饮水消毒	1∶(1 000～2 000) 稀释
空栏、种蛋熏蒸消毒	将卫可安、丙二醇、水按照 1∶5∶20 的比例混合，每立方米用 15～20 毫升混合液，然后用专用烟雾机熏蒸消毒

【注意事项】①本品水溶液为淡粉红色液体，粉红色为指示剂颜色，颜色褪去则表示溶液已经减弱或失去消毒作用。②喷雾消毒时尽量在相对封闭的空间进行，以保持雾滴良好悬浮性。

【直观鉴别】①流动性要好，不结块并且着色均匀；②水溶液呈粉红色且稳定性好，水溶液一周不褪色；③真正的过硫酸氢钾复合物不会使碘溶液褪色，而假的过硫酸氢钾复合物因含二氯异氰脲酸或漂白粉，很容易使碘溶液褪色。

4. 二氧化氯

【性状】二氧化氯常态下为黄至红黄色气体，有氯臭味；在阳光下不稳定，纯品在暗处稳定，但是氯化物可催化其分解，遇有机物反应剧烈。二氧化氯的浓度高于 10% 时遇光、热、汞或一氧化碳均可引起爆炸。二氧化氯易溶于水，但不产生次氯酸，溶于碱和硫酸溶液。液态的二氧化氯为红棕色，固态二氧化氯为黄红色晶体。

【用法与用量】二氧化氯是非常活跃氧化剂，作用强，其氧化能力可用碘量法滴定，并折算成相当于有效氯的含量，其纯品相当于含有效氯 263%，所以有人把二氧化氯归入含氯消毒剂类（卤素类）。二氧化氯杀菌是依赖其氧化作用，氧化能力比氯强 2.5 倍，可杀灭细菌的繁殖体及芽孢、病毒、真菌及其孢子。饮水消毒最好的消毒剂就是二氧化氯。

清之源（8% 二氧化氯）作为饮水消毒剂具有以下优点：①杀灭力强、用量小；②使用方便，无须活化；③溶解性好，5 分钟内能全部溶解完，溶解后无任何残留和杂质，绿色环保；④不与水中的氨化物起反应；能脱掉水中的色和气味，可以清除饮水中的臭味和异味，改善水的味道和水质；⑤可氧化酚类等污染物质；⑥不受水质、酸碱度、温度等影响；⑦可除藻、杀青苔，能去除管道内的生物膜，清理水线；⑧经过清之源处理过的饮水可达到国家饮用水标准，没有余氯，对胃肠道无刺激，可以人畜共用。

清之源用于饮水消毒时，可根据水质的好坏每吨水加 6～12 片；清之源用于清理管线时每千克水加 3～5 片，溶解后灌入管线内浸泡 3 小时左右，高压冲洗干净即可。

5. 高锰酸钾

【性状】又名灰锰氧，黑紫色、细长的菱形结晶或颗粒，带蓝色的金属光泽，无臭，与某些有机物或易氧化的化合物研磨或混合时，易引起爆炸或燃烧。溶于水，更容易溶于沸水，溶液呈深紫色。

【用法与用量】为强氧化剂，遇有机物或加热、加酸或碱等均可释出新生氧（非游离态氧，不产生气泡）（$2KMnO_4 + H_2O = 2KOH + 2MnO_2 + 3 [O]$），呈现杀菌、除臭、解毒作用。在发生氧化反应时，高锰酸钾还原为棕色的二氧化锰，二氧化锰可与蛋白质结合成蛋白盐类复合物，因此高锰酸钾在低浓度时对组织有收敛作用，高浓度时有刺激和腐蚀作用。高锰酸钾的抗菌作用较强，但它极易被有机物分解而作用减弱。高锰酸钾在酸性环境中杀菌作用增强，比如 2%～5% 高锰酸钾溶液能在 24 小时内杀灭芽孢，而在 1% 溶液中加 1.1% 盐酸，则能在 30 秒内杀死炭疽芽孢。

吗啡、士的宁等生物碱，苯酚、水合氯醛、氯丙嗪等合成药，磷和氰化物等，均可被高锰酸钾氧化而失去毒性，故临床上用 0.05%～0.1% 溶液洗胃解毒，还可用于冲洗毒蛇咬伤的伤口解毒，但仅能破坏部分蛇毒。

肠道冲洗及洗胃：配成 0.05%～0.1% 溶液；创面消毒：配成 0.1%～0.2% 溶液。

【注意事项】①水溶液易失效，需现配现用，避光保存，久置变棕色而失效；②高锰酸钾对组织有刺激作用，不应反复用高锰酸钾反复洗胃；③误服高锰酸钾严重的会出现呼吸和吞咽困难、蛋白尿等，中毒时应用温水或添加 3% 过氧化氢溶液洗胃，并内服牛奶、豆浆或氢氧化铝凝胶，以延缓吸收。

6. 臭氧

【性状】臭氧（O_3）是氧气（O_2）的同素异构体，属强氧化剂，不稳定，常温下为淡蓝色气体，有淡淡的鱼腥臭味，比空气重，比重为 1.71，易溶于水，经过冷压处理后可形成液体，其液体沸点为 −112.3 ℃，遇震动、热源、明火或浓溶液与强还原剂反应会发生爆炸。臭氧的腐蚀性和氧化性极强，有漂白作用。

【用法与用量】可用于空气消毒或水体消毒。空气消毒：30 毫克/米³，保持 15 分钟以上；水体消毒：0.5 毫克/米³ 10 分钟，遇到传染源污水消毒时，则要加大浓度，15～20 毫克/米³ 15 分钟。

【注意事项】①由于臭氧的腐蚀性很强，所以用臭氧消毒时对设备、室内电缆、电子设备及其他物品有很强的腐蚀性，造成设备及其他物品更换频率过高，增加生产成本，同时还给安全带来隐患；②臭氧的强氧化性对人和动物的健康有危害作用，臭氧吸入人体或动物体后，能迅速转化为活性很强的自由基-超氧基（O_2^-），主要使不饱和脂肪酸氧化，从而造成细胞损伤。臭氧可使人或动物的呼吸道上皮细胞脂质过氧化过程中花生四烯酸增多，进而引起上呼吸道的炎症病变，损伤终末细支气管上皮纤毛，从而削弱了上呼吸道的防御功能，因此，长时间接触臭氧易发上呼吸道感染，短时间接触臭氧可引起胸部不适、头疼、咳嗽等，80%的人还感觉到对眼和鼻黏膜的刺激，所以不建议使用臭氧消毒。

六、卤素类消毒剂

卤素和易放出卤素的化合物，具有强大的杀菌作用，卤素类消毒剂包括碘制剂、氯制剂、溴制剂等。卤素对菌体细胞有高度的亲和力，易深入细胞，使蛋白的氨基或其他基团卤化，或氧化活性基团而呈现杀菌作用。氯和含氯化合物的强大杀菌作用，是由于氯化作用破坏菌体或改变细胞膜的通透性，或者由于氧化作用抑制各种巯基酶或其他对氧化作用敏感的酶类，从而引起细菌死亡。

（一）碘类消毒剂

碘为灰黑色或蓝黑色、有金属光泽的片状结晶或块状物，质重而脆，有特臭，在常温中易挥发，遇光挥发更快，几乎不溶于水，溶于碘化钾或碘化钠的水溶液中。碘具有强大的杀菌作用，可杀灭细菌芽孢、真菌、病毒、原虫。碘类消毒剂中起杀菌作用的主要是游离碘和次碘酸，在水溶液中，碘主要以 I_2（非结合碘）、HIO（次碘酸）、IO^-、H_2O^+I、I^-、IO_3^- 6 种形式存在，其中 I_2 渗透性强呈现杀菌作用，次碘酸具有很强的氧化作用而发挥杀菌作用。在酸性条件下，游离碘增多，杀菌作用增强；碱性条件下，游离碘减少，杀菌作用减弱。碘能够迅速穿透细胞壁，通过与微生物生物大分子上$-OH$、$-NH$、$-CH$、$-SH$ 等基团的作用，形成碘衍生物，使氨基酸、核苷酸分子中的氢键被破坏、封锁，导致微生物胞浆蛋白质变性沉淀、酶的灭活和核苷酸的功能丧失而呈现杀菌作用。市场上含碘的消毒剂非常多，鱼龙混杂，下面介绍几种常见的含碘消毒剂及简单的鉴别好坏的方法。

1. 聚维酮碘

【性状】聚维酮碘又称络合碘、碘伏，本品是碘与聚乙烯吡咯烷酮的络合物。聚乙烯吡咯烷酮是一种非离子表面活性剂、阴离子表面活性剂，英文名

Poly Vinyl Pyrrolidone，简称 PVP。PVP 是一种亲水性聚合物，本身无抗菌作用，但由于它对细胞膜的亲和作用，在生产过程中 PVP 形成微小包腔载体，将碘离子络合在微囊的腔体内，形成 PVP-I，PVP 能将碘直接引到细菌的细胞表面，这对提高碘的抗菌活性很有意义。碘的进攻靶是细菌胞质和胞质膜，在几秒钟内就立即杀灭细菌。当巯基化合物、肽类、蛋白质、酶、脂质和胞嘧啶等生物生存所必需的分子与 PVP-I 接触后，立即被碘氧化或碘化，使之丧失活性，达到较长时间的杀菌作用。PVP-I 对细菌、真菌、病毒、芽孢和原虫都有杀灭作用，对临床上常见的细菌作体外试验，几乎没有一种细菌不能被杀灭的。聚维酮碘出名是因 1964 年被美国宇航局选定用于太空实验室的消毒。市面上常见的 5％聚维酮碘，其含碘量仅为 0.5％，所以，大家在使用该类产品时要注意它的实际含碘量，鉴于聚维酮碘使用时稀释比例太小造成成本过高，建议养殖场应在成本方面考虑。聚维酮碘另外一个特性是在做皮肤消毒时刺激性小，比较安全，不用再脱碘。5％聚维酮碘原液 pH 4.9，1：25 稀释后 pH5.8。

【用法与用量】①皮肤消毒及治疗皮肤病：5％溶液；②奶牛乳头浸泡消毒：0.5％～1％溶液；③黏膜及创面冲洗消毒：0.1％溶液；④环境消毒：1：500 稀释（均以 100％聚维酮碘计，市面上出售的聚维酮碘多为 10％、5％、1％的产品，使用时要注意换算，即 10％聚维酮碘应按 1：50 稀释使用；5％聚维酮碘应按 1：25 稀释使用；1％聚维酮碘应按 1：5 稀释使用）（表 3-6）。

表 3-6　聚维酮碘的用途和用量

用途	用法用量（以 5％聚维酮碘计）
皮肤消毒及治疗皮肤病	原液
奶牛乳头浸泡消毒	1：（5～10）稀释
黏膜及创面冲洗消毒	1：50 稀释
带体消毒	1：25 稀释

【注意事项】①对碘过敏（涂抹后能引起全身性皮疹）的动物禁用；②严禁与含汞药物配伍；③碘易挥发，所以碘制剂均应避光保存。

2. 碘附（I）

【性状】本品呈棕红色黏稠状的液体，由 3％碘、18％～22％磷酸、适量稳定剂、PHMB、非离子界面活性剂组成，市面上常见的有安比杀、碘酸-30 等。原液 pH 1.2，1：300 稀释后 pH2.3。产品主要特点有：①配方独特，含碘量更高；②杀灭功效更广谱，对所有的病毒、细菌、支原体、衣原体、真菌、芽孢及藻类都有强大的杀灭作用，尤其能够快速杀灭口蹄疫病毒、禽流感病毒、蓝耳病病毒、轮状病毒、圆环病毒、传染性胃肠炎病毒、流行性腹泻病毒等；③安全可靠，按照标准稀释后的消毒溶液无毒、无味、无刺激性、无腐蚀性、无抗耐药性等特点，可用于各种哺乳动物、禽类、水产动物及各种器械和物品的消毒；④产品中添加了特种稳定剂，使该产品具有高度的稳定性和消毒效力的持久性；⑤本品配以最新PHMB独特活性物，PHMB中的胍基有很高的活性，使产品聚合物带上正电荷，带有正电荷的消毒剂可以很容易被带负电荷的各类病原微生物所吸附，提高了产品的高吸附性和渗透力，从而起到彻底的杀灭作用；⑥配方中添加了缓冲剂，使产品在使用时不受水质硬度的影响，抗有机物和抗干扰力强；⑦不受低温影响，抗冻性强；⑧可以用于饮水消毒和清水线，尤其是因藻类过多引起的管线堵塞使用效果最好；⑨可以用于水产动物机体、苗种、受精卵的消毒。

【用法与用量】见表3-7。

表3-7　碘附（I）的用途和用法

用途	用法用量（以安比杀计）
手术部位及手术器械消毒	1:（3～6）稀释涂抹（器械也可浸泡）
厩舍、饲喂器具、种蛋消毒	1:（400～500）稀释，喷洒或浸泡
带体消毒、扑疫消毒	1:（300～400）稀释，喷雾消毒
畜禽饮水消毒或清管线消毒	每吨水添加0.4千克

【注意事项】同聚维酮碘。

3. 碘酸混合溶液

【性状】碘酸混合溶液，商品名称安灭杀，本品为深棕色的液体；含碘1.5%、酸量（以磷酸计）15.0%；有碘特臭；易挥发。原液pH2.1，1:150稀释后pH2.6。碘具有强大的杀菌作用，也可杀灭细菌芽孢、真菌、病毒、原虫。碘主要以分子（I_2）形式发挥杀菌作用，其原理可能是碘化和氧化菌体蛋白的活性基团，并与蛋白的氨基结合而导致蛋白变性和抑制菌体的代谢酶系统。

【用法与用量】用于外科手术部位、畜禽房舍、畜产品加工场所及用具的消毒（表3-8）。

表3-8　碘酸混合溶液用途和用法

用途	用法用量（以安灭杀计）
手术室消毒	1:150稀释
带体消毒，畜禽房舍、饲喂器具、种蛋消毒	1:（150～200）稀释，喷洒或浸泡

（续）

用途	用法用量（以安灭杀计）
疫源地扑疫消毒	1：（100～150）稀释，喷雾消毒
畜禽饮水消毒	每吨水添加0.8千克
牧草消毒	1：750稀释

【注意事项】①勿用温度超过43℃的热水稀释。②如果发现有皮肤过敏现象，应停止使用。③禁止与其他化学药品混合使用。④防止皮肤和眼睛接触到产品原液，如果溅入眼睛，立即用大量的水冲洗。⑤密封，置于安全处，勿让孩子接触。

4. 碘酊

【性状】碘酊又叫碘酒，为棕红色、带有碘臭味的易挥发液体，主要成分是碘、碘化钾、酒精等，碘化钾是碘的溶解剂。碘酊因为其含碘量高，所以杀灭力强，能杀灭所有病原微生物，包括芽孢。

【用法与用量】碘酊是一种常用的、最有效的皮肤消毒药，市面上常见碘酊的浓度为2％和5％，也有10％的产品，2％浓度的碘酊，消毒效果可以满足需要。

【注意事项】①对碘过敏（涂抹后能引起全身性皮疹）的动物禁用；②严禁与含汞药物配伍；③碘酊必须涂抹在干燥的皮肤上，如果涂在湿皮肤上不仅杀菌效力降低，而且容易引起水泡和皮炎；④碘易挥发，所以碘制剂均应避光保存。

（二）含氯消毒剂

含氯消毒剂是指在水中能产生杀菌作用的活性次氯酸的一类消毒剂，包括有机含氯消毒剂和无机含氯消毒剂，在生产中使用较为广泛。其主要作用机理是氧化作用、氯化作用和新生态氧的杀菌作用，氯气易进入细菌的细胞，而后与细菌蛋白发生氯化或氧化反应，氯化作用使菌体破坏和菌体膜的通透性发生改变，同时由于氧化作用使各种含巯基的酶类或其他对氧化作用敏感酶类的活性被抑制，并且还抑制醇醛缩合酶而阻止葡萄糖的氧化，以致菌体死亡。同时，次氯酸也很容易进入细胞内发挥杀菌作用。氯是气体，其水溶液又不稳定，造成杀菌不持久，故使用不方便，所以常常做成含氯的化合物，以方便储存、运输和使用。目前市场上含氯化合物制成的消毒剂很多，比如漂白粉、强氯精、二氯异氰脲酸钠、二氯异氰脲酸、三氯异氰脲酸等。

1. 漂白粉

【性状】漂白粉又叫含氯石灰，是由氯通入消石灰制成，为次氯酸钙、氯化钙、氢氧化钙的混合物，呈灰白色颗粒性粉末，有氯臭，有效氯含量不得少于25%。由于该产品极不稳定、挥发很快，在夏季1周左右有效氯可降至17%左右，按照国家卫生消毒标准要求，有效氯低于15%的漂白粉不准作为消毒使用，因此现在大多数养殖场已经停用漂白粉。

【用法与用量】 现用现配，配制成5%～20%混悬液，多用于水产、厩舍、场地、排泄物等的消毒，也可配制成1%～5%的澄清液用于食品厂和肉联厂的非金属设备消毒。

【注意事项】 ①漂白粉对皮肤和黏膜有刺激作用，消毒人员应注意做好防护；②对金属有很强的腐蚀性；③能使有色棉织物褪色。

2. 二氯异氰脲酸钠

【性状】 商品名叫瑞农，1:300稀释后pH7.5。有浓氯臭的白色晶粉，稳定性高（室温下保存半年，有效氯仅下降0.16%），好的产品应该不结块、不胀气，溶解性好、不堵喷头。二氯异氰脲酸钠杀菌谱广，对繁殖型细菌和芽孢、病毒、真菌孢子均有较强的杀灭作用。其水解常数（指在水中水解产生次氯酸的程度，常数值愈高，说明产生的次氯酸愈多，杀菌作用愈强）较高。

【用法与用量】 ①环境消毒、带体消毒1:（300～500）稀释喷雾消毒；②清洗料槽、料桶、饮水器等器具1:（200～300）稀释，浸泡30分钟以上，用清水清洗即可，既起到了消毒作用，又起到了清洗作用；③种蛋喷雾或浸泡消毒1:（200～300）稀释；④饮水消毒，每吨水添加25～40克；⑤清水线每千克（每升）水添加10～20克，浸泡1～3小时；⑥与多聚甲醛混合可以用于熏蒸消毒，比如二氯异氰脲酸钠多聚甲醛粉（商品名烟营）（表3-9）。

表3-9 二氯异氰脲酸钠的用途和用法

用途	用法用量（以30%瑞农计）
洁净栏舍、墙壁和空气常规消毒	1:（500～600）稀释，现配现用
有机物污染的栏舍和墙壁消毒	1:（300～400）稀释，现配现用
车辆消毒、器具消毒	1:（300～400）稀释，现配现用
疫源地扑灭疫情消毒	1:（200～300）稀释，现配现用
饮水消毒	每吨水添加25～40克
带体消毒	1:（300～500）稀释，现配现用
清洗料槽、料桶、饮水器等器具	1:（200～300）稀释，现配现用
种蛋喷雾或浸泡消毒	1:（200～300）稀释，现配现用
清水线	每千克（每升）水添加10～20克，浸泡6～8小时

【注意事项】 同漂白粉。

【直观鉴别】市面上同类产品很多，价格相差也很大，好的产品应不结块、不胀气，即使放置两年以上，包装袋应基本完好。假冒伪劣产品大多检测有效氯含量时合格，而实际的消毒效果却大打折扣，究其原因是这类产品多用三氯异氰脲酸来生产，产品会胀气、结块，放置两年以上后或不到两年，包装袋会因被氧化变得易碎、易破。

3. 三氯异氰脲酸

【性状】有机化合物，白色结晶性粉末或粒状固体，具有强烈的氯气刺激味，是一种极强的氧化剂和氯化剂，是一款比较安全的高效、广谱消毒剂，对细菌、病毒、真菌、芽孢等都有杀灭作用，对球虫卵囊也有一定杀灭作用。三氯异氰脲酸因为水解常数相对较低，一般不用其溶液喷雾消毒，而用作烟熏消毒。制作烟熏剂时要添加稳定剂和助燃剂，市面上常见的三氯异氰脲酸烟熏剂（商品名烟克、烟熏宝）就是此类产品。

【用法与用量】作为烟熏剂使用时每立方米 1～2 克，密闭熏蒸 10～24 小时后通风 1 小时即可。

【注意事项】①使用时应先将三氯异氰脲酸和助燃剂混合均匀；②严禁受潮或将产品放在特别潮湿的地面点燃，容易起火影响熏蒸效果。如果起火，请立即用砖块或铁锹等物压灭即可正常起烟使用；③为了保证熏蒸均匀，尽量多点投放；④为了安全考虑，对于有垫料的厩舍要在放置药品的地方最少清理出 1 米^2 的空地，最好药品放在容器中点燃，以防失火；⑤严禁带动物和人熏蒸消毒，点燃后立即远离；⑥勿用手直接接触助燃剂，如不小心接触后立即用清水冲洗。

七、表面活性剂类消毒剂

表面活性剂是一类能降低水溶液表面张力的物质，由于可促进水的扩展使表面润湿（用作润湿剂），又可浸透进入微细孔道，使两种不相混合的液体，如油和水发生乳化（用作乳化剂），润湿和乳化均有利于油污的去除。表面活性剂兼有这两种作用者，就是清洁剂。表面活性剂主要通过改变界面的能量分布，改变细菌细胞膜通透性，影响细菌新陈代谢，还可使蛋白变性，灭活菌体内多种酶系统，从而具有抗菌活性，故可用作消毒防腐剂。

表面活性剂包含疏水基和亲水基，疏水基一般是烃链，亲水基有离子型和非离子型两类，后者对细菌没有抑制作用。离子型表面活性剂根据其在水中溶解后在活性基因上电荷的性质，分为阴离子表面活性剂（如肥皂、十二烷基苯磺酸钠等）、阳离子表面活性剂（如苯扎溴铵、苯扎氯铵、癸甲溴铵、月苄三甲氯铵等）、非离子表面活性剂（如吐温类化合物）和双性离子表面活性剂

（如汰垢类消毒药）。表面活性剂的杀菌作用与其去污力不是平行的，其中阴离子表面活性剂的去污力强，但抗菌作用很弱，消毒不可靠；阳离子表面活性剂的去污力较差，但抗菌作用强。

季铵盐类为最常用的阳离子表面活性剂，可杀灭大多数繁殖型细菌和真菌以及部分病毒，但不能杀死芽孢、结核杆菌和绿脓杆菌。季铵盐类处于溶液状态时可解离出季铵阳离子，后者可与细菌和病毒的膜磷脂中带负电荷的磷酸基结合，低浓度时导致膜的通透性改变，呈抑菌作用；高浓度时使膜和胞浆蛋白质的荷电性改变而沉淀，呈杀菌作用。季铵盐类对革兰氏阳性菌的作用比对革兰氏阴性菌的作用强；病毒（尤其是无囊膜病毒）对季铵盐类的敏感性不如细菌。阳离子表面活性剂的杀菌作用强而迅速，刺激性很弱，毒性低，不腐蚀金属和橡胶，但杀菌效果受有机物影响较大，故不适用于厩舍和环境消毒。在消毒器具前，应先机械消除其表面的有机物。阳离子表面活性剂不能与阴离子表面活性剂同时应用。

非离子表面活性剂溶于水中不电离，具有良好的洗涤作用，有助于去除沾染的微生物，但杀菌作用很微弱。

双性离子表面活性剂溶于水中，其亲水基同时具有阴阳两种离子性质，其阳性部分可为季铵盐型或其他铵类似物，因此既有阴离子化合物的去垢性能，又有阳离子化合物的杀菌作用。

1. 癸甲溴铵

【性状】双长链阳离子表面活性剂，为无色或微黄色黏稠性液体；振摇时产生泡沫。商品名称为优普诺或百毒杀。原液 pH6.5，1：300 稀释后 pH7.2。

【用法与用量】用于厩舍、饲喂器具、种蛋、乳房、动物体表、饮水等消毒，也可用于洗手消毒和工作服消毒（表3-10）。

表3-10　癸甲溴铵用途和用法

用途	用法与用量（以10％癸甲溴铵计）
动物厩舍消毒、器具消毒、大环境消毒	1：（200～300）稀释
种蛋、乳房消毒	1：（200～300）稀释
洗手消毒、工作服消毒	1：（200～300）稀释
饮水消毒	每吨水添加 250～500 克

【注意事项】①使用时小心操作，原液对皮肤和眼睛有轻微刺激，避免与眼睛、皮肤和衣服直接接触，如溅及眼部和皮肤立即以大量清水冲洗至少15分钟；②内服有毒性，如误服立即用大量清水或牛奶洗胃；③禁与肥皂、酚

类、酸类、碘化物等合用；④消毒液现用现配，不宜长时间放置；⑤喷雾时喷头朝上，降低舍内空气的流动，调整雾滴为最小，延长其在空气中悬浮时间，充分与悬浮的尘埃及病原充分接触；⑥喷雾时要保证禽舍内的地面、墙壁、养殖空间、屋顶等位置喷洒全面，不留死角。

2. 月苄三甲氯铵

【性状】双长链阳离子表面活性剂，本品为淡黄色的橙黄液体；味苦；强力振摇则产生大量泡沫。商品名称为卫牧。原液 pH8.2，1∶300 稀释后 pH7.2。

【用法与用量】用于厩舍、饲喂器具、种蛋、乳房、动物体表、饮水等消毒，也可用于洗手消毒和工作服消毒（表 3-11）。

表 3-11　月苄三甲氯铵用途和用法

用途	用法与用量（以 10％月苄三甲氯铵计）
办公场所、生活区域、大环境消毒	1∶（200～300）稀释
畜禽舍消毒	1∶（200～300）稀释
洗手消毒、手术器械消毒、工作服消毒	1∶（200～300）稀释
创面消毒、器具浸涤	1∶1 000 稀释

【注意事项】同癸甲溴铵。

3. 苯扎溴铵

【性状】又名溴苄烷铵、新洁尔灭。为溴化二甲基苄基烃铵的混合物；同类药物苯扎氯铵，又名氯苄烷铵、洁尔灭，为氯化二甲基苄基烃铵的混合物，两者均属季铵盐类。常温下为黄色胶状体，低温时可逐渐形成蜡状固体；臭芳香、味极苦。本品在水中易溶，水溶液呈碱性反应，振摇时产生大量泡沫。本品在乙醇中易溶，在丙酮中微溶，在乙醚或苯中不溶。

【用法与用量】为常用的一种阳离子表面活性剂，具有杀菌和去污作用。0.1％溶液用于皮肤和术前手消毒（浸泡 5 分钟）、手术器械消毒（煮沸 15 分钟后浸泡 30 分钟）；0.01％溶液用于创面消毒；感染性创面宜用 0.1％溶液局部冲洗后湿敷（均以 100％苯扎溴铵计）。

【注意事项】同癸甲溴铵。

4. 苯扎氯铵

【性状】苯扎氯铵，又叫十二烷基二甲基苄基氯化铵，本品为白色蜡状固体或黄色胶状体；水溶液显中性或弱碱性反应，振摇时产生大量泡沫；在水或乙醇中极易溶解，在乙醚中微溶。属消毒防腐药类，主要用于工业及医疗消毒。苯扎氯铵在水溶液中离解成阳离子活性基团，具有净洁、杀菌的作用。在医疗手术时广泛用于皮肤和手术器械的消毒，也广泛用于杀菌、消毒、防腐、乳化、去垢、增溶等方面，又是阳离子染料染腈纶纤维的匀染剂。

【用法与用量】 本品为阳离子表面活性剂类广谱杀菌剂，能改变细菌细胞膜通透性，使菌体胞浆物质外渗。主要用于手术前皮肤的消毒、黏膜和伤口的清洗消毒、创伤和烧伤感染的治疗、手术器械的消毒和保存。本品对革兰氏阳性菌和阴性菌、某些真菌、阴道滴虫均有效。用途和不良反应与苯扎溴铵相似。0.01%～0.1%溶液用于消毒皮肤、黏膜和创口；0.02%～0.05%溶液用于阴道冲洗；不超过0.005%的溶液用于膀胱、尿道的灌洗，0.002 5%溶液可作膀胱灌洗；0.2%～0.5%溶液作为洗发剂用于脂溢性皮炎；手术器械的消毒和保存用0.1%溶液（可加入亚硝酸钠防锈）；手术前洗手用0.05%～0.1%溶液浸泡5分钟；本品也可用作杀精药和治疗单纯疱疹感染。工业水处理方面的应用：本品具有高效杀菌灭藻能力，毒性小，可溶于水，使用方便，不受水硬度影响，而且具有强烈剥离作用，因此特别适用于大型化工装置中循环冷却水的杀菌灭藻剂和软泥剥离剂，用量为100克/米^3。

【注意事项】 ①本品口服可造成恶心和呕吐，浓溶液可导致食管损伤或坏死。对于本品中毒反应可采用对症治疗，如有必要可使用一些能缓和胃肠道刺激的药物，但应避免使用催吐剂，特别是在吞服了浓溶液后。如服药时间不超过1小时且口腔内无灼伤表现，可考虑洗胃。中枢神经系统兴奋剂和胆碱酯酶抑制剂不能扭转本品造成的呼吸肌麻痹。皮质激素类药物可减轻口咽部水肿。②对本品过敏者禁用，过敏体质者慎用。③请将本品放在儿童不能接触的地方。④勿与肥皂、盐类或其他合成洗涤剂同时使用，避免使用铝制容器。⑤水溶液不得贮存于聚氯乙烯瓶内，避免与其所含增塑剂起反应，使药效消失。

八、胍类消毒剂

胍类消毒剂包括醋酸氯己定和葡萄糖酸氯己定、聚六亚甲基胍等，均属低效消毒剂，具有速效特点，对皮肤黏膜无刺激性、对金属和织物无腐蚀性，受有机物影响轻微，稳定性好。适用于外科洗手消毒、手术部位皮肤和黏膜消毒等。胍基化合物因其具有强碱性、高稳定性、较好的生物活性等优良特性，应用领域十分广泛，其衍生物广泛用于药物、染料、农用化学品、塑料的生产及生物技术等方面，应用于杀菌、消毒与防腐领域只是其中部分化合物。胍类消毒剂因其化学结构式中具有生物活性的烷基胍而得名，主要分为双胍类消毒剂和单胍类消毒剂两大类。其中双胍类消毒剂有氯己定、聚六亚甲基双胍盐、聚亚己基双胍、聚胺丙基双胍等；单胍类消毒剂有聚六亚甲基胍盐酸盐、聚六亚甲基胍硬脂酸盐、聚六亚甲基胍丙酸盐、聚六亚甲基胍磷酸盐等。目前，我国应用和研究较多的有氯己定、聚六亚甲基双胍盐类、聚六亚甲基胍盐类及其衍生物。

1. 葡萄糖酸氯己定

【性状及用途】为无色或淡黄色几乎透明略为黏稠的液体；无臭或几乎无臭。本品能与水混溶，在乙醇或丙酮中溶解。相对密度 1.060~1.070 克/毫升（25 ℃）。中文名称有：1，图 6-双（N_1-对氯苯基-N_5-双胍基）己烷二葡萄糖酸盐；洗必泰葡萄糖酸盐；葡萄糖氯己定；氯己定二葡糖酸盐；葡萄糖酸氯己定；洗必泰，20%（W/V）水溶液；葡萄糖酸洗必泰。主要用途为消毒防腐药，具有相当强的广谱抑菌、杀菌作用，对革兰氏阳性菌及革兰氏阴性菌均有效。外用手、皮肤消毒，冲洗创口。

2. 聚六亚甲基胍

【性状及用途】本品为多胍类高分子聚合物，在水溶液中能产生电离，它的亲水基部分含有强烈的正电性，吸附通常呈负电性的各类细菌、病毒，进入细胞膜，抑制膜内脂质体合成，造成菌体凋亡，达到最佳的杀菌效果。该产品是一种高分子聚合物，能迅速杀灭海水中的革兰氏阴性菌、漂浮弧菌、副溶血弧菌、溶藻弧菌等有害细菌，对海参及其他水产品因细菌引起的各种疾病都有很好地预防和治疗作用。该产品还适用于鱼虾因杆状病毒引起的各种红嘴、烂眼、烂鳃、黑鳃、黄鳃等疾病，还可用于清理虾池鱼塘，分解饲料废物、鱼粪等，净化水质，防止海参、鱼、虾患病。在水循环处理过程中加入该产品，可控制藻类生长，自然平衡海参池、鱼虾池的生态系统。该产品是阳离子聚合物，其抗菌作用主要是通过溶解脂质，改变细菌细胞膜的通透性，使菌体内的代谢发生障碍而抗菌。抗菌谱较广，对革兰氏阳性和阴性菌及霉菌有效力，具有无色、无臭，对皮肤无刺激性、无毒性、无腐蚀性的特点。

九、干粉消毒剂

【性状及作用原理】干粉消毒剂的主要成分是蒙脱石、硅铝酸盐矿合物、吸附剂、天然海藻萃取物等。蒙脱石又名微晶高岭石，是一种硅铝酸盐，其主要成分为八面体蒙脱石微粒。在人用药物为止泻药类非处方药药品。兽药上既可以用于治疗急、慢性腹泻，又可以用作干粉消毒剂、接生粉、空气改良剂等。力保生是采用纳米技术，将所有成分加工制成纳米级微结合，纳米加工后的产品，相对其他产品总表面积增加 3 000 万倍，杀菌物质表面积增加 1.6 万倍，产品呈超微粒状态，可以无孔不入，悬浮在空气中，强力吸附环境中的病原体、水分、氨气，从而抑制、消灭它们，改善养殖环境。

【主要功能】①能够吸附畜禽舍内大量的氨气及其他有毒、有害气体，改善畜禽舍环境。预防和控制畜禽呼吸道疾病发生。②能够杀灭大量的细菌、病毒、寄生虫卵等病原微生物。预防疾病的发生，提高养殖效益。③用于初生仔猪和初生牛犊擦拭消毒，能够使初生仔猪和初生牛犊体表迅速干爽，提高体表温度，使初生仔猪尽早吃足初乳，防止感冒腹泻，提高仔猪成活率。④用于去势、断尾、断脐时伤口处理，产品具有杀菌、消炎、止血的作用，使伤口快速干燥结痂（如断脐时使用本品，能够使仔猪脐带在 12 小时内完全干缩，避免了脐带感染以及由此引起的脐疝等问题）。⑤用于猪转栏、运输时，将力保生喷撒于猪背上及其活动区域，可有效地减少打斗现象，降低应激反应。⑥本品采用纳米技术，具有强大的吸附环境中水分的作用，从而使畜禽舍保持干爽，净化养殖环境。⑦鸡舍、鸭舍地面喷撒可有效预防腹泻病的发生。⑧本品是一种良好的胃黏膜保护剂，对动物止泻的效果极佳，可替代抗生素治疗仔猪腹泻。⑨本品能够强力吸附黄曲霉毒素、玉米赤霉烯酮、烟曲霉毒素、麦角毒素、橘霉毒素等多种霉菌毒素，有效预防霉菌毒素对畜禽的危害。⑩本品配合"农可福""蹄康"一起使用，对防治口蹄疫、腐蹄病效果显著。

【用法与用量】 猪舍每平方米 30～50 克，干粉直接撒或者用机器喷撒，每周使用一次，建议从 1 日龄开始使用，重点在保温箱、料槽、饮水器周围以及潮湿、易污染的地方喷撒，其中保温箱可以每天撒一次；用于初生仔猪的擦拭消毒，每头仔猪用量 20 克；牛舍每周全舍喷撒，奶站每 3 天喷撒一次，每平方米用量为 15 克；治疗仔猪黄白痢、病毒性腹泻：每头仔猪 3～5 克拌料内服；鸡舍、鸭舍每周喷撒 2～3 次，每平方米用量 20 克；饲料脱霉处理：每吨饲料添加 1～3 千克；鸡、鸭饲料中每吨添加 2～3 千克，可以治疗腹泻和胀气病。

【注意事项】 存放于阴凉干燥处；包装打开后尽快用完，未用完的要立即密封。

十、环境泡沫清洗剂

商品名为泡可净。

【主要成分】 由阴离子表面活性剂、两性离子表面活性剂、碱性清洁成分及络合剂等组成。

【产品性状】 黄色黏稠液体。

【应用范围】 广泛应用于畜禽养殖场地面、天花板、墙壁、金属栏、孵化场、屠宰厂、食品加工厂等场所及设备、器具的清洗。

【作用原理】 本产品是一款无腐蚀、环保、清洁力超强的新型、多用途碱性泡沫清洗剂，主要作用原理是通过皂化作用、乳化作用、浸透润湿作用等多重作用，快速清除养殖场地面、天花板、墙壁、金属栏、孵化场、屠宰厂、食品加工厂等场所及设备、器具表面的污染物，并且对设施和器具无任何腐蚀。

①皂化作用　金属表面油脂中的动植物油（主要成分是硬脂酸），与碱性清洗剂中的碱生成硬脂酸钠（即肥皂）和甘油溶解进入碱性溶液，称皂化反应，以除去金属表面油脂。

②乳化作用　乳化剂为表面活性物质，吸附在界面上，憎水基团向着金属基体，亲水基团向着溶液方向，使金属与溶液间界面张力降低，从而在流体动力等因素的作用下，油膜破裂变成细小的珠状，脱离金属表面，到溶液中形成乳浊液。皂化与乳化作用是相辅相成的，相互配合才能彻底清除金属表面油污。

③浸透润湿作用　皂化与乳化作用均系从油污表面逐步进行，而使含碱性剂的碱性溶液浸透油脂内部，达到并润湿清洁内表面，增进了脱脂除油的效果，这就是表面活性剂的浸透润湿作用。

【功能特点】

（1）去污垢力强

①传统的清洗方法是用高压冲洗机冲洗，在高压冲洗过程中，由于冲力太大，会把地上和墙壁上的尘土、污垢及病原微生物卷起来形成气溶胶，导致病原微生物不能够被彻底杀灭而到处传播，给养殖场带来潜在的威胁，况且有很多地方不但高压枪冲洗不掉，而且就是用钢刷也很难清洗干净，这对疾病的控制及传染病的净化都非常不利，而泡可净则能在短时间内快速清除污染物。

②泡可净的发泡力强，泡沫的黏附力强，使清洁作用更高效和持久。发泡力和黏附力是衡量清洗剂质量好坏的直观指标，只有发泡力强，皂化作用、乳化作用、浸透润湿作用才强，清洁才更高效；黏附力强是保证清洗剂对污垢的作用时间，使泡可净对污渍作用更持久。

③泡可净有超强的渗透力，使清洁工作更快速、更彻底。超强的渗透力使泡可净能在 20～30 分钟清洁污渍。

（2）对设施和器具没有任何腐蚀性　很多养殖场终末消毒时用烧碱作为清洗剂，虽然说烧碱有一定的清洗作用，但是，烧碱有三个致命的缺点：一是对设施和器具有很强的腐蚀性（现代化养殖的设备投入很大，维修、更换的费用也很大），使用烧碱得不偿失；二是对屋顶及四周墙壁的上半部分等高处没有办法清洗作业（喷洒高处对操作人员危害太大，严禁这样操作）；三是烧碱刺激性太强，对操作人员危害太大，稍不注意，极易对人造成伤害。

泡可净经过大量试验证明，对设施和器具没有任何腐蚀性，不管是金属的还是非金属的，都没有任何腐蚀性，可以对屋顶及四周墙壁的上半部分等高处清洗作业。泡可净对人的刺激性也很小，这是一款高效、低毒、安全的清洗剂。

（3）清洁效率更高　传统的高压冲洗需要反复进行，否则污渍很难冲洗掉，甚至有些地方还要用钢刷刷洗，既费水，又费时费工，还很难清洗干净。用烧碱清洗时，还要求清洗完后必须用净水冲洗 3～4 遍，否则极易造成药害事故。用泡可净清洗时，基本上一次可以完成（多年不清洗的老污渍可能需要两次），省时、省水、省工。

（4）符合环保要求　泡可净不会对养殖场内的小环境和养殖场外的大环境造成污染，而用烧碱或洗衣粉对环境污染很大。

（5）稳定性好　泡可净抗干扰力强，对水质没有太高的要求，井水或自来水都可以用。

【使用方法】

（1）首先将不能清洗或不用清洗的物品和设备移出，然后清扫舍内或车上垃圾及粪便，确保清扫干净。

（2）为了保证泡可净的清洗效果，应先用清水把待清洗物品、设备、墙壁及地面充分喷湿，喷到 30 分钟之内仍保持湿润，这样可以让一些顽固污渍更容易松动。

（3）首先将泡可净按 1：（80～100）稀释，用高压冲洗机（机器工作压力应达到 5 兆帕以上）加上专用发泡枪喷至待清洁部位表面进行浸泡湿润，每平方米大概需要 500 毫升药液，浸泡湿润 30 分钟以上即可（图 3-1、图 3-2）。

图 3-1　喷洒泡可净

图 3-2　泡可净（浸润墙面）

（4）浸润 30 分钟后用高压水枪（这时要去掉发泡枪枪头，换成冲洗枪头）冲洗即可（图 3-3）。

【注意事项】严禁与酸性溶液混合；避免直接接触眼睛和皮肤，如有接触本品或稀释液立即用清水冲洗，不适需立即就医。

图 3-3　高压水枪冲洗墙面

十一、醇类消毒剂

醇类消毒剂为使用较早的一类消毒防腐药，各种脂族醇类都有不同程度的杀菌作用，其中乙醇为其中的代表。

纯乙醇的杀菌作用很弱，当乙醇的浓度达到75％时，其杀菌作用最强。75％乙醇俗称消毒酒精或酒精，过去很长一段时间广泛应用，是一种较好的皮肤消毒剂。由于酒精的杀灭作用有限，又加上现在医学的发展，新的、杀菌效果更好的、更安全的消毒剂不断出现，现在只用在特殊用途上。

十二、染料类消毒剂

染料类消毒剂分为碱性（阳离子）染料和酸性（阴离子）染料两大类，碱性染料类的抗菌作用强于酸性染料类，两者仅能抑制细菌繁殖，抗菌谱不广，作用缓慢。碱性染料类消毒剂主要有乳酸依沙吖啶和甲紫，其中乳酸依沙吖啶已很少见到。现简单介绍一下甲紫。

【性状】甲紫为氯化四甲基-氯化五甲基-氯化六甲基和副玫瑰苯胺的混合物，pH11，深绿色的颗粒性粉末或绿紫色有金属光泽的碎片，臭极微，在乙醇或氯仿中溶解，在水中略溶。

【用法与用量】甲紫与龙胆紫、结晶紫是一类性质相同的碱性染料，对革兰氏阳性菌有强大的杀灭作用，也有一定的抗真菌作用，对组织无刺激性，临床上常用1％～2％水溶液或醇溶液治疗皮肤或黏膜的创面感染，0.1％～1％水溶液用于烧伤，因有收敛作用，能使创面干燥，也用于皮肤表面的真菌感染。

【注意事项】因甲紫的收敛作用较强，在处理关节部位及易活动部位的伤口时禁用或慎用，不然会出现伤口反复裂伤而不愈合。

十三、挥发性烷化剂

化学活性很强，在常温常压下易挥发成气体，其烷基能取代细菌细胞的氨基、巯基、羟基和羧基的不稳定氢原子，发生烷化作用，使细胞的蛋白质、酶、核酸等变性或功能改变而呈现杀菌作用，能杀死繁殖型细菌、霉菌、病毒和芽孢。与其他消毒药不同，对芽孢的杀灭效力与对繁殖型细菌相似。此外，对仓库害虫及其虫卵也有杀灭作用，它们主要作为气体消毒。

1. 环氧乙烷

【性状】环氧乙烷又名氧化乙烯。属于挥发性烷化剂。在常温常压下为无色有芳香醚味的气体，比空气重，密度为1.52克/厘米³，沸点为10.3℃，当温度低于沸点时，环氧乙烷液为无色透明液体，可以任何比例与水混合，并能溶于常用的有机溶剂和油脂。环氧乙烷的气体在空气中浓度达 3％以上时，遇明火极易引起燃烧或爆炸。所以，贮存或消毒时，禁止有火源。为了避免爆炸，市售的环氧乙烷消毒剂一般要将 1 份环氧乙烷和 9 份二氧化碳或氟氯烷混合制备成混合气体，贮存于密封耐压钢瓶中备用，这样才不具有爆炸性。

【作用与用途】环氧乙烷是一种高效、广谱的杀菌消毒气体。对细菌繁殖体及其芽孢、立克次氏体、真菌和病毒等各种微生物以及某些昆虫和虫卵都有杀灭作用，其机理是能使病原微生物的蛋白质、脱氧核糖核酸和核糖核酸发生非特异性烷化，影响蛋白质的正常生化反应和新陈代谢，从而导致病原微生物死亡，环氧乙烷还具有穿透力强、易于扩散、消除迅速、对物品不会造成损坏和不腐蚀等优点，消毒后很容易被消除。其缺点是易燃、易爆、价格贵、消毒时间长。本品主要用于忌热、忌湿物品的消毒，适用于精密仪器、医疗器械、生物制品、制药原料、皮革、羊毛、橡胶品、塑料制品、图书、谷物、饲料等的消毒，也可用于仓库、实验室、孵化室、无菌室等室内空间的消毒。

【用法与用量】用环氧乙烷消毒时必须在密闭室、密闭箱、聚乙烯薄膜篷和消毒袋内进行。消毒过程中严禁烟火。杀灭细菌繁殖体，每立方米用 300～400 克环氧乙烷，作用时间 8 小时；用于芽孢和霉菌污染物品的消毒时，每立方米用 700～950 克环氧乙烷，作用时间 24 小时，或按每立方米 800～1 700 克用量消毒 6 小时，用于杀灭污染了炭疽芽孢的物品（如皮张、羊毛等）。环氧乙烷气体消毒时，要注意掌握温度、湿度和时间，最适宜的相对湿度是 30％～50％，最适宜的温度是 38～54 ℃，不能低于 18 ℃，且消毒的时间越长效果越好，一般为 6～24 小时，消毒芽孢污染物品需 16 小时左右。消毒结束后，应将物品取出放于通风处 1 小时后才能使用。1％～2％环氧乙烷液体可用于生物制品、培养基浸泡消毒，一般在水浴中浸泡数小时即可；对液体物质的消毒，可直接按比例加入环氧乙烷。

【注意事项】环氧乙烷对人及畜禽有一定毒性作用，一次大量吸入可引起恶心呕吐，大脑抑制，接触皮肤可引起水泡，若刺激呼吸道可引起肺水肿。所以，使用时一定要注意安全防护，防止吸入或接触皮肤、黏膜。消毒前应做好有关物品器械的准备和检查工作，并严格遵守以下安全操作规程：环氧乙烷贮存时，瓶口必须关严，贮存场所应通风、防晒，温度低于 40 ℃，小型铝罐和安瓿不得存放于电冰箱中，搬运时须轻拿轻放；消毒现场不得有明火及其他可产生火星的设备与操作；投药时，应慢慢打开阀门，勿使药液突然喷出，不得将出气口朝向人，如果皮肤、黏膜和眼睛不慎沾上环氧乙烷液体，应立即用水冲洗，防止烧伤；在消毒袋外打开安瓿时，应先将安瓿水浴 10～20 分钟；大规模消毒只能在室外或防爆建筑中进行，并配备消防器材，消毒过程中，严禁穿带有钉的鞋进入现场，以防摩擦产生火花而引起爆炸事故，并经常注意检查消毒容器可疑部位，发现漏气应立即修补；加热环氧乙烷容器，应在阀门打开后进行，加热不宜太猛，给药完毕，在关阀门前，应将热水放掉或移走；在排放环氧乙烷气体时，必须先打开门窗，室内环氧乙烷气味很浓时，决不可打开电灯照明，同时也绝对禁止开关任何电器；橡胶、塑料、有机玻璃及医疗器械消毒后必须通风散气，待环氧乙烷蒸发后才能使用；工作人员如发现头晕、恶心、呕吐等中毒症状，应立即离开现场至通风良好处休息，重者须及时就医。

环氧乙烷泄漏情况的检查：常用饱和硫代硫酸钠试纸来检查环氧乙烷瓶或消毒袋有无漏气。取蒸馏水 10 毫升，加入硫代硫酸钠 25 克，使之成为过饱和溶液，再加入 1％酚酞酒精溶液 5 滴，混匀。将剪成 0.5 厘米×2 厘米的滤纸片浸入，吸足液体后取出，在 37 ℃下烘干备用。使用时将制备的滤纸片用中性水湿润，放在可疑漏气处，若无漏气，则滤纸片仍为白色。

2. β-丙内酯 β-丙内酯为无色黏稠液体，沸点为 162.3 ℃，不会燃烧和爆炸。本品是高效的广谱杀菌剂，对细菌、芽孢、霉菌、病毒都有杀灭作用。其杀菌力比甲醛强，穿透力不如环氧乙烷。消毒后易于散失，对金属有轻微腐蚀性。消毒时可加热用其蒸汽或与分散剂混合喷雾，用量每立方米为 1～2 克，消毒时相对湿度应在 70％，温度在 25 ℃以上，适于消毒房舍、无菌室、手术室等空气消毒，也可在密闭箱内对医疗仪器和器械、生物制品、药品、培养基、橡胶制品等进行消毒。房舍一般消毒 2 小时后通风 1 小时即可使用。喷水可加速其分解成无害的 β-羟丙酸。β-丙内酯具有强大的刺激性，高浓度有发泡作用，并有致癌作用的报道。所以，使用本品时，必须严加防护，减少接触或吸入。

十四、重金属类消毒剂

因重金属类消毒剂毒性强、污染大而被禁用，极个别产品仅在疫苗防腐上使用，如硫柳汞。

第四章 影响消毒效果的因素

养殖场在实际消毒过程中，不论用何种方法消毒，无论是物理法、化学法，还是生物学法，消毒的效果都受到各种因素的影响。了解影响消毒效果的因素，可以正确指导消毒工作，以免造成消毒失败，给养殖场和社会带来经济损失。影响消毒效果的因素包括很多方面，主要包括以下几个方面。

一、消毒的时机

传染病的发生是传染源通过传播途径传给易感动物，而传染病的发病过程是潜伏期→前驱期→症状明显期→转归期，每种传染病的潜伏期时间长短不一，有的几小时，有的在十年以上，对已经进入潜伏期的动物而言，消毒已经晚了，此时消毒只能保护还没有被感染的动物，对已经感染的动物只能通过相应的药物治疗、隔离、淘汰或按照无害化进行处理。

二、消毒剂的选择

市面上的消毒剂种类繁多，消毒剂的选用理论也是花样百出：有人认为消毒剂要交替使用，今天用酸性消毒剂，明天用碱性消毒剂；有人认为一款消毒剂可以长期使用；更有甚者，认为消毒剂是万能的，只要消了毒，养殖场就万事大吉了。实际上，应该按照专门的原则（请参照第八章第四节）来选用消毒剂，因为温度、环境、病原微生物等对消毒剂的使用效果都有很大影响。

三、消毒剂水溶液的浓度

正确使用消毒剂的稀释比例（也叫消毒剂水溶液的浓度），是消毒工作成败的关键。绝大多数消毒剂是浓度越高消毒效果越好，但是消毒剂浓度过高时，一是会造成成本增加，二是对动物和人的刺激性过强，反倒不利于动物和人的健康。反过来，如果我们使用时浓度达不到产品要求，消毒效果则会大打折扣或无效。所以，消毒剂在选择和使用时，首先要选择正规厂家的产品，最好选择专业生产厂家的产品，其次要科学稀释和使用消毒剂，比如市场上常见的5%聚维酮碘的正确稀释比例是1：25稀释使用，2%稀戊二醛应直接使用效果才好，而大部分用户的使用浓度都没达到要求，这也是很多人认为消毒不管用的关键所在。

四、养殖场的环境因素

如果猪场、鸡场等环境脏、乱、差，不注重环境的清洁卫生，仅靠消毒水消毒效果是很有限的，并且粪尿、污染物、有机物、垃圾等的存在也会严重影响消毒剂的消毒效果，所以消毒前一定要先进行清扫等清洁工作，这样才能使消毒工作事半功倍。

实际上，消毒的概念不仅仅是用消毒剂来消毒，消毒包括清扫、冲洗、通风换气、干燥等。消毒的目的是减少和清除病原微生物，只要是能清除病原微生物或能使病原微生物减少的所有措施都叫消毒，而清洁卫生是最好的消毒措施之一，所以猪场、鸡场等所有需要消毒的场所都必须首先做好清洁卫生工作。

五、温度因素

温度对消毒效果的影响要从两方面来讲，一是稀释消毒剂的水温，二是被消毒的环境温度。对于碱性消毒剂来说温度越高，消毒效果越好；对于卤素类消毒剂则是 20 ℃左右消毒效果最好；对于碘制剂来说，稀释水温超过 43 ℃以上就会失效；对于农可福、菌疫灭来说，稀释水温必须高于 8 ℃，因为水温低于 8 ℃时，农可福和菌疫灭很难溶解；做熏蒸消毒时，温度越高，效果越好；而有些消毒剂在环境消毒时的消毒效果受低温的影响较小，比如过氧可安、卫可安、碘制剂等，这就是不同季节要选择不同消毒剂的主要原因（图 4-1）。

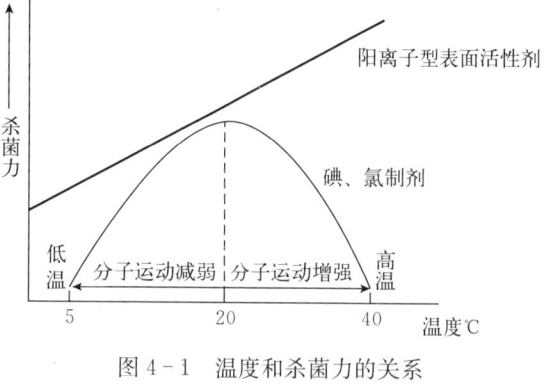

图 4-1　温度和杀菌力的关系

六、湿度因素

湿度的大小不但与人和动物的健康密切相关，同时也与消毒效果密切相关。下面分几种情况来分析湿度和消毒效果的关系。

（1）熏蒸时温度越高、湿度越大，效果越好。除了环氧乙烷最适宜的相对湿度是 30%～50%外，其他不管是用甲醛熏蒸，还是烟克、烟营、过氧乙酸、卫可安熏蒸，都是湿度越高效果越好。

（2）喷雾消毒时，如果环境中湿度过低，喷出消毒液的量不够，喷出的雾水落到地面上很快变干，这时的消毒效果就会大打折扣，因为消毒液与病原微生物的接触时间直接影响消毒效果。这种情况下，我们可以适当降低消毒溶液的浓度而适当加大每平方米的喷药量（加大到每平方米 400～500 毫升药液甚至更多），保证消毒液落到地面上最好在 15～30 分钟不会变干，这样才能保障消毒效果。

（3）喷雾消毒时，对于湿度过大的环境，比如刚冲洗完栏舍，如果地面非常潮湿或有积水时，当喷出的消毒液落到地面上，地面上过多的水分就会降低消毒溶液浓度而影响消毒效果。所以，我们要求环境喷雾消毒时的流程是先清扫，再喷雾消毒，至少 30 分钟后再冲洗。

七、作用时间

影响消毒剂作用时间的直接因素就是每平方米的喷药量，喷洒的药量不足，很快蒸发掉了，与病原微生物的接触时间就不能达到 15 分钟以上，消毒效果就会大打折扣。所以要求带体消毒时每平方米喷洒 300 毫升左右的药液，外环境消毒时要求每平方米喷洒 500 毫升左右的药液。

在喷雾消毒的过程中，湿度过大时可以适当加大消毒液的浓度而减少每平方米的喷药量，湿度过小时则可以适当减小消毒液的浓度而增加每平方米的喷药量，要根据环境中具体的温度、湿度来调整。中国地域广阔，南北温湿度差异很大，一年四季中温湿度差异也很大，一定要具体情况具体分析，不管怎样调整，其目的只有一个，就是要保证消毒液与病原微生物的接触时间。

八、消毒设备及使用方法

消毒设备的好坏也直接影响消毒效果，比如雾滴的大小、喷雾的速度以及喷雾的方法等。

雾滴过大，沉降速度就会过快，消毒液在空中停留的时间会过短，这会直接影响到消毒液与病原微生物的接触概率和接触时间，从而直接影响消毒效果。

喷雾的速度过慢，影响工作效率和消毒的时效性；喷雾速度过快，则很容易形成气溶胶，直接影响消毒效果。

喷雾方法不正确，将直接影响消毒效果。正确的方法是将喷枪举高并成 45°向上喷洒，让喷出的水雾（喷雾器雾化要好）从最高处自由下落，在下落的过程中把空气中的粉尘和病原微生物带到地面（建议使用添加 PHMB 的消毒液，PHMB 能够主动吸附病原微生物），15～30 分钟后可将病原微生物彻底杀灭。

九、水质

1. 水的洁净度 稀释消毒剂的水必须是洁净的水，不准直接使用江、河、湖、塘以及水库的水。因为这些水杂质较多，一是容易堵喷头，二是成分复杂，和消毒剂的有效成分起反应后影响消毒效果。

2. 水的硬度 有时水的硬度也会影响消毒效果，对于过硫酸氢钾来说，硬度过高的水直接影响其杀灭力。

十、pH

pH 对消毒效果的影响主要指两方面，一是指其水溶液的 pH，二是指消毒环境的 pH（图 4 - 2）。

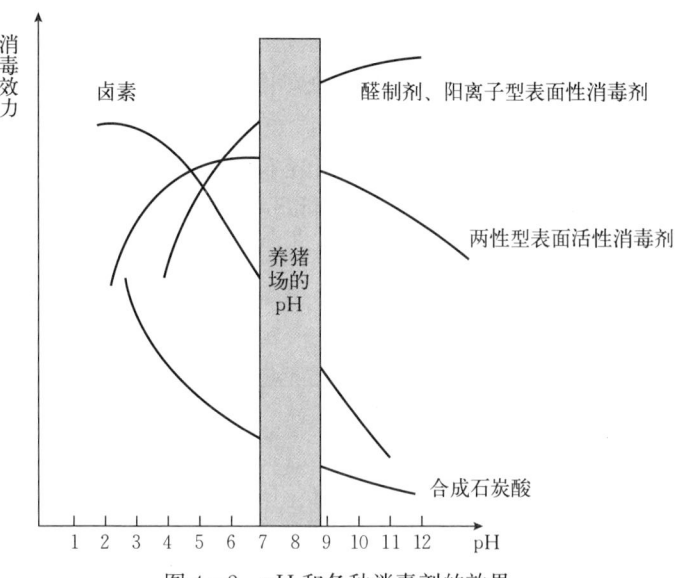

图 4 - 2　pH 和各种消毒剂的效果

（1）**水溶液的 pH 直接影响消毒效果** 比如戊二醛溶液，当溶液 pH 在 8～8.5 时杀灭力最强，pH 超过 8.5 时又极易生成聚甲醛而失效。而对于碘制剂、过硫酸氢钾而言，pH 越低（酸度越高）效果越好。

（2）**环境中的 pH 也会影响消毒效果** 这是因为环境中的 pH 能够中和消毒液的 pH，从而影响消毒效果。所以，我们不能为了避免病原微生物产生耐药性，今天用碱性的消毒剂，明天用酸性的消毒剂，这样不但不会增强消毒剂的消毒效果，反而会削弱其消毒效果。

十一、人为因素

消毒失败的根源往往在人，如果从事消毒工作的人员素质较低，操作不当或者不认真负责，会出现消毒无效的后果。所以，我们一定要加强人员的消毒培训工作。

十二、微生物类型及污染的程度

如果病原微生物数量过大、污染严重，就会过多消耗消毒液，这时只有增加消毒液的用量，才能起到真正的消毒作用。另外，不同的病原微生物对消毒液的敏感程度也不同，比如革兰氏阴性菌比革兰氏阳性菌对消毒剂的抵抗力强，芽孢、真菌对消毒剂的抵抗力较强。

第五章 消毒存在的误区

一、消毒没什么作用

有的养殖户认为消毒不能直接见到效果，所以不消毒；有的养殖场是不消毒也生病，消毒也生病，最后干脆是不消毒。这些养殖户搞养殖较为粗放。

养殖场在实际生产中，一定要坚持"养重于防、防重于治"的原则。有很多养殖场在生产过程中一旦出现问题，不认真反思来找自身的问题，而是把所有责任都推到兽药、疫苗、饲料上。实际上一个合格的养殖场应首先加强自身饲养管理方面的学习和提高，加强自身的饲养管理水平，其次是预防，最后才是治疗。在预防和治疗这方面，一定要坚持专业的事情交给专业的人来做。在预防和治疗上的投入也要坚持一个科学的比例。科学研究发现，养殖场在预防和治疗上的药物投入比例应为消毒剂：疫苗：治疗保健药物＝6：3：1。这充分说明消毒是预防传染病最有效的手段。

二、未发生疫病可以不进行消毒

消毒的主要目的是通过杀灭传染源释放到环境中的病原体和切断传播途径来保护易感动物。传染病的发生要有三个基本环节：传染源、传播途径、易感动物，缺少任何一个环节，传染病都不会发生和流行。在畜禽养殖中，有时没有疫病发生，但外界环境存在传染源，传染源会释放病原体，病原体就会经空气、饲料、饮水、昆虫、车辆、动物、人等途径，入侵易感动物，如果没有及时消毒、净化环境，环境中的病原体就会越积越多，达到一定程度时，就会引起疫病的发生和流行。因此，未发生疫病地区的养殖户更应做好消毒工作，防患于未然，到有了疫病再消毒就晚了。

三、冬季害怕舍内潮湿而不消毒

冬季由于舍内外温差较大，又加上通风不良，动物蒸发和呼出的湿气，使舍内非常潮湿，很多养殖场会在冬季采取只封场而不消毒，这样做的结果是冬季养殖场的病会更多、更复杂。正确的做法是一要坚持消毒，具体做法是可以适当加大消毒剂使用浓度而减少单位面积使用剂量；二要坚持通风，最好在栏舍顶端采用 24 小时通风，这样做不但可以及时将废气排走而净化空气，还可以降低舍内湿度，保证了动物的安全和健康。温度很重要，通风比温度更重要。

四、夏季可以不消毒

有很多人认为夏季可以不用消毒，理由是夏季大多数养殖场都处于开放和半开放状态，阳光充足，空气相对也好，再加上夏季相对疾病也少。实际上夏季正是我们净化养殖场疾病的最佳时机，只有夏季把消毒工作做好了，冬季封场时猪群、鸡群才健康，尤其是像链球菌、支原体、大肠杆菌等疾病，只有在夏季才能净化。所以，要想猪群、鸡群冬季保平安，夏季消毒是关键。夏季消毒时一定要注意，当畜禽舍内温度高且过于干燥时，为保证消毒效果，可以适当降低消毒溶液浓度而加大单位面积的喷药量，以保证消毒效果。

五、饮水不用消毒

许多养殖场对饮水消毒重视不够，动物的很多胃肠道疾病都与不洁净的饮水有关，尤其是动物饲养舍内的饮水系统。饮水消毒是对畜禽的日常饮用水进行的有效消毒，消毒的目的：一是将饮水中的病原微生物杀灭，从而达到国家规定的畜禽饮用水标准；二是能够去除水中异味；三是可以防止水管被藻类堵塞（清洁管线）。饮水消毒时一定要按照说明剂量使用，盲目加大用量会对畜禽消化道黏膜造成伤害，反而影响畜禽健康。另外，一是一定要把饮水消毒和清管线区分开；二是在选择饮水消毒剂时尽量选择二氧化氯制剂，尽量不用二氯异氰脲酸钠制剂，因为二氧化氯制剂是氧化剂，反应结束后无任何残留，无污染，而二氯异氰脲酸钠是氯制剂，生成的有效成分是次氯酸，对胃肠道刺激较大。

六、动物免疫时不能消毒

有很多人认为动物免疫时不能消毒，实际上动物免疫时正是需要我们加强消毒的时候，因为免疫时动物有1周左右的免疫应答期，这时的动物抵抗力特别差，急需要更好的保护，所以应加强消毒。

有人问消毒会影响免疫效果吗？答案是不会。因为绝大部分是注射免疫，即使是采用饮水、滴鼻或喷雾免疫，只要用的不是活疫苗（弱毒苗），也没有影响。只有用活疫苗饮水、滴鼻或喷雾免疫时不能带体消毒；消毒可以很好地为免疫保驾护航。

七、消毒后畜禽就不会再发生传染病

尽管进行了消毒，但并不一定就能收到彻底的消毒效果，这与选用的消毒剂品种、浓度、质量及消毒方法有关。就是已经彻底规范消毒后，短时间内很安全，但许多病原体可以通过空气、飞禽、老鼠等媒介传播，养殖动物自身不断污染环境，也会使环境中的各种致病微生物大量繁殖。所以必须定时、定位、彻底、规范消毒，同时结合有计划地免疫接种，才能做到养殖动物不得病或少得病。

八、做不做终末消毒都一样

经验告诉我们，新建的养殖场疾病很少，而老养殖场疾病很多。这是因为养殖场存在大量的有机物，如粪便、饲料残渣、畜禽分泌物、体表脱落物，以及鼠粪、寄生虫虫卵、污水或其他污物，这些有机物中藏匿有大量病原微生物，这些病原微生物不但会传播给下一批动物，使它们发病；同时，这些残留物还会消耗或中和消毒剂的有效成分，严重影响了消毒剂对病原微生物的作用浓度，干扰以后的消毒效果。因此，我们一定要做好终末消毒。

九、大门口建有消毒池就万事大吉了

许多规模化养殖场都设置有紫外线消毒灯、车辆消毒池和员工消毒通道等，但是在实际操作过程中往往出现如消毒池消毒药的浓度不够、不定期更换消毒液、消毒池消毒液不干净、员工不走消毒通道、不开紫外灯、紫外灯照射时间不够等现象；这种现象如不加以杜绝，养殖场出现疫情是必然的。规模化养猪场一般都采用封闭式的管理制度，但是生产实践中又不可能完全彻底地封闭，如何对人流、物流、车流进行彻底的消毒是任何一个养殖场都要面对的现实问题，如果这项工作做不到位，将是养殖场最大的安全隐患。这里要特别强调对运猪车、运鸡车以及车上的工作人员要进行彻底、有效消毒。

十、装猪台不在猪场里面，根本不用消毒

绝大多数养猪场的装猪台都是建在猪场的外面，有很多人认为消不消毒都不会对猪场造成威胁，这种想法是极端错误的。运猪车货物来源复杂，并且人员接触复杂。因此，装猪台、赶猪通道、运猪车和运猪车上的人员以及本场员工要加大消毒液浓度彻底进行消毒。

十一、消毒时把消毒液喷到动物身上效果才好

很多工作人员在消毒时，拿着消毒喷枪直接对着动物喷洒，认为这样消毒才有效果。实际上，空气消毒才是主要方面。正确的方法应该是将喷枪举高并

成 45°向上喷洒，让喷出的水雾从最高处自由下落，在下落的过程中把空气中的粉尘和病原微生物带到地面，15～30分钟后可将病原微生物彻底杀灭。

十二、进口消毒剂一定比国产的好

国内消毒剂质量参差不齐，大量低价、劣质的产品充斥市场，使广大用户无从选择，这就造成了很多养殖户只迷信进口消毒剂。进口消毒剂相对来说质量较好，但是价格昂贵，势必增加养殖成本。国内消毒剂生产企业只要严格按照国家标准生产，一样可以生产出优质的消毒剂，甚至有些产品技术指标已经超过进口产品，并且物美价廉。

十三、消毒剂气味越大越好

消毒效果的好坏，主要和它的杀菌能力、杀菌谱有关。目前，兽药市场上面多种多样、不同名称的消毒药让人眼花缭乱，难以选择。某些厂家为满足消费者喜欢消毒药刺激性大的心理，往往刻意添加刺激性强的物质，给人以假象。因此，不要关注消毒剂的气味大小，而要根据不同季节、不同日龄、不同传染病以及不同消毒对象，选择合适的消毒剂。

十四、哪个消毒剂好就坚持一直使用

长期固定使用单一消毒剂，可能会造成细菌、病毒产生抗药性；同时由于不同消毒剂杀菌谱的宽窄不同，可能不能杀灭某种致病菌，使其大量繁殖。因此最好选用几种不同类型的消毒剂轮换使用，或选用广谱消毒剂。

十五、消毒剂交替越频繁效果越好

病原微生物对消毒剂也会产生耐药性，但是不会像病原微生物对抗生素那么明显、那么快。另外，今天刚用了碱性消毒剂，第二天换了酸性消毒剂，这样做不但不会增加消毒效果，反而会削弱消毒效果；还有，消毒剂均为化学物质，都有可能产生化学反应而减弱消毒效果。所以，在实际操作中，不要频繁交替使用消毒剂，最好根据不同季节、不同的疾病、不同的阶段来选择消毒剂。

十六、冲洗完栏舍再消毒

刚冲洗完栏舍时由于地面水分太大，势必会造成消毒剂浓度的降低，使消毒的效果变差或失去消毒作用。正确的方法是先彻底清扫栏舍，再进行消毒，消毒结束30分钟以后再冲洗地面。

十七、把几种消毒剂混合使用效果肯定好

在临床实际应用中，将两种或两种以上的消毒剂进行联合使用时，一定要注意配伍禁忌，比如酸性消毒剂不能与碱性消毒剂配合使用，肥皂、合成洗涤剂等阴离子表面活性剂不能与新洁尔灭（苯扎溴铵）、洗必泰等阳离子表面活性剂配合使用。一般情况下，企业生产的消毒剂已经进行了复方配制，直接按照说明使用即可。

十八、消毒剂浓度越高越好

消毒剂的水溶液浓度不需要盲目加大，一是会增加成本造成浪费，二是可能会对动物造成伤害。

十九、制定有严格的消毒程序就万事大吉了

许多养殖场非常重视消毒，将消毒程序和消毒制度写在墙上，可是一线人员如果对消毒认识不够或责任心不强、执行力度不够，在实际的消毒过程中只注重形式，不注重效果，很可能造成消毒失败。所以，规模化养殖场一定要建立健全消毒检查监督机制，以确保消毒效果。

第六章 养殖场常用的消毒设备及使用方法

养殖场的消毒设备也根据消毒的方法、消毒的性质不同而有多种。消毒工作中，要根据具体消毒对象的特点和消毒要求确定和选择消毒设备，注意各种消毒设备在操作中的注意事项，以提高消毒的效果。

第一节 物理消毒使用的设备及使用方法

养殖场物理消毒主要有紫外线照射、机械清扫、洗刷、通风换气、干燥、煮沸、蒸汽消毒、火焰消毒、焚烧等。依照消毒对象、环节不同需要配备相应的消毒设备，并掌握使用的方法。

一、清扫冲洗设备

高压清洗机的用途是冲洗养殖场场地、畜舍建筑、养殖场设备、车辆和场地喷洒消毒等（图6-1）。高压清洗机设计上应非常紧凑，电机（发动机）与泵体可采用一体化设计。一般设备由高压管及喷枪柄、喷枪杆、三孔喷头、洗涤液箱及系列控制调节件组成，还可以配装发泡枪（用于喷洒泡沫清洗剂）；压力可以根据需要调节，有的设备还可以调节出水温度（30~140℃）。发生非洲猪瘟以后，多选用可调节出水温度的设备，但是，在选择出水温度时，一定要考虑到温度对消毒剂消毒效果的影响。

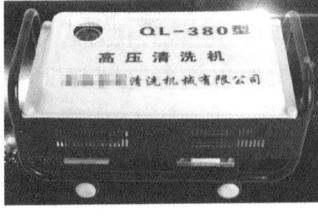

图6-1 高压清洗机

二、紫外线照射

紫外线灯（低压汞灯）的用途是进行空气及物体表面的消毒，紫外线杀菌效率与其波长有关，一般能量在波长为250～260纳米范围内的紫外线杀菌效率最高（图6-2）。

图6-2　紫外线灯

常用的是热阴极低压汞灯，是用钨制成双螺旋灯丝，涂上碳酸盐混合物，通电后发热的电极使碳酸盐混合物分解，产生相应的氧化物，并发射电子，电子轰击灯管内的汞蒸气原子，使其激发产生波长为253.7纳米的紫外线。国内消毒用紫外线灯光的波长绝大多数在253.7纳米左右，有较强的杀灭微生物的作用。普通紫外线管由于照射时辐射部分184.9纳米波长的紫外线，故可产生臭氧，也称有臭氧紫外线灯（低臭氧紫外线的灯管玻璃中含有可吸收波长小于200纳米紫外线的氧化钛，所以产生的臭氧量很小；高臭氧紫外线灯在照射时可辐射较大比例184.9纳米波长的紫外线，所以产生较高浓度的臭氧）。目前市售的紫外线灯有多种造型和型号，如直管形、H形、U形等，功率从几瓦到几十瓦不等，使用寿命在300小时左右。紫外线灯的使用方法包括固定式照射和移动式照射两种。

（1）固定式照射　将紫外线灯悬挂，固定在天花板或墙壁上，向下或侧向照射，该方式多用于需要经常进行空气消毒的场所，如兽医室、进场大门消毒室、无菌室等。

（2）移动式照射　将紫外线灯管装于活动式灯架下，适于不需要经常进行消毒或不便于安装紫外线灯管的场所。消毒效果依据照射强度不同而异，如达到足够的辐射度值，同样可获得较好的消毒效果。

使用紫外线灯的注意事项：①选用合适反光罩，增强紫外线灯光的辐射强度。②注意保持灯管的清洁，定期清洁灯管。③不要频繁开闭紫外线灯，以延长紫外线灯的使用寿命。④照射消毒时，应关闭门窗。人不应该直视灯管，以免伤害眼睛（紫外线可以引起结膜炎和角膜炎）。人员照射消毒时间为20～30分钟。⑤空气消毒时，许多环境因素会影响消毒效果，如空气的温度和尘埃能吸收紫外线，如空气尘粒每立方厘米为800～1 000个，杀菌效果将降低20%～30%，因此在温度较高和粉尘较多时，应适当增加紫外线的照射强度和剂量。⑥在使用紫外线灯时要注意，紫外线灯只能对空气及物体表面进行消毒，有一定的局限性。另外，大家都知道紫外线的危害，所以大多数人会有意躲避紫外线灯的照射，这就造成了消毒的失败，这就是笔者不建议门卫消毒室安装紫外线灯的主要原因。

三、干热灭菌

(一) 热空气灭菌设备

主要有电热鼓风干燥箱 (图 6-3)，用途是对玻璃器皿如烧杯、烧瓶、试管、吸管、培养皿、玻璃注射器以及针头、滑石粉、凡士林、液体石蜡等按照兽医室规模进行配置灭菌。

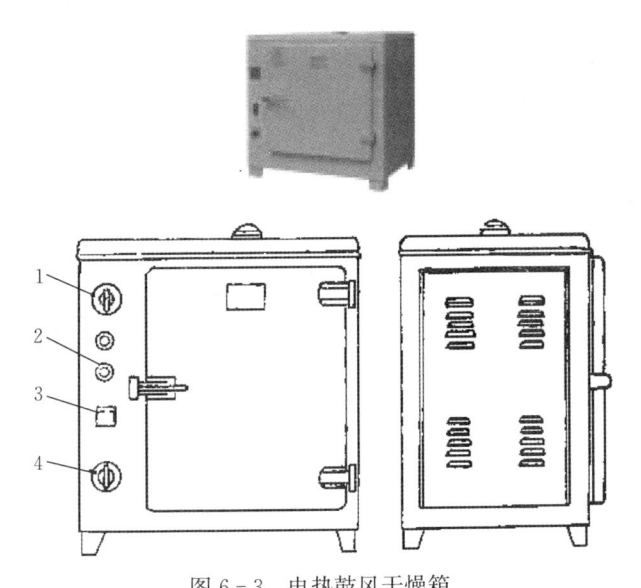

图 6-3　电热鼓风干燥箱
1. 温度调节器　2. 指示灯　3. 鼓风开关　4. 选温开关

使用中注意在干热的情况下，由于热的穿透力低，灭菌时间要掌握好。一般细菌体在 100 ℃经 1.5 小时才能杀死；芽孢 140 ℃经 3 小时杀死；真菌孢子 100~115 ℃经 1.5 小时杀死。灭菌时也可将待灭菌的物品放进烘箱内，使温度逐渐上升至 160~180 ℃，热穿透至被消毒物品中心，经 2~3 小时可杀死全部细菌及芽孢。

(二) 火焰灭菌设备

主要是火焰专用型喷灯 (枪) 和喷雾火焰兼用型设备，直接用火焰燃烧，可以立即杀死存于消毒对象的全部病原微生物。

1. 火焰喷灯 (枪)　火焰喷灯 (枪) 是利用汽油或炼油作燃料的一种工业用喷灯 (图 6-4)。因喷出的火焰具有很高的温度，所以在实践中常用于消毒各种被病原体污染的金属制品，如管理家畜的用具、金属的笼具等。但在消毒时不要喷烧过久，以免将消毒物烧坏，在消毒时还应有一定的顺序，以免发生遗漏。

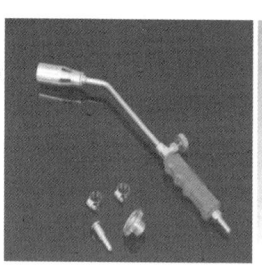

图 6-4　火焰喷灯（枪）

2. 喷雾火焰兼用型设备　喷雾火焰兼用型设备的特点是使用轻便，适用于大型机种无法操作的地方；易于携带，适宜室内外小型及中型面积处理，方便快捷，操作容易；采用全不锈钢，机件坚固耐用（图 6-5）。兼用型除上述特点外，还很节省药剂，可根据使用的场所和目的，用放置式药剂开关来调节药量。节省人工费用，用 1 台烟雾消毒器能达到 10

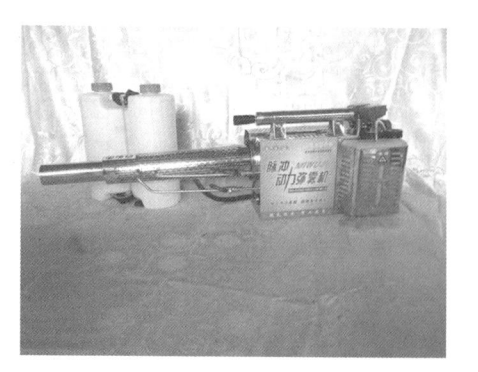

图 6-5　喷雾火焰兼用型设备（弥雾机）

台手压式喷雾器的作业效率；消毒器喷出的直径 5～30 微米的小粒子形成雾状，浸透在每个角落，可达到最大的消毒效果。

四、湿热灭菌

（一）煮沸消毒设备

煮沸消毒设备主要是消毒锅（图 6-6），适用于消毒器具、金属、玻璃制品、棉织品等。消毒锅一般使用金属容器。这种方法简单、实用、杀菌能力比较强、效果可靠，是最古老的消毒方法之一。煮沸消毒时要求水沸腾 5～15 分钟。一般水温能达到 100 ℃，

图 6-6　消毒锅

细菌繁殖体、真菌、病毒等可立即死亡，而细菌芽孢需要的时间比较长，要15～30分钟，有的要几小时才能杀灭。

煮沸消毒注意事项：①应先清洗被消毒物品后再煮沸消毒；除玻璃制品外，其他消毒物品应在水沸腾后加入；被消毒物品应完全浸于水中，不超过消毒锅总容量的3/4；消毒时间从水沸腾后计算；消毒过程中如中途加入物品，需待水煮沸后重新计算时间。②棉织品的消毒应适当搅拌。③消毒注射器材时，针筒、针头等应拆开分放。④玻璃制品最好用纱布包裹上，以防煮沸过程中相互撞击而造成破损。⑤经煮沸灭菌的物品，"无菌"有效期不超过6小时。⑥一些塑料制品等不能煮沸消毒。

（二）蒸汽灭菌设备

蒸汽灭菌设备主要是手提式下排气式压力蒸汽灭菌器（图6-7），是畜牧生产中兽医室、实验室等部门常用的小型高压蒸汽灭菌器。容积约18升，重10千克左右，这类灭菌器的下部有个排气孔，用来排放灭菌器内的冷空气。

图6-7　手提式压力蒸汽灭菌器

1. 操作方法　在容器内盛水约3升（如为电热式则加水至覆盖底部电热管）；将要消毒物品连同盛物的桶一起放入灭菌器内，将盖子上的排气软管插于铝桶内壁的方管中；盖好盖子，拧紧螺丝；加热，在水沸腾后1～15分钟，打开排气阀门，放出冷空气，待冷气放完关闭排气阀门，使压力逐渐上升至设定值，维持预定时间，停止加热，待压力降至常压时，排气后即可取出被消毒物品；若消毒液体时，则应慢慢冷却，以防止因减压过快造成液体的猛烈沸腾而冲出瓶外，甚至造成玻璃瓶破裂。

2. 压力蒸汽灭菌的注意事项　①消毒物品应先进行洗涤等预处理后，再用高压灭菌。②压力蒸汽灭菌器内的冷空气应充分排除，如果压力蒸汽灭菌器内冷空气不能完全排出，此时尽管压力表已显示达到灭菌压力，但被消毒物品内部温度低、外部温度高，蒸汽的温度达不到要求，导致灭菌失败。所以空气一定要完全排除掉。③灭菌时间应合理计算。压力蒸汽灭菌的时间，应由灭菌器内达到要求温度时开始计算，至灭菌完成时为止。灭菌时间一般包括以下三个部分：热力穿透时间、微生物热死亡时间、安全时间。热力穿透时间即从消毒器内达到灭菌温度至消毒物品中心部分达到灭菌温度所需时间，与物品的性质、包装方法、体积大小、放置状况、灭菌器内空气残留情况等因素有关。微生物热死亡时间即杀灭微生物所需要时间，一般为杀灭嗜热菌芽孢的时间来表示，115℃为30分钟，121℃为12分钟，132℃为2分钟。安全时间一般为微生物热死亡时间的一半。一般下排式压力蒸汽灭菌器总共所需灭菌时间是115℃为30分钟，121℃为20分钟，126℃为10分钟；此处的温度是根据灭菌器上的压力表所示的压力数来确定的，当压力表显示103.42千帕，灭菌器内温度为121℃；当压力表显示137.90千帕，灭菌器内温度为126℃。④消毒物品的包装不能过大，以利于蒸汽的流通，使易于穿透物品的内部，使物品内部达到灭菌温度。另外，消毒物品的体积不超过消毒器容积的85%；消毒物品的放置应合理，物品之间应保留适当的空间利于蒸汽的流通，一般垂直放置消毒物品可提高消毒效果。⑤加热速度不能太快。加热速度过快，使温度很快达到要求温度，而物体内部尚未达到（物品内部达到所需温度需要较长时间），致使在预定的消毒时间内达不到灭菌要求。⑥注意安全操作。由于要产生高压，所以安全操作非常重要。高压灭菌前应先检查灭菌器是否处于良好的工作状态，尤其是安全阀是否良好；加热必须均匀，开启或关闭送气阀时动作应轻缓；加热和送气前应检查门或盖子是否关紧；灭菌完毕后减压不可过快。

第二节　化学消毒和生物消毒使用的设备

一、喷雾设备

1. 背负式喷雾器　分为两种，即背负式手动喷雾器和背负式电动喷雾器，主要用于场地、畜舍、设施和带畜（禽）的喷雾消毒（图6-8）。产品结构简单，使用和保养方便。缺点是费工、费时、效率低，只适合家庭养殖消毒和局部临时消毒使用。

2. 机动喷雾器　机动喷雾器的种类繁多，按照喷雾器的

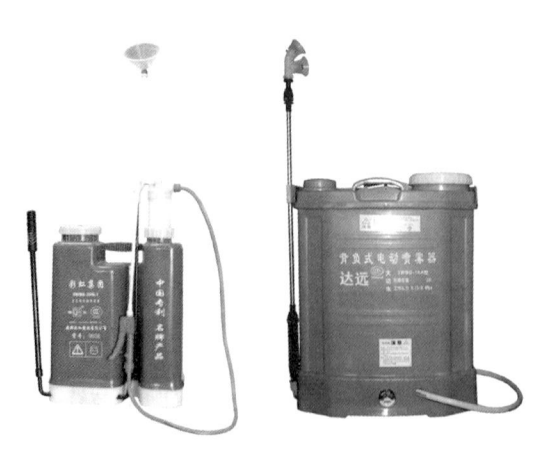

图6-8　背负式手动喷雾器

动力来源可分为手动型、机动型；按使用的消毒场所可分背携式、可推式、担架式等，常用于场地消毒以及畜舍消毒使用（图6-9）。机动喷雾器的特点是：有动力装置，省力；高压喷雾，雾化效果好、高效、经济，省药；喷雾消毒速度快，省时。

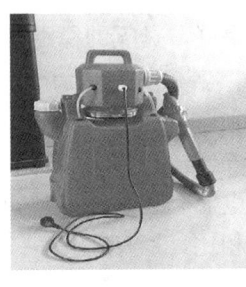

图6-9　机动喷雾器

高压机动喷雾器主要由喷管、药水箱、电机（或燃料箱、高效二冲程发动机）、压缩机组成，使用中注意事项如下：

（1）操作者喷雾消毒时应穿防护服，戴防护面具或安全护目镜。

（2）每次使用后，及时清理和冲洗喷雾器的容器和有关与化学药剂相接触的部件以及喷嘴、滤网、垫片、密封件等易耗件，以避免残液造成的腐蚀和损坏。

3. 手扶式喷洒机　手扶式喷洒机多用于大面积环境消毒，尤其在场区环境消毒中、疫区环境消毒防疫中使用（图6-10）。产品特点是二冲程发动机强劲有力，不仅驱动着行驶，而且驱动着辐射式喷洒及活塞膜片式水泵。进、退各两挡使其具有爬坡能力及地形适应性。快速离合及可调节手闸保证在特殊的山坡上也能安全工作。为要结构是较大排气量的二冲程发动机带有变速装置如前进/后退，药箱容积相对较大，适宜连续消毒作业。每分钟喷洒量大，同时具有较大的喷洒压力，可短时间内胜任大量的消毒工作。

图6-10　手扶式喷洒机

二、臭氧空气消毒机

1. 产品用途 臭氧空气消毒机主要用于在养殖场的兽医室、大门口消毒室的环境空气的消毒，生产车间的空气消毒，如屠宰行业的生产车间、畜禽产品的加工车间及其他洁净区的消毒。臭氧是一种强氧化杀菌剂，消毒时呈弥漫扩散方式，因此消毒彻底、无死角，消毒效果好。臭氧的稳定性极差，常温下30分钟后自行分解。因此消毒后无残留毒性，被公认为"洁净消毒剂"。

2. 工作原理 臭氧空气消毒机多是采用脉冲高压放电技术将空气中一定量的氧电离分解后形成臭氧（O_3），并配合先进的控制系统组成新型消毒器械。其主要结构包括臭氧发生器、专用配套电源、风机和控制器等部分，臭氧消毒为气相消毒，与直线照射的紫外线消毒相比，不存在死角。由于臭氧极不稳定，其发生量及时间要视所消毒的空间内各类器械物品所占空间的比例及当时的环境温度和相对湿度而定。可根据需要消毒的空气容积，选择适当的消毒机型号和消毒时间。

3. 优缺点 消毒时不留死角，消毒后无残留，方便、有效。臭氧是一种强氧化杀菌剂，对室内所有设施都有很强的氧化作用，使设备的使用寿命缩短10倍左右，另外，臭氧对人的危害很大，大量臭氧会强烈刺激人的呼吸道，造成咽喉肿痛、胸闷咳嗽、引发支气管炎和肺气肿；臭氧会造成人的神经中毒，头晕头痛、视力下降、记忆力衰退；臭氧会对人体皮肤中的维生素 E 起到破坏作用，致使人的皮肤起皱、出现黑斑；臭氧还会影响人体的免疫机能，加速衰老。臭氧浓度在 2 克/米^3 时，短时间接触即可出现呼吸道刺激症状、咳嗽、头疼。所以，严禁在办公区域和厩舍内使用臭氧空气消毒机，使用臭氧空气消毒机的室内要定期检查线路和电器设备，以防线路或设备老化造成不必要的损失。

第三节　生物消毒设施

生物消毒常用于废弃物处理，其设施主要有发酵池或沼气池。

一、沼气池原理

在沼气池中，有机物质在厌氧环境中，在一定的温度、湿度、酸碱度的条件下，通过微生物发酵作用，产生的一种可燃气体（图 6-11）。它分两道工序：首先是分解细菌将粪便、秸秆、杂草等复杂的有机物加工成半成品——结构简单的化合物；再就是在甲烷细菌的作用下，将简单的化合物加工成产品——甲烷。

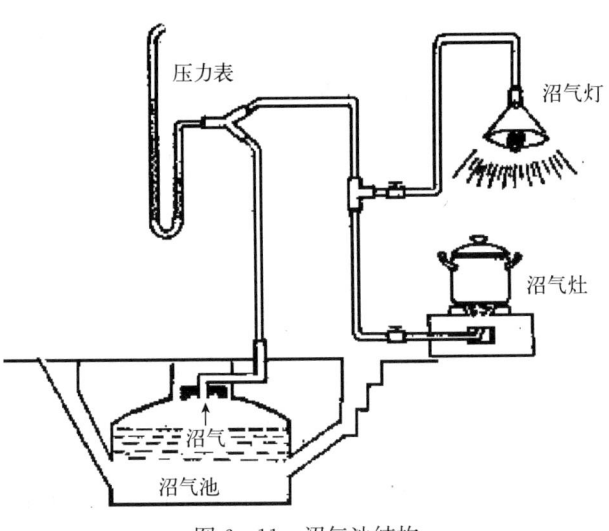

图6-11　沼气池结构

二、沼气池建造

(1) 建池是关键的第一步，根据投料的不同选择合理的池型（图6-12）。目前，在平原地区建沼气池大多是养殖户，这些原料可以自流入池，自流溢出，最好选用曲流布料水压式沼气池。挖好池坑，打好池底地基，支好模具，浇注水泥，这些过程与房屋建筑的方式一样。但是，在上三灰四浆时不同于粉刷墙壁，只需好看、平整。一定将灰浆压实保证不漏气、不漏水，这是建池是否成功的最关键一步。刷好二次胶，干后就可以试水试压了。

图6-12　沼气池池型

(2) 用猪粪做发酵原料时，使用者不必考虑碳氮比的高低，在池内加入高于20%～30%的接种物，把鲜猪粪以1∶2兑"坑水"（经日光晒过的水或是污水或是猪尿），加入池中封好盖，4～7 天，pH 在 7～8 就会产沼气，排放两次杂气就可以使用。但是，在粪坑内放时间过长的粪不可再投入池使用，如果投入，或是产气慢或是不产气。在加接种物时一定要找发酵很好的池子里的沼液，不可用还没有发酵好的沼液。

（3）沼气池发酵 20 天后，开始加入新粪，粪水比一般为 1∶1，也可以每天加入，也可以 5～7 天加入一次，总之，平均每天加入一桶的鲜猪粪就可以。如果是粪自流入池，在正常发酵后即可运行。为了多产气、不结壳，可以用一根棍子的一头系一个化肥包，从进料口或是出料口插入，用力上下搅动，使发酵液上下翻动。如果产气量高于 12 千帕，不能使沼液溢出，把溢出口向下挖到可以溢出的高度；如果产气量不足，可以增加粪的浓度。

（4）无论什么样的池子，是方的或是圆的，只要在这个池子内得到制取沼气的条件，都可以产沼气，主要的问题是如何收集这些沼气，如何使粪新陈代谢循环，产气量够用不够用的问题，所以选择合理的池型，建造出高质量的沼气池，是能够正常使用的关键。

第四节　消毒防护用品

消毒防护，首先要严格遵守操作规程和注意事项，其次要注意消毒人员以及消毒区域内其他人员的防护。防护措施要根据消毒的原理和操作规程来制定和实施。例如进行喷雾消毒和熏蒸消毒就应穿上防护服，戴上眼镜和口罩；进行紫外线直接的照射消毒，室内人员都应该离开，避免直接照射。如对进出猪场人员通过门卫消毒室进行紫外线照射消毒时，眼睛不能注视紫外线灯，避免眼睛灼伤等。

1. 常用的个人防护用品　常用的个人防护用品可以参照国家标准进行选购，防护服应配帽子、口罩、鞋套。防护服应做到如下几个方面：①防酸碱。可使服装在消毒中耐腐蚀，工作完毕或离开疫区时，用消毒液高压喷淋、洗涤、消毒，达到安全防疫的效果。②防水。好的防护服材料在 1 平方米的防水气布料薄膜上就有 14 亿个微细孔，一颗水珠比这些微细孔大 2 万倍，因此水珠不能穿过薄膜层而润湿布料，可保证操作中的防水效果。③防寒、挡风、保暖。防护服材料极小的微细孔应呈不规则排列，可阻挡冷风及寒气的侵入。④透气。材料微孔直径应大于汗液水分子 700～800 倍，"汗气"可以穿透面料，即使在工作量大、体液蒸发较多时也感到干爽舒适。

目前先进的防护服已经在市场上销售，可按照上述标准，参照防"非典"时采用的标准选购。

2. 防护用品的使用

（1）穿戴防护用品顺序 ①戴口罩。口罩的使用与保存如果不正确，则起不到防护作用。戴口罩时一只手托着口罩，扣于面部适当的部位，另一只手将口罩带戴在合适的部位，压紧鼻夹，紧贴于鼻梁处。在此过程中，双手不接触面部任何部位。口罩上缘在距下眼睑1厘米处，口罩下缘要包住下巴，口罩四周要遮掩严密。口罩不戴时应将贴脸部的一面叠于内侧，放置在无菌袋中，杜绝将口罩随便放置在工作服兜内，更不能将内侧朝外，挂在胸前。真正起防护作用的口罩，其厚度应在20层纱布以上。一般情况下，口罩使用4～8小时更换一次。若接触严密隔离的传染源，应立即更换。每次更换后用消毒洗涤液清洗。如果工作条件允许，提倡使用一次性口罩，4小时更换一次，用毕后丢入污物桶内。②戴帽子。戴帽子时注意双手不接触面部，帽子的下沿应遮住耳的上沿，头发尽量不要露出。③穿防护服。④戴上防护眼镜。注意双手不接触面部。⑤穿上鞋套或胶鞋。⑥戴上手套，将手套套在防护服袖口外面。

（2）脱掉防护用品顺序 ①摘下防护镜，放入消毒液中；②脱掉防护服，将反面朝外，放入黄色塑料袋中；③摘掉手套，一次性手套应将反面朝外，放入黄色塑料袋中，橡胶手套放入消毒液中；④将手指反掏进帽子，将帽子轻轻摘掉，反面朝外，放入黄色塑料袋中；⑤脱下鞋套或胶鞋，将鞋套反面朝外，放黄色塑料袋中，将胶鞋放入消毒液中；⑥摘口罩，一手按住口罩，另一只手将口罩带摘下，放入黄色塑料袋中，注意双手不接触面部。

（3）防护用品使用后的处理 消毒结束后，执行消毒的人员需要进行自洁处理，必要时换下防护服对其做消毒处理。有些废弃的污染物包括使用后的一次性隔离衣裤、口罩、帽子、手套、鞋套等不能随便丢弃，应有一定的清除处理方法，这些方法应该安全、简单、经济。基本要求：污染物应装入盒或袋内，以防止操作人员接触；防止污染物接近人、鼠或昆虫；不应污染表层土壤、表层水及地下水；不应造成空气污染。污染废弃物应当严格清理检查，清点数量，根据材料性质进行分类，分成可焚烧处理和不可焚烧处理两大类。干性可燃污染废物进行焚烧处理；不可燃废物用消毒液浸泡消毒。

第七章　消毒效果的检测

第一节　消毒效果的微生物学检测

为了更好地达到消毒目的，需要我们用科学的方法检测其消毒效果。微生物学检验方法是鉴定化学消毒效果中最可靠的方法。鉴定的过程中，消毒效果可受各种因素的影响，为便于做出正确结论与互相比较，方法与条件上力求一致。设计鉴定方法时，应注意下列几点：

（1）试验菌液的培养，包括试验菌选择、培养菌龄、传代次数、培养基种类等。

（2）染菌样本的制备，包括染菌浓度、方法、载体介质的种类等。

（3）消毒环境的确定，包括温度、湿度、酸碱度、有机物含量、处理方法等去除残余消毒剂方法的选择，包括去除方式、处理时机、使用中和剂的种类与浓度等。

（4）条件的统一，包括培养基成分（甚至各种配料的品牌与批次）、培养温度与观察最终结果时间。

（5）试验对照的设计，包括对照的种类、处理方式与样品数量等。

一、微生物学鉴定的基本步骤

布置人工染菌样本（或利用自然污染的条件）→消毒处理→采样→去除残余消毒药（抑菌试验除外）→定性或定量接种→培养→观察并与对照相比，计算消毒的效果。

二、微生物学鉴定基本技术

1. 试验菌种的选择与菌液的制备

（1）试验菌的选择　消毒试验中使用的菌株，一般应符合以下几个条件：①于普通培养基上生长良好，培养特性与抗力稳定；②菌落与菌体形态典型；③芽孢菌具备易于形成芽孢的特点；④对人、畜无毒或弱毒；⑤对理化因子的抵抗力应不低于所代表的病原微生物，以使所得效果安全可靠。

试验中，细菌一般多采用具有一定抗力的葡萄球菌（白色或黄色）、大肠杆菌、蜡样杆菌芽孢或枯草杆菌芽孢，部分亦有采用针对性病原菌如大肠杆菌、沙门氏菌、巴氏杆菌、溶血性链球菌（甲型或乙型）者，病毒常用的有新城疫病毒和传染性法氏囊病病毒。

（2）细菌繁殖体菌悬液的制备　①取传种过 3～14 代的 24 小时斜面培养物；②加入 5 毫升 0.03 摩尔/升磷酸盐缓冲液（pH 为 7.2）洗下菌苔；③用灭菌脱脂棉过滤；④以同样缓冲液配制成所需浓度的菌悬液备用。此外，亦可用接种环取斜面培养物转种至普通肉汤培养管内，于 37 ℃温箱内培养 18～24小时。

（3）细菌芽孢悬液的制备　①打开干燥菌种管，将之接种于普通肉汤培养基管内，在 37 ℃下培养 24 小时（第一代）；②取肉汤培养物接种于普通琼脂平板上，37 ℃下培养 24 小时（第二代）；③挑取典型菌落，转种于普通肉汤培养基管内，置 37 ℃下培养 24 小时（第三代）；④用吸管吸取肉汤培养物，接种于罗氏瓶内普通琼脂培养基上并使接种物布满琼脂表面；⑤平放于37 ℃温箱内培养 5～7 天；⑥取出罗氏瓶，于室温下放置 3～5 天；⑦镜检，当芽孢形成达 95％以上（每个视野内）时，用 0.03 摩尔/升磷酸盐缓冲液（pH 为7.2）洗下；⑧将洗下的悬液放入带有玻璃珠的灭菌瓶中，充分振摇，打碎菌块，使之成为均匀的芽孢悬液；⑨将悬液置于 45 ℃的水浴中 24 小时，使菌体自溶断链而分散成单个的芽孢，用灭菌棉花纱布过滤芽孢液；⑩将芽孢液放入80 ℃水浴中 10 分钟（或 60 ℃水浴中 30 分钟），以杀灭残余的繁殖体，将制成的芽孢液保存于 4 ℃冰箱中备用。

2. 染菌样本的制备

（1）试验样本的制作　根据试验目的可选择不同材料制成试验片。布制试验片结果稳定，制作方便，可反复使用，采用者较多。一般采用白色亚麻布、平布或纱布等。布应脱脂后再使用，脱脂处理步骤如下：①将布放入加有洗衣粉的水中煮沸 30 分钟；②以自来水洗净；③用蒸馏水再煮沸 10 分钟；④用自来水漂洗 3 次；⑤晒干熨平。

染菌前，应将脱脂的布裁成 0.5 厘米×1.0 厘米或 1.5 厘米×1.0 厘米的试验片。裁剪时，先按布片的大小将边缘一周的经纬纱各抽去一根（图 7-1）并按抽纱痕剪开。此法制成的试验片大小整齐且无毛边。试验片经高压蒸气灭菌后备用。灭菌后的试验片，可根据试验设计采用气溶胶染菌、浸泡染菌或滴染染菌。染菌量一般多控制在每片 10^5～10^6 个。

线圈制作按以下方法制备（图 7-2）：①先在直径为 0.8～0.9 厘米笔杆末端刻一三角形的凹槽；②将外科用 3 号缝线绕成一小环并用左手拇指压紧于笔杆头上；③用右手将线绕其上，由左至右绕三圈；④将线的末端经缺口（凹

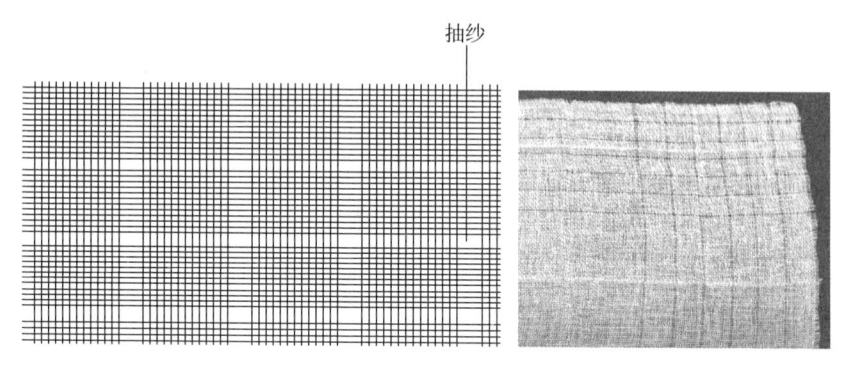

图 7-1　制作试验布片

槽）插入，与另一端打成死结；
⑤在离结约 0.2 厘米处剪断线
头，取下线圈；⑥高压灭菌后
备用。线的粗细和长短关系到
染菌量的多少，因此，必须按
规定标准进行制作，以求统一。

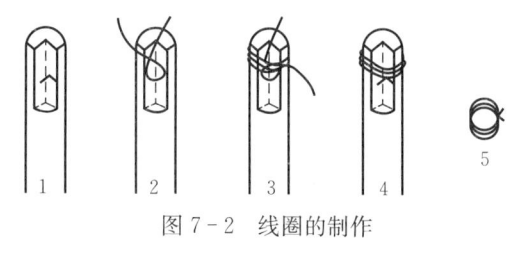

图 7-2　线圈的制作

（2）试验样本染菌法

①气溶胶染菌法　用气溶胶喷雾器将预先制备好的菌液在密闭的染菌柜内
喷雾 1 分钟。喷雾完毕，稳定片刻（一般为半分钟），待大颗粒沉降后，将预
先准备好的试验样片，由柜下方的抽屉送入柜内，使细菌微粒均匀沉降在样片
上（一般为 15 分钟）。

②浸泡染菌法　将灭菌后的试验样片（或线圈），平铺于灭菌平皿内，加
入菌液，以样片全部浸湿为度，用无菌镊子将菌片（或线圈）移至另一垫有灭
菌滤纸的平皿内铺平，将平皿放入 37 ℃温箱内（20～30 分钟）烘干，或置室
温下 24 小时干燥后备用。

③滴染法　将试验样片干铺于灭菌平皿内，用 0.1 毫升的微量吸管吸取菌
液，按每片 0.01 毫升或 0.02 毫升的用量，分别滴于每个样片上，干燥后（方
法同上）备用。

此外，还可直接在物品表面进行染菌。事先在物品表面画好一定大小的方
格，如 2 厘米×2 厘米或 5 厘米×5 厘米或 10 厘米×10 厘米，将菌液按规定
量直接滴于方格内，涂开，待自然干燥后，进行消毒。消毒后采样方法见"自
然菌沉降采样测定法"。

3. 活菌计数法　活菌计数法可较准确地测定每毫升液体中含有活菌的数

量，是微生物学鉴定消毒效果的基本操作技术之一。此法常用于计数菌（芽孢）悬液含有的活菌数，消毒前、后采样的回收菌数以及水样中细菌总数。

以 10 倍递减法稀释样品悬液定量吸取稀释液，用倾注法或涂抹法接种于琼脂平板，经培养后，计数生长的菌落数，乘以稀释倍数，换算成每毫升悬液中的活菌数。

（1）琼脂倾注法

①分装　将大试管按需要数量排列于试管架上，每管加入 4.5 毫升 0.03 摩尔/升磷酸盐缓冲液或生理盐水作为稀释液。由左起逐管标上"10^{-1}""10^{-2}""10^{-3}"等。

②稀释　先将样品悬液用力敲打 80 次，使之均匀，随即吸取 0.5 毫升加入"10^{-1}"管内，将管敲打 80 次，再吸出 0.5 毫升加于"10^{-2}"管内，如此类推直至最后一管。必要时还可做某稀释度的一倍稀释。如"10^{-5}"稀释一倍即得"5×10^{-6}"。

③接种　选择适宜稀释度的试管，用吸管吸取混合均匀的悬液 0.5 毫升加于灭菌平皿内，每一稀释度接种 3 个平皿，一般需接种 3 个不同稀释度。接种时每个稀释度必须换一根吸管，若系消毒后的样本，因含菌量少，一般直接取其原液即可。将已熔化的普通琼脂培养基冷至 40～45 ℃，倾注于已接种菌的平皿内，每个平皿需 15～20 毫升。倾注时边倒边摇，使菌能均匀分布于琼脂之中，加琼脂后，将平皿平放于台上待凝，当琼脂凝固，翻转平皿，使底向上，置 37 ℃温箱内培养 24～48 小时后，计数菌落。

④计数　计数时，选择平板菌落数在 30～300 个的稀释度较为准确。将计数所得的平均菌落数，乘以 2（接种 0.5 毫升时）再乘以稀释倍数，即得每毫升悬液中含活菌数。对于活菌计数中技术操作的误差率（平板间、稀释度间）要求不超过 10%。

⑤平板间误差率的计算

$$平板间误差率 = \frac{菌落数平均差}{菌落平均数} \times 100\%$$

$$菌落平均数 = \frac{各平板菌落数之和}{平板数} \times 100\%$$

$$菌落数平均差 = \frac{（菌落平均数—各平板菌落数）绝对值之和}{平板数}$$

［例］某稀释度三个平板的菌落数分别是 185、203、221，求其平板间的误差率。

$$菌落平均数 = \frac{185 + 203 + 221}{3} = 203$$

$$菌落数平均差=\frac{|185-203|+|203-203|+|221-203|}{3}=12$$

$$平板间误差率=\frac{12}{203}\times100\%=5.91\%$$

该稀释度三个平板间菌落计数的误差在 5.91%，小于 10%，在允许范围之内。

⑥稀释度间误差率的计算

$$稀释度间误差率=\frac{稀释度间菌落数平均差}{稀释度间菌落平均数}\times100\%$$

$$稀释度间菌落平均数=\frac{各稀释度间菌落数之和}{不同稀释度个数}$$

$$稀释度间菌落数平均差=\frac{（各稀释度间菌落数-稀释度间菌落平均数）绝对值之和}{不同稀释度个数}$$

〔例〕某菌液两个稀释度分别为 0.5×10^{-7} 与 10^{-8}，其计数菌落平均数分别为 268 与 48（3 个平板的平均菌落数）。求其稀释度间误差率。

先将其中某一个稀释度换算成另一个稀释度相等的稀释倍数，如 10^{-8} 为 48 个菌，换算成 0.5×10^{-7} 时应乘以 5，即 $48\times5=240$。代入公式：

$$稀释度间菌落平均数=\frac{268+240}{2}=254$$

$$稀释度间菌落数平均差=\frac{|268-254|+|240-254|}{2}=14$$

$$稀释度间误差率=\frac{14}{254}\times100\%=5.51\%$$

该两个稀释度间菌落计数的误差率为 5.51%，小于 10%，在允许范围之内。

（2）平板涂抹法

①样品悬液稀释　同琼脂倾注法。

②平板制备　将已熔化的普通琼脂倾入灭菌平皿内，约 20 毫升；待凝后，打开平皿盖，翻转平皿使底向上，置 37 ℃温箱内干烤 30～60 分钟，或于 50 ℃温箱内干烤 20～30 分钟后备用。

③涂抹接种　吸取稀释液（或原液）0.1 毫升，种入经烤干后的平板中心，用 L 形玻璃棒或△形接种环将菌液均匀涂开，边涂边旋转平板，直到涂干为止，每一稀释度或样本接种 3 个平板；置 37 ℃下培养 24 小时，计数菌落。

④计数菌落与误差率的计算　与琼脂倾注法相同。

三、对照组的设置

对照组是专供试验对比之用，不论在实验室或现场，进行某些因素比较试验或观察一般消毒效果时，均应设置有关的对照，对照的种类较多，试验中可根据目的和要求来确定。

1. 试验菌对照　将染菌样本（与试验组完全一样）与试验组放于同样条件下（地点与时间必须完全相同），但不经有关消毒处理，事后进行培养，观察其生长情况和计数回收菌量，以资对比，并计算消除率。如果试验菌对照不长菌以及菌量超过或未达到规定要求，则试验应作废。

2. 消毒前采样对照　一般针对自然菌而言。如对表面、空气、水源采样进行同法检验培养，以了解消毒处理前的污染程度，并作为判断消毒前后效果的依据。

3. 空白培养基对照　将试验所用未接种的培养基与试验组同时培养以观察有否污染。正常情况下，经培养后应无菌生长。如有菌生长，试验应作废。

4. 中和剂对照　将染菌样本不经消毒药物作用，直接接种到含中和剂培养基中，或与中和剂接触后种入普通培养基中，以观察中和剂对试验有否抑制作用。凡加入试验组中的各种物质，如吸附剂、保护剂等，均可按此法设置对照，以观察对试验菌的影响。

5. 其他因子对照　消毒剂作用后的样本，在种入培养基之前，如需经特殊稀释、转种、离心、过滤等其他方法处理，均应设置未经消毒样本的相应对照，以观察该种处理方法本身对试验菌的影响。

上述对照，有的应随试验同时进行，如试验菌对照、空白培养基对照等；有的可事先进行，如中和剂对照与各类因子对照等。

四、残余消毒剂的去除方法

为正确测定化学消毒剂的杀菌能力，防止消毒后残余药物抑制微生物的生长繁殖，应在消毒后采集的样本中将残余作用因子去除。常用的去除方法如下。

1. 化学中和法　用化学药物中和残余消毒剂，是一种使用简便、效果较好的方法。

（1）选择中和剂应考虑的条件　①对相应的消毒剂确有中和作用；②其本身及与消毒剂作用的产物对试验所用微生物无抑制作用；③对培养基营养成分无破坏作用；④不影响培养基的透明度。

根据需要中和剂可加于培养基、采样液或稀释液中。常用中和剂种类见

表7-1。

表7-1 常用消毒剂的中和剂

消毒剂	中和剂
含氯、碘消毒剂（有效氯0.1%～0.5%）	硫代硫酸钠（0.1%～1.0%）
过氧乙酸（0.1%～0.5%）	硫代硫酸钠（0.1%～1.0%）
过氧化氢（1.0%～3.0%）	硫代硫酸钠（0.5%～1.0%）
季铵盐类消毒剂（0.1%～0.5%）	吐温80（0.5%～1.0%）
酚类消毒剂	卵磷脂＋吐温80
碱类消毒剂	酸类
酸类消毒剂	碱类
戊二醛	亚硫酸氢钠
复方类消毒剂	卵磷脂＋吐温80＋硫代硫酸钠

（2）中和剂量的确定 特殊条件下，使用中和剂的量可根据消毒剂浓度及微生物耐受能力，通过试验确定。

2. 吸附法 对无相应中和剂的消毒药物，可采用吸附剂去除附着于微生物周围的残余药物，常用的吸附剂有明胶、血清、脱脂牛奶、牛胆汁、去纤维血、硬脂酸盐类和卵磷脂等。如某些表面活性消毒剂采用卵磷脂、牛胆汁和脱脂牛奶作为去除残余消毒剂的方法时，这类吸附剂多数均可加入培养基（固体或液体）内，一般用量最高可达10%，选用的种类和用量，可根据不同的药物与浓度经试验决定。试验中，应设试验菌、吸附剂加菌、消毒剂加菌、空白培养基等对照。

3. 水洗法 将经过消毒药物作用后采得的样本（试验片），在接种于培养基之前，先经灭菌水洗（生理盐水、缓冲液或蒸馏水）后再行接种。操作步骤如下：①将采得的样本放入含5毫升灭菌水的大试管中；②振动数次后放置1～2分钟；③用白金耳勺取出样本转种入第2支含5毫升灭菌水的试管中，同样操作后再转种于第3支管中。根据需要，可水洗2～4次最后将样本种入肉汤培养基中进行培养，观察结果。试验中，应设有未经消毒的水洗样本、消毒后不经水洗的样本、空白培养基等对照。

4. 连续接种法 将消毒后的样本接种于肉汤培养基中，培养24小时后不长菌者，再转种入新鲜肉汤培养基中培养、观察，依法每日转种一次，连续一周，若仍不长菌即可认为具有杀菌效果。试验中，应设未经消毒的转种样本、消毒后不经转种的样本以及空白培养基等对照。

5. 稀释法　将经过消毒处理的样本接种于大量的培养基中，如将 0.5 毫升的菌药混合物或一片试验片接种于 100～200 毫升的肉汤培养基中。或取 0.5 毫升消毒后的菌药混合物经 $10～10^4$ 倍稀释后，再取 0.5 毫升种入常量培养基中。试验中，应设未经消毒样本、消毒后样本常量培养和空白培养基等对照。

6. 离心沉淀法　取消毒后的样本（菌药混合液）3 毫升，经 3 000 转/分钟离心机离心沉淀 5 分钟，弃去上清液，加入灭菌缓冲液 3 毫升充分振摇，清洗，再离心 5 分钟，重复 2～3 次后，取沉淀物接种于培养基，进行观察。试验设菌原液离心沉淀物、未经离心沉淀的菌药混合液及空白培养基等对照。

7. 滤膜过滤法　取菌药混合液或试验样片的洗液 5～10 毫升，用薄膜滤器抽滤，使细菌阻留于滤膜表面，用灭菌蒸馏水 20～30 毫升，冲洗滤膜上的细菌，并再次抽滤洗液，以彻底除去残余的消毒剂。必要时，冲洗、抽滤可重复多次。经最后一次过滤的滤膜置于琼脂平板上，置于 37 ℃温箱中培养，24 小时后，计数滤膜上的菌落。试验应设菌原液经滤膜抽滤（控制一定菌量）与不经滤膜菌药混合液直接培养和空白基等对照。

8. 动物试验　此法只适用于病原微生物，其处理步骤如下。

（1）将菌药混合液或样本洗液离心沉淀 2～3 次；

（2）取沉淀物加于生理盐水中制成悬液；

（3）取悬浮液 0.1～0.5 毫升接种于敏感动物；

（4）观察动物是否发病死亡；

（5）试验中应同时进行肉汤培养基接种，如试管无菌生长，而动物发病，则为抑菌作用，如动物不发病则为杀菌作用；

（6）试验菌不应少于一个致病剂量。

试验前，应测定该病原微生物对实验动物的致死剂量。试验中还应以未染菌样本进行同样消毒与离心沉淀后制成的悬液注射动物作为消毒剂对照，用染菌样本不经消毒，按上法处理后注射动物作为试验菌对照。

五、实验室消毒剂效力测定方法

本法主要介绍抑菌试验方法。

1. 药液配制

（1）化学消毒剂　用蒸馏水配制成一定浓度的消毒液，或直接用药物的原液。

（2）植物消毒剂　取一定量生药，加水适量，煎煮 30 分钟后过滤，药渣再加水依法煎煮一次。将两次煎液合并，加热浓缩成 100%（1 克生药：1 毫升药液）或 200％（2 克生药：1 毫升药液）药液，置灭菌容器内备用。

2. 对照的设置 每批试验应有试验对照与空白培养基对照。

3. 测试方法

（1）平板挖洞法 ①用画线法将菌均匀接种于琼脂平板上；②以灭菌打孔器打洞，孔径 6～7 毫米；③用熔化的琼脂一滴，滴入洞内垫底，以防药液沿洞底漏出；④于洞内滴入被试药液使之逐渐扩散入琼脂培养基内；⑤将琼脂平板平放于 37℃ 温箱内 24～48 小时观察结果，并测量抑菌圈的直径大小（用毫米表示）。

（2）平板挖沟法 ①取普通琼脂平板，用灭菌刀片挖沟，沟宽 6 毫米，长 50 毫米；②用熔化的琼脂滴入沟内垫底，以防药液漏出；③接种被试菌，由沟边向外画线长 30 毫米；④沟内加药液约 2 毫升；⑤将琼脂平板平放于温箱内，37℃ 培养 24～48 小时，观察结果，并测量其抑菌带宽度（用毫米表示）。

（3）倾注小杯法（不锈钢管法） ①用已经熔化的琼脂约 10 毫升倒入灭菌平皿内制成薄层琼脂平板，待凝；②用冷却至 45℃ 的琼脂 10 毫升（或 5 毫升）加入 0.1 毫升菌液，混匀后倒入上述薄层平板上，使之均匀平铺于表面，待凝；③将灭菌不锈钢管（直径 6 毫米）轻轻插于培养基上，不可过深，以加药后不致从管底流出为度；④加药液于钢管内，至满为止；⑤将琼脂平板平放于 37℃ 温箱内，培养 24～48 小时，观察结果，并测量抑菌直径大小（用毫米表示）。

（4）平板纸片法 ①用画线法接种试验菌于琼脂平板；②将直径 6 毫米的灭菌滤纸片，蘸取药物（每片约 0.01 毫升）贴于平板表面；③将琼脂平板于室温下放置 2 小时后，置 37℃ 温箱内，培养 24～48 小时，观察结果，并测量其抑菌圈直径大小（用毫米表示）。

（5）泡沫塑料（或海绵）片法 ①以画线法接种试验菌于琼脂平板；②用直径 5 毫米、厚 0.8 毫米的灭菌泡沫塑料（或海绵）片吸附药液（约 0.1 毫升）后，贴于平板表面；③将琼脂平板置于 37℃ 温箱内，培养 24～48 小时，观察结果，并测量其抑菌圈直径大小（用毫米表示）。

（6）琼脂稀释法（平板法） ①加热熔化灭菌备用的普通琼脂 18 毫升；②加入 2 毫升药液混匀后，倒入灭菌平皿内，待凝；③以画线法接种试验菌；④将琼脂平板置于 37℃ 温箱中，培养 24～48 小时，观察结果，如画线处全部长菌，则可以认为该浓度药液无抑菌作用，如不长菌，即可以认为该浓度药液有抑菌作用。

（7）肉汤稀释法（试管法） ①取灭菌试管 10 支，排列于试管架上；②第 1 管肉汤 1.5 毫升，其他各管均加 1 毫升；③于第 1 管内加入药液 0.5 毫升，混匀后取出 1 毫升至第 2 支试管，再混匀后取出 1 毫升至第 3 支试管，如此类推至第 9 支试管混匀后弃去 1 毫升，第 10 支管不加药液作为试验菌对照；④各管均加入经 1 000 倍稀释的肉汤菌悬液 0.05 毫升，摇匀；⑤将试管置 37℃温箱内培养 18 小时，观察结果。各试管药液稀释倍数见表 7-2。经培养后，肉汤清澈透明者为无菌生长，如长菌则变混浊。以不长菌的最低浓度（即最高稀释倍数）为该药的抑菌浓度。

表 7-2　肉汤稀释法各试管药液稀释倍数

试管编号	1	2	3	4	5	6	7	8	9	10
药液稀释度	1：4	1：8	1：16	1：32	1：64	1：128	1：256	1：512	1：1 024	菌液对照

第二节　环境中消毒效果的检测

一、环境中消毒效果检测的原理

环境消毒效果的检测是在喷洒消毒液或经其他方法消毒处理前后，分别在待检区域采样，并置于一定量的生理盐水中，再以 10 倍稀释法稀释成不同倍数，然后分别取定量的稀释液，置于加有固体培养基的培养皿中，培养一段时间后取出，进行细菌菌落计数，比较消毒前后细菌菌落数，即可得出该消毒剂对环境中细菌的杀灭率，并以此杀灭率判定消毒剂或消毒方法的好坏。

环境消毒效果的检测方法有很多种，无论采用何种方法检测，其检测结果只能作为参考，因为用环境消毒效果检测方法检测的结果不准确，误差非常大。影响检测效果的因素有很多，比如操作方法、采样时机、消毒方法、喷雾消毒的雾滴大小、温度、湿度、风力、培养基质量、人为因素等，都会对检测结果造成很大的影响。所以，评判一个消毒剂或消毒方法的好坏，最好先做微生物学检测，环境消毒效果检测的结果只能作为参考。

二、环境中消毒效果检测的方法

（一）空气消毒效果的检测

1. 采样时间　一般应选择在消毒灭菌处理完成之后的时间段。还可以按预定计划进行常规检测，定期、定时对空气进行样品的采集。样品采集时要注意在采样前，应关好门窗，在无人走动的情况下，静止 10 分钟后，进行采样。

2. 采样　空气消毒效果评价指标菌有空气中自然菌、空气指示菌（白色葡萄球菌、溶血性链球菌等）。

（1）仪器采样法（空气撞击法）　目前国内常用的空气微生物采样器主要

有 JWL 型空气采样器、LWC-1 型采样器和 Anderson 采样器等。

①采样皿制作　将仪器专用培养皿彻底洗涤干净，晾干，高压蒸汽灭菌后备用，将熔化后冷却至 45～50 ℃已灭菌的营养琼脂培养基倒入备用的培养皿中，以自然铺满底部为宜，制成营养琼脂培养皿，冷却凝固后倒置于 37 ℃培养箱内，培养 24 小时，挑选无菌生长的培养皿使用。

②采样点的选择及采样高度　圈舍或居室面积小于 15 米² 的密闭间，只在室中央设 1 个点；面积 15～30 米² 的房间，在房间的对角线上选取内、中、外 3 点；面积大于 30 米² 的房间内设 5 个点，即房间的四个角和室中央各设一点；面积更大的场所可在相应的方位上适当增加采样点。采样高度一般为 1.2～1.5 米，四周各点距墙 0.5～1.0 米。

③采样时间　根据消毒前采样及消毒后不同时间段进行采样。其中消毒前采样的目的是了解消毒前空气中微生物水平，消毒后采样目的是了解消毒后空气中微生物的水平。

④采样及培养　按照采样器说明进行采样，待采样结束后关闭电源，取出采样培养皿，置于 37 ℃温箱内培养 24～48 小时，观察结果并记录培养皿上菌落数。

⑤菌落数计算

$$每立方米菌落数 = \frac{培养皿菌落数 \times 1\,000}{流量 \times 采样时间}$$

（2）沉降平板法（自然沉降法）

①采样皿制作　将灭菌后的普通营养琼脂培养基熔化后，冷却至 45～50 ℃，倒入无菌培养皿内，每个培养皿 15～20 毫升。室温下冷却凝固后，倒置于 37 ℃温箱内培养 24 小时，挑选无菌生长的培养皿使用。

②采样点的选择　见空气撞击法。

③采样时间　根据消毒前及消毒后不同时间段进行采样。

④采样培养皿的放置　将采样培养皿编号后，放置于相应的采样点上，然后根据室内实际布局，由内向外、动作轻缓并按次序打开采样培养皿。将培养皿盖扣放于采样培养皿端口边缘，严禁将盖口朝上使其直接暴露于空气中，否则会影响采样结果。

⑤采样　应根据所暴露环境的实际情况决定。越洁净的地方采样暴露时间越长，以期得到更准确的结果。普通场所暴露 5～30 分钟，一般多采用 15 分钟；污染较严重的地方，如动物的圈舍等暴露 5 分钟即可，并注意消毒前后暴露时间的一致。

⑥培养和结果计算　待采样结束后，将培养皿盖盖好并反转，放于 37 ℃

温箱中培养 24～48 小时，观察记录培养皿上菌落数。

该方法不适合洁净的室内空气采集，结果偏低，误差大；作为空气消毒方法考核误差也较大，由于其使用简便、经济，主要用于基层。

3. 空气消毒效果评价

（1）细菌总数　可根据不同场所空气细菌总数的国家卫生标准来判定其消毒是否合格。

（2）杀灭率

$$杀灭率 = \frac{消毒前菌落数 - 消毒后菌落数}{消毒前菌落数} \times 100\%$$

4. 注意事项

（1）测定空气中的溶血链球菌和绿色链球菌时，需用血液琼脂培养基制成的培养皿，采样后，30 ℃温箱培养 24～72 小时，其他操作步骤与计算不变。

（2）在用沉降平板法采样时，其采样点的选择应尽量避开空调、门窗等气流变化较大的地方。各个采样过程中动作应轻缓，避免造成尘土飞扬，同时注意整个过程无菌操作。

（二）物体表面消毒效果的检测

1. 微生物学指标　评价物体表面消毒效果的微生物学指标包括细菌总数及致病菌（如金黄色葡萄球菌、大肠杆菌和沙门氏菌等）。

2. 采样时间　在物体表面经过消毒之后进行采样，并在消毒前对同一物体附近表面采样作为对照样品，计算其杀灭率。

3. 采样及培养方法

（1）压印法　将营养琼脂倾入无菌培养皿内，并使琼脂培养基高出培养皿 1～2 毫米，待琼脂冷却后，将培养皿上的琼脂培养基直接压在被检物体的表面 10～20 秒，然后盖好培养皿，37 ℃恒温箱中培养 48 小时。观察结果并计数菌落数。

（2）棉拭子法

①消毒前采样　在被检物体采样面积小于 100 厘米² 时，取全部物体表面，当采样面积大于 100 厘米² 时，连续采集 4 个样品，面积合计为 100 厘米²。用 5 厘米×5 厘米的标准无菌规格板，放在被检物体表面，将无菌棉拭子在含有无菌生理盐水试管中浸湿，并在管壁上挤干，对无菌规格板框定的物体表面涂抹采样，来回均匀涂擦 10 次，并随之转动棉拭子。采样完毕后，将棉拭子放在装有一定量灭菌生理盐水的试管管口，剪去与手接触的部位，其余的棉拭子留在试管内，充分振荡混匀后立即送检。对于门把手等不规则物体表面，应按

实际面积用棉拭子直接涂擦采样。

②消毒后采样　在消毒结束后，与在消毒前同一物体表面附近类似部位进行采样。采样液中含有与化学消毒剂相对应的中和剂，采样与消毒前一致。将消毒前后样本尽快送检，进行活菌培养计数以及相应致病菌与相关指标菌的分离与鉴定。

4. 检验方法　细菌总数检测采用菌落计数法，致病菌的检测主要检测金黄色葡萄球菌、大肠杆菌和沙门氏菌等。具体方法可参见相关的细菌检验鉴定手册，这里不再赘述。

5. 评价指标

（1）细菌总数

①小型物体表面结果计算，用细菌总数［菌落形成单位（CFU）/个］来表示：

$$细菌总数 = 平板上菌落平均数 \times 稀释倍数$$

②采样面积大于100厘米^{2}物体表面结果计算，用细菌总数（CFU/厘米^2）表示：

$$细菌总数 = \frac{培养皿上菌落平均数 \times 稀释倍数}{采样面积（厘米^2）}$$

（2）杀灭率

$$杀灭率 = \frac{消毒前菌落数 - 消毒后菌落数}{消毒前菌落数} \times 100\%$$

（三）皮肤黏膜和手消毒效果的检测

1. 微生物学指标　评价皮肤黏膜和手消毒效果的微生物学指标包括细菌总数和一些致病菌（如金黄色葡萄球菌、乙型溶血性链球菌和沙门氏菌、大肠杆菌等）。

2. 采样时间　在浸泡或擦拭消毒之后立即采样，如果观察滞留消毒效果可以设定不同的采样时间段。如果试验是用于计算消毒剂或消毒方法对细菌的杀灭率，必须在消毒前采样作为对照。

（1）手的采样　被检者五指并拢，操作者将无菌棉拭子蘸灭菌生理盐水后挤干，在被检者指根到指尖来回涂擦2次（每只手涂擦面积约30厘米^2），并随之转动采样棉拭子，然后将棉拭子放于装有10毫升灭菌生理盐水的试管管口，用无菌剪刀剪去与手接触过的部分棉拭子，其余部分留在试管内。

手的采样也可用压印法采样：取事先制备好的营养琼脂培养皿，将消毒后的拇指或中、食指的掌面在培养皿的培养基表面轻轻按下指纹印即可，然后将培养皿置于37℃恒温箱培养24～48小时，观察有无细菌生长。

（2）皮肤黏膜采样 用5厘米×5厘米的标准灭菌规格板，放在待检采样部位，用蘸有生理盐水的棉拭子在规格板内来回均匀涂擦10次，并随之转动棉拭子，然后将棉拭子放于装有无菌生理盐水的试管管口，剪掉与手接触部位后，余下的棉拭子留在试管内进行检验；其中无法放置灭菌规格板的部位可直接用棉拭子涂抹取样。

（3）注意事项 如果消毒对象（手、皮肤、黏膜等）表面曾使用过化学物品（如消毒剂、清洁剂、化妆品等），则在生理盐水中应加入相应的中和剂。

3. 评价指标

（1）细菌总数

①方法 将采样管用力敲打80次，必要时做适当稀释，用无菌吸管取一定量（通常为1毫升）的待检样品，加入灭菌培养皿内，另平行接种2块培养皿，加入已融化的45℃左右的营养琼脂，注意边倾注边摇匀，待琼脂冷却凝固后，倒置后于37℃恒温箱中培养48小时，并计数菌落数。

②结果计算 细菌总数以CFU/厘米^{2}计算，计算公式如下：

$$细菌总数=\frac{培养皿上菌落平均数×稀释倍数}{采样面积（厘米^2）}$$

$$杀灭率=\frac{消毒前菌落数－消毒后菌落数}{消毒前菌落数}×100\%$$

（2）致病菌检验 参考有关的细菌检验鉴定手册。

第三节 粪便消毒效果的检测

1. 一般卫生指标 主要是指高温堆肥中的温度，堆温愈高，细菌的致死时间愈短。蝇蛹和蛆应全杀死。腐熟的堆肥，体积较小，颜色呈黑褐色或棕黑色。杂草、秸秆等有机物完全腐烂，质地松软，一搓即碎，没有坚硬的土块、粪块，无粪臭味，也不招引苍蝇。

2. 粪便消毒效果的检测方法 用装有金属套管的温度计，测量发酵粪便的温度，根据粪便在规定的时间内达到的温度来评定消毒的效果，称为测温法。当粪便生物发热达60～70℃时，经过1～2昼夜，可以使其中的杆菌、布鲁氏菌、沙门氏菌及口蹄疫病毒死亡；经12小时可以杀死全部猪瘟病毒；经过24小时可以杀灭全部猪丹毒杆菌。不同病原需要的致死温度与所需时间见表7-3。

表7-3　不同病原需要的致死温度和所需时间表

病原名称	致死温度（℃）	所需时间
炭疽杆菌（非芽孢状态）	50～55	1 小时
结核杆菌	60	1 小时
炭疽杆菌	50～60	10 分钟
布鲁氏菌	65	2 小时
巴氏杆菌	抵抗力弱	—
副伤寒菌	60	1 小时
猪丹毒杆菌	50	15 小时
猪丹毒杆菌	70	数秒钟
狂犬病毒	52～68	30 分钟
口蹄疫病毒	50～60	迅速
猪瘟病毒	60	30 分钟
寄生蠕虫和幼虫卵	50～60	1～3 分钟（鞭虫 1 小时）

注：表中数据来源于李如治《家畜环境卫生学》。

3. 寄生虫学指标　粪便中蛔虫卵含量较多，生活能力又比其他虫卵强，所以多以蛔虫虫卵为代表性指标。腐熟后的堆肥和无害化的稀粪，蛔虫虫卵的死亡率一般认为达到 95% 以上，钩虫虫卵、血吸虫虫卵应全部死亡。

4. 细菌学指标　一般以大肠菌群作为细菌学的评价指标。目前尚无具体标准，有人认为堆肥后大肠菌群值如降低到 1‰～10‰，即可推断病原菌存在的可能性很小；因肠道病原菌比大肠菌数量少，而且抵抗力也弱，有人认为大肠杆菌群值应降低到万分之一至亿分之一。

第四节　环境消毒效果的判定

（1）**清洁程度的检查**　检查地面、墙壁、设备、圈舍及场地清扫的情况，要求做到干净、卫生、无死角。消毒很重要，清洁卫生比消毒还重要。

（2）**消毒药剂正确性的检查**　查看消毒工作记录，了解选用消毒药剂的种类、浓度及其用量。检查消毒药液的浓度时，可从剩余的消毒药液中取样进行化学检查。要求选用的消毒药剂高效、低毒，浓度和用量必须适宜。

（3）**消毒对象的细菌学检查**　消毒以后如果细菌减少 80% 以上为良好，减少 70%～80% 为较好，减少 60%～70% 为一般，减少 60% 以下为不合格，应重新消毒。

第八章 如何提高养殖场消毒的效果

第一节 加强隔离和卫生管理

养殖场的隔离卫生是搞好消毒工作的基础，也是预防和控制疫病的保证。只有良好的隔离卫生，才能保证消毒工作的顺利实施，有利于降低消毒的成本和提高消毒的效果。

一、隔离和卫生要求

（一）制定严格卫生防疫制度

制定切实可行的卫生防疫制度，使养殖场的每个员工心中有数，严格按照制度进行操作，保证卫生防疫和消毒工作落到实处。卫生防疫制度主要应该包括如下内容：

（1）养殖场生产区和生活区分开，入口处设消毒池，设置专门的隔离室和兽医室。养殖场周围要有防疫墙或防疫沟，只设置一个大门入口用来控制人员和车辆物品进出。设置人员消毒室，人员消毒室设置淋浴装置、熏蒸衣柜和场区工作服。

（2）进入生产区的人员必须淋浴，换上清洁消毒好的工作衣帽和雨靴后方可进入，工作服不准穿出生产区，定期更换清洗消毒；进入的设备、用具和车辆也要消毒，消毒池的药液2～3天更换一次（使用农可福或菌疫灭时5～7天更换一次）。

（3）生产区不准养猫、狗、鸟等宠物，职工在家也不能养任何宠物，更不能将宠物带进养殖场。

（4）对于死亡畜禽的检查，包括剖检等工作，必须在兽医诊疗室内进行，或在距离水源较远的地方检查，不准在兽医诊疗室以外的地方解剖尸体。剖检后的尸体以及死亡的畜禽尸体应深埋或焚烧处理。在兽医诊疗室解剖尸体要做好隔离消毒。

（5）坚持自繁自养的原则，若确实需要引种，必须隔离观察45天（种猪至少需要隔离观察90天），确认无病，并接种疫苗后方可调入生产区。

（6）做好畜舍和场区的环境卫生工作，定期进行清洁消毒。长年定期灭鼠，及时消灭蚊蝇，以防疫病传播。

（7）畜禽舍、饲料房、仓库的门窗都要加防鸟网，生产区、生活区也要设置驱鸟设备，因为有很多疫病是通过鸟类传播的。

（8）当某种疫病在本地区或本场流行时，要及时采取相应的防治措施，并要按规定上报主管部门，采取隔离、封锁措施。做好发病时畜禽隔离、检疫和治疗工作，控制疫病范围，做好病后的净群消毒等工作。

（9）本场外出的人员和车辆必须经过全面消毒后方可回场。运送饲料的包装袋，回收后必须经过消毒，方可再利用，以防止污染饲料。

（10）做好疫病的接种免疫工作。卫生防疫制度应该涵盖较多方面工作，如隔离卫生工作，消毒工作和免疫接种工作，所以制定的卫生防疫制度要根据本场的实际情况尽可能地全面、系统，并且容易执行和操作，做好管理和监督，保证一丝不苟地贯彻落实。

（二）保持养殖场环境洁净

场区内无杂草、无垃圾，不准堆放杂物，每月用 1∶300 稀释的农可福或菌疫灭喷洒场区地面 3～4 次，生活区的各个区域要求整洁卫生，每月消毒2～3 次。畜禽舍周围每周用 1∶300 稀释的农可福或菌疫灭喷洒 1 次，养殖场周围及场内的污水池、排粪坑、下水口每月用 1∶300 稀释的农可福或菌疫灭喷洒消毒一次，养殖场及畜禽舍进出口要设消毒池，放入农可福或菌疫灭1∶300 的稀释药液，每 7 天更换一次，生产区道路每天用 1∶300 稀释的农可福或菌疫灭喷洒消毒一次。

二、防鼠灭鼠

老鼠是四害之一，通过排泄物污染、机械携带及直接咬伤畜禽的方式，可传播多种疾病，主要有鼠疫、伪狂犬病（老鼠不灭伪狂犬病不绝）、钩端螺旋体病、脑炎、流行性出血热、鼠咬热等。因此，鼠类不仅传播人类各种传染病，而且直接或间接传播畜禽传染病。为保证人类和畜禽健康，为保障畜牧业的健康发展，必须将灭鼠工作和畜禽消毒结合起来。

（一）防鼠

鼠的生存和繁殖同环境和食物来源有直接的关系。如果环境良好，食物来源充足则可以大量繁殖；如果采取某些措施，破坏其生存条件和食物来源则可控制鼠的生存和繁殖。

1. 防止鼠类进入建筑物　鼠类多从墙基、天棚、瓦顶等处窜入室内，在设计施工时注意：墙基最好用水泥制成，碎石和砖砌的墙基，应用灰浆抹缝。墙面应平直光滑，防鼠沿粗糙墙面攀登。砌缝不严的空心墙体，易使鼠隐匿营巢，要填补抹平。为防止鼠类爬上屋顶，可将墙角处做成圆弧形。墙体上部与天棚衔接处应砌实，不留空隙。瓦顶房屋应缩小瓦缝和瓦、椽间的空隙并填实。用砖、石铺设的地面，应衔接紧密并用水泥灰浆填缝。各种管道周围要用水泥填平。通气孔、地脚窗、排水沟（粪尿沟）出口均应安装孔径小于1厘米的铁丝网，以防鼠窜入。堵塞鼠的通道，畜禽舍外的老鼠往往会通过上下水道和通风口等处的管道空隙进入畜禽舍。因此，对这些管道的空隙要及时堵塞，防止鼠的进入。畜禽舍和饲料仓库应是砖、水泥结构，设立防鼠沟，建好防鼠墙，门窗关闭严密，这样老鼠无法打洞或进入。畜栏及墙体抹光，堵塞孔隙。

2. 清理环境　鼠喜欢黑暗和杂乱的场所。因此，畜禽舍和加工厂等地的物品要放置整齐、通畅、明亮，使老鼠不易藏身。畜禽舍周围的垃圾要及时清除，不能堆放杂物，任何场所发现鼠洞时都要立即堵塞。

3. 断绝老鼠食物来源　大量饲料应放置饲料袋内，在离地面15厘米的台或架上，少量饲料应放在水泥结构的饲料箱或大缸中，并且要加金属盖，散落在地面的饲料要立即清扫干净，使老鼠无法接触到饲料便会离开畜禽舍，反之，则鼠会集聚到畜禽舍取食。

4. 改造厕所和粪池　鼠可吞食粪便，这些场所极易吸引老鼠。因此，应将厕所和粪池改造成使老鼠无法接近粪便的结构，同时也使鼠失去藏身躲避的地方。

（二）灭鼠

1. 器械灭鼠　器械灭鼠方法简单易行，效果可靠，对人、畜无害。灭鼠器械种类繁多，主要有夹、关、压、卡、翻、扣、淹、粘、电等。近年来还研究和采用电灭鼠和超声波灭鼠等方法，方法简便易行，效果明显、费用低、安全。

2. 熏蒸灭鼠　某些药物在常温下易气化为有毒气体或通过化学反应产生有毒气体，这类药剂通称熏蒸剂。利用有毒气体使鼠吸入而中毒致死的灭鼠方法称熏蒸灭鼠。熏蒸灭鼠的优点：具有强制性，不必考虑鼠的习性；不使用粮食和其他食品做诱饵，且收效快；兼有杀虫作用；对畜禽较安全。熏蒸灭鼠的缺点：只能在可密闭的场所使用；毒性大，作用快，使用不慎时容易中毒；用量较大，有时费用较高；熏杀洞内鼠时，需找洞、投药、堵洞，工效较低。本法使用有局限性，主要用于仓库及其他密闭场所的灭鼠，还可以灭杀洞内鼠。目前使用的熏蒸剂有两类：一类是化学熏蒸剂，如磷化铝等；另一类是灭鼠烟剂。

3. 毒饵灭鼠（化学灭鼠）　将化学药物加入饵料或水中，使鼠致死的方法称为毒饵灭鼠。毒饵灭鼠效率高、使用方便、成本低、见效快。缺点是能引起人、畜中毒，有些老鼠对药剂有选择性、拒食性和耐药性。所以，使用时须选好药剂和注意使用方法，以保证安全有效。灭鼠药剂种类很多，主要有灭鼠剂、熏蒸剂、烟剂、化学绝育剂等。养殖场的鼠类以孵化室、饲料库、畜禽舍最多，是灭鼠的重点场所。投放毒饵时，机械化畜禽场，实行笼养或栏养，只要防止毒饵混入饲料中即可。在采用全进全出制的生产程序时，可结合舍内消毒时一并进行。鼠尸应及时清理，以防被误食而发生二次中毒。选用鼠长期吃惯了的食物作饵料，突然投放，饵料充足，分布广泛，以保证灭鼠的效果。

（三）灭鼠的注意事项

1. 灭鼠时机和方法选择　要摸清鼠情，选择适宜的灭鼠时机和方法，做到高效、省力。一般情况下，4～5月份是各种鼠类觅食、交配期，也是灭鼠的最佳时期。

2. 药物选择　灭鼠药物较多，但符合理想要求的较少，要根据不同方法选择安全的、高效的、允许使用的灭鼠药物。如禁止使用的灭鼠剂（氟乙酰胺、氟乙酸钠、毒鼠强、毒鼠硅、伏鼠醇等）、已停产或停用的灭鼠剂（安妥、砒霜或白霜、灭鼠优、灭鼠安）、不再登记作为农药使用的灭鼠剂（士的宁、鼠立死、硫酸铊等）等，严禁使用。

3. 注意人畜安全

三、防虫灭虫

（一）害虫的危害

1. 直接传播疾病　能够传播疾病的昆虫很多，目前主要的致病害虫为蚊、蝇、蟑螂、白蛉、蠓、虻、蚋、虱、蜱、螨、跳蚤以及其他害虫等。它们有的通过直接叮咬传播疾病，如蚊可传播痢疾、乙型脑炎、丝虫病、登革热、黄热病、马脑炎等，蝇可传播痢疾、伤寒、霍乱、脑脊髓炎、炭疽等，蟑螂可以传播肠道传染病、肝炎、念珠棘虫病、美丽筒线虫病等。昆虫叮咬还直接造成人和动物的局部损伤、奇痒、皮炎、过敏等，影响畜禽休息，降低机体免疫功能。

2. 污染环境　害虫通过携带的病原微生物污染环境、器械、设备，特别是对饮水、饲料的污染，也会间接传播疫病。因此，杀灭这些害虫有利于保持畜禽养殖场环境卫生，减少疫病传播，维护人畜健康。同时，也有利于提高消毒效果，因为有了这些昆虫的大量存在和滋生，就不可能进行彻底的消毒。

（二）防虫灭虫的方法

1. 环境卫生　搞好养殖场环境卫生，保持环境清洁、干燥，是减少或杀灭蚊、蝇、蠓等昆虫的基本措施。如蚊虫需在水中产卵、孵化和发育，蝇蛆也需在潮湿的环境及粪便等废弃物中生长。因此，填平无用的污水池、土坑、水沟和洼地。保持排水系统畅通，对阴沟、沟渠等定期疏通，勿使污水储积。对贮水池等容器加盖，以防昆虫飞入产卵。对不能清除或加盖的防火贮水器，在蚊蝇滋生季节，应定期换水。永久性水体（如鱼塘、池塘等），蚊虫多滋生在水浅而有植被的边缘区域，修整边岸，加大坡度和填充浅湾，能有效地防止蚊虫滋生。动物粪便应定时清除，并及时处理，贮粪池应加盖并保持四周环境的清洁。

2. 杀灭

（1）物理杀灭　利用机械方法以及光、声、电等物理方法，捕杀、诱杀或驱逐蚊蝇。我国生产的多种紫外线光或其他光诱器，特别是四周装有电栅，通有将 220 伏变为 5 500 伏的 10 毫安电流的蚊蝇光诱器，效果良好。此外，还有可以发出声波或超声波并能将蚊蝇驱逐的电子驱蚊器等，都具有防除效果。

（2）生物杀灭　利用天敌杀灭害虫，如池塘养鱼即可达到鱼类治蚊的目的。此外，应用细菌制剂——内毒素杀灭吸血蚊的幼虫效果良好。

（3）化学杀灭　化学杀灭是使用天然或合成的毒物，以不同的剂型（粉剂、乳剂、油剂、水悬剂、颗粒剂、缓释剂等），通过不同途径（胃毒、触杀、熏杀、内吸等），毒杀或驱逐昆虫。化学杀虫法具有使用方便、见效快等优点，是当前杀灭蚊蝇等害虫的较好方法。

3. 防虫灭虫注意事项

（1）减少污染　利用生物或生物的代谢产物防治害虫，对人畜安全，不污染环境，有较长的持续杀灭作用。如保护好益鸟、益虫等充分发挥天敌杀虫。

（2）杀虫剂的选择　不同杀虫剂有不同的杀虫谱，要有目的地选择。要选择高效长效、速杀、广谱、低毒无害、低残留和廉价的杀虫剂。

第二节　消毒计划（程序）的制定与执行

在实际消毒的操作过程中，如果没有一个详细、全面、科学的消毒计划（程序），并严格的执行，就不可能收到良好的消毒效果。所以必须制定科学的消毒计划（程序），按照消毒计划（程序）的要求严格实施。

1. 制定科学消毒计划（程序）　科学的消毒计划（程序）应该包括消毒的场所（对象）、消毒的方法、消毒的时间、次数、消毒剂的选择、稀释倍数、是否交替更换以及更替时间、消毒对象的清洁卫生以及清洁剂等。在制定消毒计划（程序）时，要考虑使用成本、消毒剂的杀灭力、消毒剂的毒性和腐蚀性、对消毒对象或操作人员的危害以及操作是否方便易行等。下面以一个猪场保育舍消毒为例，制定一个消毒程序来说明消毒程序的制定。

例：某万头猪场保育舍数据：保育舍共 8 栋，东西走向，每栋保育舍净面积为 195 米^2，高度为 2.5 米，每栋保育舍间隔为 8 米，南北排列，保育期为 7 周，空栏时间为 1 周。请给这个万头猪场的保育舍制定消毒计划（程序）。

消毒对象：保育舍。

消毒方法：带体采用喷雾消毒，终末消毒采用清洗＋喷雾＋熏蒸＋喷雾消毒，见表 8-1。

表 8-1 猪场保育舍消毒方法

使用场地或阶段	消毒剂品种	稀释倍数	使用时间	消毒次数（次/周）	消毒剂稀释液用量	消毒方法
日常带体消毒	安比杀	1：300	一年四季	3～4	40～60 升/栋	带体喷雾
栏舍日常空气净化	过氧可安	原液或1：10稀释	冬季	/	/	吊瓶自由挥发
终末消毒	烟克		空栏	/	1 000 克/栋	熏蒸消毒
终末消毒	泡可净	1：100	空栏	/	100	终末清洗
外环境消毒	农可福	1：300	一年四季	1	100～150升/栋	场地喷洒消毒

执行消毒人：各栋保育舍饲养员。

消毒监督检查人：技术总监×××、保育舍技术员×××、实验室化验员×××。

2. 严格执行消毒计划（程序） 消毒计划（程序）制定得无论有多么科学，如果不按照制定的计划（程序）去执行，也不会达到预期的消毒效果。这种情况在实际工作中经常遇到，这也正是影响消毒效果的一个症结所在。所以，消毒计划（程序）制定好以后，必须落实到每一个消毒工作人员，并要求严格按照计划执行，同时要设立监督检查机构，避免随意性和盲目性，以确保消毒的效果。

第三节 选择适当的消毒方法

消毒方法多种多样，实施消毒前，要根据消毒对象、目的、条件和环境等因素综合考虑，选择一种或几种切实可行、有效、安全的消毒方法。

1. 根据病原微生物选择　由于各种微生物对消毒因子的抵抗力不同，所以要有针对性地选择消毒方法。对一般的细菌繁殖体、亲脂性病毒、螺旋体、支原体、衣原体和立克次氏体等对消毒剂敏感性高的病原微生物，可采用煮沸消毒方法，也可采用一些低效消毒剂进行消毒（比如用季铵盐类消毒剂）；对于结核杆菌、真菌等对消毒剂耐受力较强的微生物可选择中效消毒剂与高效的热力消毒法；对在不良环境抵抗力很强的细菌芽孢需采用热力、辐射及高效消毒剂（比如农可福、全保净、安比杀、过氧可安等）。

2. 根据消毒对象选择　同样的消毒方法对不同性质物品的消毒效果往往不同。动物带体消毒要考虑对动物和人体的安全性和效果的稳定性，空栏消毒可采用熏蒸法消毒，物体表面消毒可采用擦、抹、喷雾，小物体可浸泡，触摸不到的地方可用照射、熏蒸、辐射，饲料及添加剂等可采用辐射。另外还要特别注意对消毒物品的保护，使其不受损害，例如毛皮制品不耐高温，对于食具、水具、饲料、饮水等不能使用有毒或有异味的消毒剂消毒。

3. 根据消毒现场选择　进行消毒的环境往往是复杂的，对消毒方法的选择及效果的影响也是多样的。比如，在进行圈舍空栏消毒时，如其封闭效果好的，可以选择熏蒸消毒，封闭性差的最好选用液体消毒处理；对物体表面消毒时，耐腐蚀的物体表面用喷洒的方法好；怕腐蚀的物品要用无腐蚀的化学消毒剂喷洒、擦拭的方法。带体消毒时，如果动物有呼吸道症状时，不能选用有刺激性气味的消毒剂，只能选择安比杀或卫可安消毒等。

4. 消毒的安全性　选择消毒方法应时刻注意消毒的安全性。例如，在人群、猪群集中的地方，不要使用具有毒性和强刺激性的气体消毒剂；在距火源5米以内的场所，不能大量使用易燃、易爆的消毒剂。伤口消毒时，严禁使用碱性消毒剂，因为碱性消毒剂十分不利于伤口的愈合。紫外线消毒时不能带体消毒。在发生疫病的地区和流行病的发病场、舍，要根据卫生防疫要求，选择合适的消毒方法，加大消毒频率和适当加大消毒液的浓度，以提高消毒的质量和效率。

第四节　选择适宜的消毒剂

化学消毒是生产中最常见的方法，但市场上的消毒剂种类繁多，其性质与作用不尽相同，消毒效力千差万别。所以，消毒剂的选择至关重要，关系到消毒效果和消毒成本，必须选择适宜的消毒剂。

（一）理想化学消毒剂的条件

（1）杀菌广谱，且杀菌有效浓度低，作用速度快；

（2）化学性质稳定，且易溶于水，能在低温下使用；

（3）不易受有机物、酸、碱及其他理化因素的影响；

（4）毒性低，刺激性小，对人、畜危害小，不残留在畜产品中，腐蚀性小，不易燃烧、爆炸，使用无危险；

（5）无色、无味、无臭、消毒后易于去除残留药物；

（6）价格低廉，使用方便；

（7）便于运输，可以大量供应。

以上这些只是理想化学消毒剂的条件，目前世界上还没有一款消毒剂完全同时符合这些条件，而我们的努力方向是让消毒剂产品尽可能地符合这些条件。

（二）消毒剂选择原则

①杀灭力强，灭菌谱广；②对人、动物副作用小，不损害消毒物体；③易溶于水，稳定；④廉价易得，使用方便。

（三）适宜消毒剂使用原则

1. 根据不同的季节选择不同的消毒剂　温度对消毒剂的消毒效果有一定的影响，一年四季温度差别较大，并且四季疫病的流行情况也不同。所以，要根据不同的季节选择不同的消毒剂，这样可以达到事半功倍的效果。比如冬季可以选用过氧可安［1：（200～300）稀释］或卫可安（1：150稀释），夏季可以选用全保净（1：300稀释）或农可福（1：300稀释）或镇疫醛（1：150稀释），春、秋季节可以选用安比杀［1：（300～400）稀释］。

2. 根据不同饲养阶段和消毒对象选择不同的消毒剂　比如妊娠阶段可以选用安比杀［1：（300～400）稀释］或卫可安（1：150稀释）或过氧可安［1：（200～300）稀释］，禁止或慎用刺激性大的消毒剂，比如农可福或菌疫灭；室外环境消毒、消毒池消毒则要选择长效、不易挥发的消毒剂，比如农可福或菌疫灭；门卫的人员通道消毒要选择对人刺激性小，并且对衣物没有其他影响的消毒剂。总之，这个选择消毒剂的原则针对性比较强，要求也相对比较严格，在实际应用中不能只看生产厂家的说明书，要多查《兽药典》，以防误用后造成不良的后果。

3. 根据不同的病原微生物选择不同的消毒剂　也叫根据不同的疫情选择不同的消毒剂。不同的病原微生物，如细菌、细菌芽孢、病毒及真菌等，它们对消毒剂的敏感性有较大差异，即对消毒剂的抵抗力有强有弱。消毒剂对病原微生物也有一定选择性，其杀菌、杀病毒力也有强有弱。针对病原微生物的种类与特点选择合适的消毒剂，是消毒工作成败的关键。例如，要杀灭细菌芽孢，就必须选用高效的消毒剂（比如碘制剂），才能取得可靠的消毒效果；而季铵盐类是阳离子表面活性剂，因其杀菌作用的阳离子具有亲脂性，故季铵盐类消毒剂对革兰氏阳性菌、部分病毒等有效，而对革兰氏阴性菌、芽孢和无囊膜病毒无效或效果很差；同一种类病原微生物所处的不同状态，对消毒剂的敏感性也不同，同一种类细菌的繁殖体比其芽孢对消毒剂的抵抗力弱得多，生长期的细菌比静止期的细菌对消毒剂的抵抗力也低得多。还有，不同的疫病也要选择不同的消毒剂，比如口蹄疫时可选用农可福或过氧可安或安比杀，有流感疫情时可选用过氧可安或安比杀，有呼吸道疾病时可选用安比杀或卫可安（这两款消毒剂有辅助治疗呼吸道疾病的作用），有流行性腹泻或传染性胃肠炎时可选用安比杀（同时可以饮水消毒）或过氧可安或力保生（内服时治疗效果更好），净化链球菌时可选用优普诺或卫牧。

4. 考虑消毒的时机 我们平时要按照消毒程序认真做好消毒工作，最好选用对所有细菌、芽孢、病毒、真菌、霉菌等均有杀灭效果，而且是低毒、无刺激性和腐蚀性，对动物和人无危害的常用消毒剂。在疫病流行期，可选用一种特定消毒剂（比如有流感疫情时可选用过氧可安或安比杀等），并且还要加大消毒次数，因为是在短期内应急消毒的情况下使用，甚至无须考虑其对消毒物品有何影响，而是把防疫灭病的需要放在第一位。

5. 考虑消毒剂的生产厂家 目前消毒剂的生产厂家和产品种类较多，产品的质量参差不齐，效果不一。所以选择消毒剂时应注意其生产厂家，不能贪图便宜，花了冤枉钱而起不到消毒作用。我们一定要选择生产规范、信誉度高的厂家的产品，同时要防止购买假冒伪劣产品。

第五节 保持清洁卫生

消毒很重要，清洁卫生比消毒更重要。清洁卫生既是物理消毒方法，又可以提高化学消毒剂的效力。厩舍内粪便、饲料、蜘蛛网、污泥、脓液、油脂等，常会降低消毒剂的效力。其降低消毒剂效力的原因如下：

1. 隐蔽细菌 如粪便内除大的粪块外，还有肉眼看不见的粪便粉尘。火柴头大小的粪块，在其中可隐蔽几万乃至几十万个细菌。消毒剂分子很难进入粪便块中，因而影响消毒剂的杀菌作用。

2. 吸收消毒剂 大的有机物块，如同大块海绵，能吸附大量的消毒剂分子，从而可使消毒剂分子数减少（降低浓度），结果使消毒力降低。

3. 酸碱度的影响 有机物酸碱度可严重影响消毒剂发挥作用。如果使用只能在酸性条件下发挥作用的消毒剂（如碘剂），可因有机物的酸碱度影响作用环境的 pH 而降低消毒力。由于有机物与消毒剂的种类不同，影响的程度差异较大。所以，化学消毒的先决条件要求是表面相对干净。消毒对象表面的污物（尤其是有机物）需先清除，这是提高化学消毒剂消毒效力的最重要的一步。在许多情况下，表面的清除甚至比化学消毒更重要。进行各种表面的清洗时，除了刷、刮、擦、扫外，还应结合专用清洗剂（泡可净）和高压水冲洗，有利于有机物溶解与脱落，使化学消毒的效果更好。

第六节　正确的操作

消毒过程中正确的操作非常重要，很多时候我们之所以消毒失败，只是因为操作不当引起的。所以，正确的操作是提高消毒效果的重要一环。

（一）消毒液浓度配制要准确

药物浓度是决定消毒剂效力的首要因素。消毒、杀虫药物的原药和加工剂型，一般含纯品浓度较高，用前需进行适当稀释。只有合理计算并正确操作，才能获得准确的浓度和剂量。

1. 药物浓度常见的表示方法　百分比浓度（%）即每 100 份商品中含有效成分或原药的份数。百分比浓度又分重量百分浓度、容量百分比浓度和重量容量百分浓度 3 种。重量百分浓度（W/W）即每 100 克药物中含某药纯品的克数。比如烟营，即 100 克烟营含二氯异氰脲酸钠 76 克、助燃剂 24 克，通常用于表示粉剂浓度。容量百分浓度（V/V）即每 100 毫升药物中含某药纯品的毫升数。比如复方戊二醛，即 100 毫升复方戊二醛含戊二醛 15 毫升和苯扎氯铵 10 毫升，通常用于表示溶质及溶剂的浓度。重量容量百分浓度（W/V）即每 100 毫升药物中含某药纯品的克数。比如 5% 聚维酮碘，即 100 毫升聚维酮碘溶液中含聚维酮碘 5 克。溶质为固体，溶液为液体时用此法表示。

2. 常见消毒液浓度稀释的表示方法　《兽药典》上消毒液浓度稀释的表示往往是以原药表示的，比如在阐述 5% 聚维酮碘的使用浓度时，《兽药典》上是这样表述的："奶牛乳头浸泡消毒：0.5%～1% 溶液；黏膜及创面冲洗消毒：0.1% 溶液。"这里面表述的意思是奶牛乳头浸泡消毒时，要配置成 0.5%～1% 聚维酮碘溶液，黏膜及创面冲洗消毒时要配置成 0.1% 聚维酮碘溶液，均以聚维酮碘原药计。而现在的聚维酮碘有 5% 含量，要配制成上述浓度，只能以 5% 聚维酮碘的浓度来换算，换算的结果如下：奶牛乳头浸泡消毒：按 1:（5～10）稀释；黏膜及创面冲洗消毒：按 1:50 稀释。这里面讲的

1：5 稀释、1：10 稀释、1：50 稀释的"1"代表 5％聚维酮碘的份数，"5""10""50"代表稀释用水的份数。

这里需要强调的是，生产厂家印刷的宣传资料上表述使用浓度时，大多是用《兽药典》上的使用浓度表述方法，却把《兽药典》上的"以原药计"（即100％浓度时计）给省略了，因此需要进行换算。还有的厂家宣传资料上表述使用浓度是按其产品来表述的，而不是以原药计（这需要向生产厂家咨询准确的使用浓度或查《兽药典》）。另外还要注意，一些厂家为了多赚钱，过分夸大稀释倍数，欺骗用户，给用户造成了严重损失，同时也给很多人造成"消毒不管用"的错误认识。所以，请大家在选择产品时一定要选择专业的、正规的生产厂家的产品。

另外，计算准确的药物稀释时要搅拌均匀，特别是黏度大的消毒剂在稀释时更应注意搅拌成均匀的消毒液，否则，计算得再准确，也不能保证好的效果。

（二）药物的用量要充足

单位面积的药物使用量与消毒效果有很大的关系，因为消毒剂要发挥效力，必须使消毒液充分浸湿所消毒的物体表面，只有这样才能使消毒液和病原微生物有足够的接触时间，达到消毒目的。我们如果把消毒剂浓度提高 1 倍，而将药液用量减少 1/2 时，这时会因消毒物体无法充分湿润而不能达到消毒效果。通常我们要求消毒液喷洒至物体表面挂露珠为止，并且喷洒后 30 分钟内要保持一定的湿度。具体用量为室内水泥地面消毒时，每平方米喷洒消毒液300 毫升左右；外环境水泥地面消毒时，每平方米喷洒消毒液 500 毫升左右（季节不同，用药量不同）。

消毒剂的性质、有机物的污染程度和消毒液的液量，三者之间的关系是影响消毒力的重要因素。有机物少，消毒液量多，则消毒力降低得少；反之，有机物量多，消毒液量少，则消毒力降低得多。有人在猪舍做试验，被猪粪污染的水泥床面，用 500 倍液碘制剂，每平方米喷洒 600 毫升，约在 1 小时干燥后取样检查试验结果，尚有多数细菌存活。而在相同条件下的床面，用 500 倍液阳离子表面活性剂，每平方米喷洒 1 500 毫升，取得了好的消毒效果。

（三）保持一定的温度

消毒作用也是一种化学反应，大部分消毒液的温度与消毒力成正相关，即消毒液温度高，消毒力也随之增强（尤其是醛类）。若加化学制剂于热水或沸水中，则其杀菌力大增。在寒冷季节用热水稀释消毒剂，比用冷水稀释的效力强。例如，通常以 20 ℃为基准的消毒液温度，升高到 30 ℃时，虽然仅升高

10 ℃，但杀菌力可提高 2 倍。对仅靠加热很难杀死的细菌，如果添加消毒剂，就能很容易地将其杀死。例如，巨杆菌（芽孢杆菌属巨芽孢杆菌）芽孢，在 60 ℃ 热水中长时间处理几乎无效果，如果在上述热水中加入 10 毫克/升（10 万倍）的阳离子表面活性剂，15 分钟芽孢即可被杀死。此外，提高消毒液温度，可使在常温下杀菌力弱的消毒剂增强消毒效力，在常温下杀菌效力强的消毒剂，可降低浓度，缩短作用时间。但是，并非所有的消毒液提高温度后都能增强消毒力，如卤素消毒剂（含氯剂、碘剂），温度高反而会降低消毒作用。这是因为卤素消毒剂具有容易蒸发的性质，特别是碘剂，可不经固体变成液体的过程而直接升华为气体。所以在常温下放置一定时间后，便于蒸发（分子逸失）而降低杀菌力。

对许多常用的温和消毒剂而言，在接近冰点的温度下是毫无作用的。在用甲醛气体熏蒸消毒时，如将室温提高到 24 ℃ 以上，会得到较好的消毒效果。但真正重要的是消毒物表面的温度，而非空气的温度，常见的错误是在使用消毒剂前极短时间内进行室内加温，如此不足以提高水泥地面的温度。

消毒剂稀释液的温度可影响消毒效果。有人用酒精、阳离子表面活性剂、碘伏、次氯酸钠、两性离子表面活性剂及福尔马林等消毒剂，在常温（20 ℃）和低温（5 ℃）两种液温条件下，对伤寒杆菌、大肠杆菌、金黄色葡萄球菌、铜绿假单胞菌、荚膜杆菌（肠道细菌的一种）、念珠菌（霉菌的一种）的杀菌效果做对照试验。结果显示：在常温（20 ℃）下，酒精和阳离子表面活性剂对上述细菌均在 30 秒内杀死；碘伏对铜绿假单胞菌、念珠菌杀灭时间为 30 秒至 2 分钟，对大肠杆菌杀灭时间为 2～5 分钟，对荚膜杆菌杀灭时间为 5～10 分钟。可以看出，碘伏与酒精、阳离子表面活性剂相比，其杀菌速度比较迟缓。两性离子表面活性剂对金黄色葡萄球菌、铜绿假单胞菌、荚膜杆菌杀灭时间为 30 秒至 2 分钟，对念珠菌杀灭时间为 2～5 分钟，对其他细菌杀灭时间为 20 秒至 2 分钟；福尔马林对念珠菌杀灭时间为 5～15 分钟，其他细菌杀灭时间为 10～30 分钟。在低温（5 ℃）条件下，酒精对金黄色葡萄球菌杀灭时间为 30 秒至 2 分钟；碘伏对伤寒杆菌、金黄色葡萄球菌杀灭时间为 5～10 分钟，对其他细菌杀灭时间为 10～30 分钟；两性离子表面活性剂对伤寒杆菌以外的其他细菌表现迟缓，如荚膜杆菌、念珠菌，在 30 分钟以内均不能杀死；次氯酸钠对伤寒杆菌杀灭时间为 5～10 分钟，对念珠菌杀灭时间为 10～30 分钟；福尔马林对以上各种细菌，在 30 分钟以内均不能杀死。

（四）与病原微生物的接触时间要充足

消毒时，至少应有 30 分钟的浸渍时间以确保消毒效果。有的人在洗手消毒时，用消毒液洗手后又立即用清水洗手，这是起不到消毒效果的。细菌与消毒剂接触时，不会立即被消灭。细菌的死亡，与接触时间、温度有关。消毒剂所需杀菌的时间，从数秒到几小时不等，例如氧化剂作用快速，醛类则作用缓慢。检查在消毒作用的不同阶段的微生物存活数目，可以发现在单位时间内所杀死的细菌数目与存活细菌数目是常数关系，起初的杀菌速度非常快，但随着细菌数的减少杀菌速度逐步缓慢下来，以致到最后要完全杀死所有的菌体，必须经过较长的时间。此种现象在现场常会被忽略，因此必须要特别强调，消毒剂需要一段作用时间（通常指 24 小时）才能将微生物完全杀灭，另外需注意的是许多灵敏消毒剂在液相时才能有最大的杀菌作用。

（五）注意配伍禁忌

不要把两种或两种以上的消毒剂或把消毒剂与杀虫剂等混合使用，否则会影响消毒效果。把两种以上消毒剂或杀虫剂混合使用可能很方便，但却可能发生一些肉眼可见（沉淀、分离等）或肉眼不可见的变化（如 pH 的变化），而使消毒剂或杀虫剂失去其效力。但为了增大消毒药的杀菌范围，减少病原种类，可以选用几种消毒剂交替使用，因为不同的消毒剂都有一定的局限性，不可能杀死所有的病原微生物，或对某种病原杀灭力强而对某些杀灭力弱，多种消毒剂交替使用能起到互补作用，更全面、彻底地杀灭各种病原微生物。

（六）注意使用上的安全

许多消毒剂具有刺激性或腐蚀性，例如强酸性的过氧乙酸、强碱性的烧碱等，因此切勿在调配药液时用手直接去搅拌，或在进行器具消毒时直接用手去搓洗。如不慎沾到皮肤时应立即用水洗干净。使用毒性或刺激性较强的消毒剂或喷雾消毒时，应穿着防护衣服、戴防护眼镜、口罩、手套。有些磷制剂、甲苯酚、过氧乙酸等，具可燃性和爆炸性，如 40% 以上浓度的过氧乙酸加热至50 ℃可引起爆炸，因此在保存和使用消毒剂应提防火灾和爆炸的发生。有些消毒剂对猪有毒害作用，如使用石炭酸消毒猪舍后，舐咬墙壁的猪有发生中毒的情况。因此，应注意消毒剂使用安全。

（七）消毒后的废水处理

消毒后的废水含有化学物质，不能随意排放到河川或下水道，必须进行处理。在猪场应设有排水处理设施，用来对消毒后的废水进行无害化处理。如不进行处理会对环境造成很大的危害。具体的废水处理技术有以下几种：

1. 废水的好氧生物处理技术

（1）活性污泥法 活性污泥法是利用悬浮生长的微生物絮体，好氧处理有机废水的生物处理方法。这种生物絮体称为活性污泥。活性污泥是由具有活性的微生物，包括细菌、真菌、原生动物和后生动物等微生物自身氧化的残留物，吸附在活性污泥上不能为生物所降解的有机物和无机物组成。其中，微生物是活性污泥的主要组成部分，而细菌是活性污泥组成和净化功能的核心物质，是微生物的主要成分，如果向生活污水中连续鼓入空气，经过一段时间后，污水便形成一种淤泥状絮凝体，即活性污泥，在显微镜下观察，可见大量的微生物。活性污泥法能够除去废水中的有机物，是经过吸附、生物代谢、蓄积与沉淀三个过程完成的。

（2）生物膜法 生物膜法是废水好氧生物处理法的一种，是将废水流经生长在固定支承物表面上的生物膜，利用生物氧化作用和各相间的物质交换，降解废水中有机污染物的方法。生物膜法和活性污泥法同属好氧生物处理方法，但生物膜法主要依靠固着于载体表面的微生物来净化有机物，而活性污泥法则是依靠曝气池中悬浮流动的活性污泥来分解有机物。

2. 废水的厌氧生物处理技术 厌氧处理技术是一种低成本的处理技术，是一种将废水处理与能源回收利用相结合的技术。废水厌氧处理的微生物学与生物化学原理为废水中的有机物经大量微生物的共同作用，被最终转化为甲烷、二氧化碳、水、硫化氢和氨气。

第二篇
实用消毒技术

第九章　各类养殖场的消毒技术

第一节　各种养殖场的门卫和场区消毒技术

一、门卫消毒

（一）车辆消毒系统

养殖场大门口首先应设一个消毒池，消毒池的宽度应该与大门等宽或略宽，长度应为最大车轮周长的 1.5 倍，深度不得少于 10 厘米，其上应有遮蔽阳光和防止雨水落入的遮阳棚，四周应低于消毒池的外沿高度（图 9-1）。消毒池中使用的消毒剂以使用菌疫灭（1∶300 稀释）、农可福（1∶300 稀释）为最佳，因其腐蚀性较低，对人畜的毒性相对较低，有效作用时间较长，受环境因素的影响较小、性价比较高，菌疫灭、农可福在池中可维持有效消毒作用的时间在一周左右。

对于北方地区来说，养殖场大门口的消毒池冬季很容易结冰，结冰后的消毒池就形同虚设，况且对于大门口只设单一的消毒池，实际消毒效果很一般，也很局限。还有，对于大部分消毒剂来说，温度过低时消毒效果就会降低，怎样才能解决这一问题呢？

有条件的规模化养殖场要建一个标准的车辆消毒系统，适合全国各地车辆使用，建造标准车辆消毒系统的要求：①要求上、下、左、右都要安装喷头，以保证消毒效果；②下面要设导流槽，防止积水；③最好安装全自动挡杆，喷雾设备的消毒系统要保证车辆在里面消毒时长能达到 5 分钟以上，离子振荡雾化设备的消毒系统要保证车辆在里面消毒时长能达到 15 分钟以上；④北方要求安装暖气设备，并且安装棉帘，以防结冰影响消毒效果和行车安全；⑤消毒机主机和药桶要安装在门卫的值班室，以便检查和维修，同时门卫室冬季要供暖，室温不能低于 18 ℃，最好是地暖，不是地暖的要把消毒设备和药桶设计在暖气片旁边；⑥适合的消毒剂有农可福、菌疫灭、复方戊二醛或镇疫醛，因为这些消毒剂杀灭作用强，没有腐蚀性；⑦当水温低于 8 ℃时，可以用 20 ℃左右的温水稀释消毒剂，以保证消毒剂的溶解度和消毒效果。

没有条件建标准的车辆消毒系统的养殖场或者规模较小的养殖场，可以通

图 9-1　车辆消毒系统

过以下方法解决所有进出车辆的消毒问题：①当大门口消毒池快要结冰时，可以将消毒池的消毒水全部排空，启动冬季临时消毒系统；②临时消毒系统由消毒喷雾机和加长管线组成，消毒喷雾机要放在门卫的值班室，加长管线不用时要及时收回门卫值班室或者将加长管线上和喷枪上缠上伴热带，外面再包裹绝缘并且耐磨的保温材料（一定要防止漏电）；③门卫室冬季要供暖，室温不能低于 18 ℃，最好是地暖，不是地暖的要把消毒设备和药桶设计在暖气片旁边；④适合的消毒剂有农可福（1∶300 稀释）或菌疫灭（1∶300 稀释）或复方戊二醛（1∶300 稀释）或镇疫醛（1∶150 稀释）或过氧可安（1∶200 稀释）或卫可安（1∶150 稀释）或瑞农（1∶300 稀释），因为这些消毒剂受低温影响较小；⑤当水温低于 8 ℃时，可以用 20 ℃左右的温水稀释消毒剂，以保证消毒剂的溶解度和消毒效果。⑥消毒时对车辆的挡泥板和底盘须喷透，货车的车厢、驾驶室等也必须严格消毒。

（二）人员通道的消毒系统

标准化的规模养殖场按照要求，应建造三个人员通道的消毒系统：第一个是通往办公区、生活区的人员通道消毒系统，第二个是通往生产区的员工通道消毒系统，第三个是内部员工从装猪台回到生产区时的人员通道消毒系统，第三个消毒系统也可以由第一个或第二个代替。

建造人员通道消毒系统的要求：①喷头的雾化效果要好，以保证消毒效果；②消毒间入口和消毒间要铺设消毒垫对鞋底进行消毒；③配套设施上，一定要有更衣室和洗澡间（图9-2），并保证所有人员做到消毒、沐浴、更衣以后才能进来，进来时不带进任何东西，更衣时要做到全部换掉，包括袜子、内衣等，换上本场专用工作服；④安装横向、交错障碍设备，可以有效阻止人员快速通过，或安装全自动挡杆和门锁自动感应装置，保证人员在里面消毒时长能达到5分钟以上，保证消毒效果；⑤北方要求安装暖气设备，并且安装棉帘，以防结冰影响消毒效果和冻坏设备；⑥压缩机和药桶要安装在门卫的值班室，以便检查和维护；⑦适合的消毒剂：没有疫情时可选用优普诺（1∶200稀释）或卫牧（1∶200稀释），有疫情时可选用复方戊二醛（1∶300稀释）或镇疫醛（1∶150稀释）或卫可安（1∶150稀释），因为这些消毒剂安全、刺激性小，杀灭快，不伤衣物。

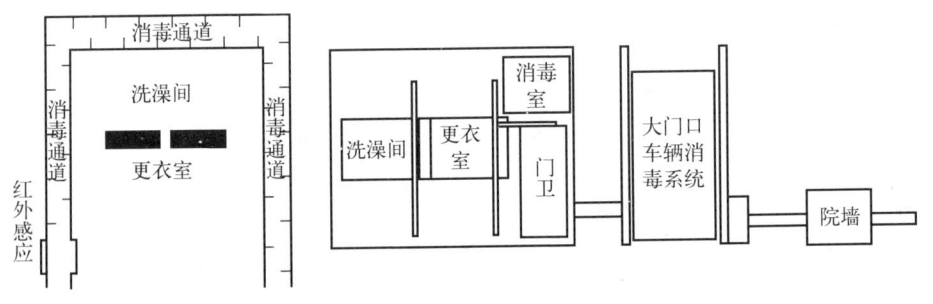

图9-2　更衣室和洗澡间的设置

（三）对进入生产区员工的消毒要求

进入生产区的工作人员如果休假回家，回来后必须隔离一周以上方可进入生产场区；另外养殖场员工在家中也不得饲养任何宠物。进入生产区的人员必须消毒、沐浴、更衣、消毒。洗头时，用洗发露最少洗三遍，更衣时要做到彻底、完全换掉，包括内衣、袜子；对不同的工作岗位，要求穿着不同颜色的工作服，这样做有两个好处：一是可以防止串岗，二是防止洗衣房洗衣服时搞混而引起交叉感染；要求工作服及雨靴每天必须换洗，具体做法可以在衣服明显的位置上印上周一、周二……周日，这样可以强制工人不能穿脏衣服到生产岗位上工作；工作服要有专人负责清洗，并且要求保育舍或育雏舍的工作服单独清洗，工作服清洗时可用优普诺（1∶300 稀释）或卫牧（1∶300 稀释）消毒；猪舍进出口要设消毒池，条件不允许的也要设脚踏池，以防工作人员到饲料车间取料或兽药房取药回来时造成交叉感染。消毒池和脚踏池可选用农可福或菌疫灭 1∶200 的水溶液消毒；养殖场所有工作人员进入生产区和进入生活区所穿的工作服和胶鞋都不一样（要用颜色区分），严禁穿生产区的工作服和胶鞋到生活区、办公区，同时更不允许穿生活区、办公区的衣服和鞋到生产区去，尤其是老板和管理人员；工作人员不准留指甲，特别是产房和保育舍的工作人员严禁留指甲，工作前要先洗手消毒，消毒可选用聚维酮碘（母猪很多生殖系统疾病都是因为工人操作不当造成的）；外来人员在特殊情况下必须进入生产区的，除了严格执行消毒、沐浴、更衣以外，为了安全起见，最好穿上防化服，消毒剂可选用复方戊二醛（1∶300 稀释）或镇疫醛（1∶150 稀释）。

二、场区消毒

场区消毒指场内通道（净道与污道）、办公区、生活区等区域的消毒（图 9-3）。特别适宜场区消毒使用的消毒剂是农可福或菌疫灭。农可福、菌疫灭没有疫情时一般可按照 1∶300 的浓度配制，紧急消毒时可按照 1∶（100～200）的浓度配制。使用时采用高压喷洒机水平喷洒，每平方米喷洒药液 400～500 毫升。一般情况下，每周喷洒一次即可，紧急消毒时，每天 1～2 次。

图 9-3　场区消毒

场区消毒的注意事项：①消毒要有专人负责，并能严格执行消毒程序；②每平方米喷洒的药液必须达到400～500 毫升；③不准使用雾滴过小的设备，尽量不用手动设备，要用高压喷雾设备水平喷洒；④消毒时要选择无雨雪天气，并且无风或风较小的天气进行；⑤紧急消毒时要保证消毒剂溶液的浓度，同时要做到每天 1～2 次，特殊情况甚至可以做到 3～4 次；⑥场区的污道要做好清洁工作，最好每天都坚持消毒；⑦场内外运输车辆必须分开，场区内生产用车辆严禁到场区外作业，场区外车辆也严禁进入场区内作业，因特殊情况必须进到场区作业的车辆，车辆必须经过严格地消毒才能进入场区；⑧做好整个场区杀灭苍蝇、蚊子、老鼠的工作；⑨做好动物尸体的科学处理工作。

第二节　各种养殖场终末消毒（空栏消毒）技术

实行全进全出制是做好终末消毒的前提，所以，我们在设计养殖场时一定要按照不同养殖品种的不同生产节拍来设计和建造养殖场，并且还要留足空栏消毒的时间。一般空栏消毒至少需要一周时间，另外，还要至少设计一栋紧急隔离间、一栋引种隔离观察间和一栋预备间。这些设计和建造往往是很多中小型养殖场的缺失，这也是中小型养殖场发病多的主要原因，希望能够引起大家的高度重视。

各种养殖场终末消毒（空栏消毒）的操作流程：

1. 清扫　清扫也是很好的消毒，清空所有动物，拆移围栏、料槽、垫板等设备，移走畜禽舍内所有物品，清除排泄物、垫料和剩余饲料，确保清扫干净。

2. 清洗　清洗是终末消毒最关键的步骤，清洗的干净与否决定了终末消毒是否成功，因此要认真做好清洗工作。首先用低压喷雾器对高床、垫板、网架、栏杆、地面、墙壁和其他设备充分喷雾湿润，30分钟后用泡可净［1∶(80～100) 稀释］按每平方米500毫升左右药液，用高压发泡枪喷至待清洁部位表面，浸泡湿润30分钟以上即可用清水高压冲洗，对特别顽固的污渍可以反复操作几次，确保清洗干净（图9-4）。

图9-4　养殖场终末消毒清洗前后对比

严禁使用烧碱清洗栏舍，具体理由如下：养殖场用烧碱清洗栏舍时烧碱对栏舍腐蚀性太强，造成设备更换或维修频繁；养殖场用烧碱清洗栏舍后的废水对环境污染很重，废水流到地里庄稼死，流到鱼塘鱼死，很容易造成纠纷，并且污水经过处理后也很难达到排放标准；烧碱对有机组织有很强的腐蚀作用，使用时要加强人员防护，比如戴手套、眼镜和口罩，因为安全的考虑，冲洗的高度一般不能超过 1 米；用烧碱清洗的栏舍要用清水反复冲洗干净，不得有任何残留，以免对动物的皮肤、趾蹄造成伤害；烧碱呈碱性略带苦味，猪特别喜欢这个味道，所以要防止猪舔食烧碱及烧碱溶液，以防中毒死亡（每年都有猪烧碱中毒事故发生）；烧碱对纺织品和铝制品有破坏作用，要注意防护；使用时严禁喷雾消毒，以防对动物和人的呼吸道黏膜造成伤害。

3. 栏舍干燥 干燥既是很好的消毒方法，同时又是保证喷雾消毒效果的保证。清洗结束后，要把拆掉的设备（拆掉的所有设备必须清洗干净）放回原处安装，对损坏的设备要进行彻底的维修保养，保证在以后生产中的正常使用。

4. 饮水系统清洁、消毒工作 这项工作是和栏舍干燥同步进行的，首先将供水系统中剩余水排空，尽可能清除水箱、水管内的污物及藻类，下一步就可以做清水线工作了。清水线时首先要把管道内剩余水排空，清水线最好的方法是化学浸泡加高压水冲法，这种方法冲洗的比较干净，又加上浸泡的时间较短，腐蚀性相对较小。具体方法是先用高压冲洗，然后用清之源（每升水用2～3 片），浸泡 6～8 小时，再用高压冲洗即可，效果非常好。清水线时为了节约成本，要计算好整个水线能用多少水，然后按照用水量计算出清之源的用量，以整个水线全部充满兑好的溶液为准（表 9-1），为了保证清洁效果，请把水线首先排空，再把配好的溶液充满，有空气的地方要想办法排空。冲洗时要保证冲洗干净，不能有消毒剂残留，以防对管线腐蚀或对动物的健康造成影响。

表 9-1 各种管线横截面积值与百米盛水量

管子的大小	内直径（分米）	横截面积（分米²）	百米管盛水量（千克）
四分管	0.127	0.013	15
六分管	0.190 5	0.029	30
一寸管	0.254	0.051	55
两寸管	0.508	0.210	220

注：分、寸为非法定计量单位。1 分＝1/3 厘米，1 寸＝1/3 分米。

例：100 米长的 6 分管，它能装多少千克水的计算方法。

因为 1 千克水体积为 1 分米^3，为了计算方便，把长度单位全部换算成分米，100 米＝1 000 分米，6 分管的横截面积是 $S＝\pi r^2$（r 是半径）＝3.14×0.095 25^2＝0.028 48≈0.029 分米^2。100 米长的 6 分管的容积是横截面积×长度＝0.029×1 000＝29 分米^3，约为 30 千克水（在计算时，最后的结果要适当加大一点，防止漏液后药液不够）。

5. 栏舍空气消毒 栏舍空气消毒前要把一切设备安装到位并做好测试工作，水线清洗和消毒也要完全做好并且安装测试完毕，这时就可以进行栏舍空气消毒了。栏舍空气消毒分喷雾消毒和熏蒸消毒两个步骤。

（1）喷雾消毒 栏舍空气消毒用喷雾枪喷雾消毒，要淋湿所有物体表面，每平方米喷洒消毒液 400 毫升左右，消毒剂可选用农可福或菌疫灭[1∶（100～200）稀释]或者过氧可安 [1∶（100～200）稀释]或者复方戊二醛（1∶150 稀释）或瑞农（1∶200 稀释），喷雾时要触及屋檐、通风口和不易触及的角落、缝隙等处，确保消毒液的全方位覆盖。

（2）熏蒸消毒 喷洒完消毒液后应立即采取熏蒸消毒（表 9-2）。无论用哪种方法熏蒸消毒，都是温度越高、湿度越大，效果越好，有条件的最好提前做好升温和温度控制的测试工作，这一点对于育雏室尤为重要。熏蒸消毒可用烟克或烟营，用量是每立方米 2～3 克（计算方法是畜禽舍的长×宽×高，高要从房子的最高处算），使用烟克时把瓶子里面两个袋子的药物混合均匀，用烟头或明火点燃即可，使用烟营时直接用明火点燃袋子即可。

表 9-2 各种熏蒸剂用量、成本比较表

产品名称	市场价格（元/千克）	每 1 000 米^{3}用量（千克）	每 1 000 米^{3}成本（元）	密闭消毒所需时间（小时）	需要通风时间	有无致癌作用
福尔马林	4～5	30	120～150	12～24	7 天以上	有强致癌作用
福尔马林＋高锰酸钾	4～5＋30	30＋14	540～570	12～24	7 天以上	有强致癌作用
烟克	52	1～2	52～104	12～24	1 小时以上	无
烟营	60	1～2	60～120	12～24	1 小时以上	无
卫可安＋丙二醇	100＋15	0.8＋4	140	1	1 小时以上	无

注：福尔马林是 36%～40% 的甲醛。

烟克和烟营使用注意事项：①烟克严禁受潮，受潮后易产生明火，达不到烟熏的目的。如果遇到点燃后起火，要迅速将火熄灭即可；②有垫料的鸡舍，要把垫料清理出 1 米^2 左右的空地，或者把烟克放在专用的盆子里点燃，以防失火；③为保证熏蒸效果，烟克要采用 3 点或 5 点投放点燃；④用卫可安熏蒸时，将卫可安、丙二醇、水按照 1∶5∶20 的比例混合，每立方米用 15～20 毫升混合液，然后用专用烟雾机熏蒸消毒；⑤无论用何种产品做熏蒸消毒，熏蒸时都要提前把所有通风口封闭严密，防止透风，可用旧报纸粘贴各处缝隙，点燃后人员撤退出去，顺手把门缝用旧报纸粘贴封闭，封闭熏蒸 12～24 小时，通风 1～2 小时即可（甲醛熏蒸除外）。

实践证明，用烟克、卫可安或烟营熏蒸过的栏舍无药害残留和致癌物质，并且经多个养殖户核算，烟克、烟营和卫可安的使用成本比用福尔马林＋高锰酸钾低得多，也方便和安全得多。

6. 进畜禽当天再进行一次彻底常规消毒　为保证消毒质量，进畜禽当天再进行一次彻底常规消毒（消毒要在动物没进栏舍前进行），消毒剂可选用安比杀（1∶300 稀释）或安灭杀（1∶150 稀释）或复方戊二醛（1∶300 稀释）或镇疫醛（1∶150 稀释）或过氧可安（1∶200 稀释）或卫可安（1∶150 稀释）或农可福（1∶300 稀释）或菌疫灭（1∶300 稀释）或瑞农（1∶300 稀释），进行喷雾消毒。

第三节　畜禽舍内有害气体和粉尘的危害

一、畜禽舍内有害气体的危害

畜禽舍内的有害气体通常包括氨气（NH_3）、硫化氢（H_2S）、二氧化碳（CO_2）、甲烷（CH_4）、一氧化碳（CO）等，主要是由动物呼吸、粪尿、饲料、垫草腐败分解而产生。

1. 氨气（NH_3）　氨气比空气轻，易溶于水，常易溶解在动物呼吸道黏膜和眼结膜上，使黏膜充血、水肿，引起结膜炎、支气管炎、肺炎、肺水肿，长期作用与动物，可导致动物的抵抗力降低，发病率和死亡率升高，生产力下降。

2. 硫化氢（H_2S）　硫化氢比空气重，易溶于水，靠近地面浓度更高，易溶附在动物呼吸道黏膜和眼结膜上，使动物发生结膜炎、咳嗽、支气管炎和气管炎，严重时引起中毒性肺炎、肺水肿等。动物长期处于低浓度硫化氢环境中，可引起呕吐、腹泻等，使动物体质变弱、抵抗力下降和增重缓慢。

3. 二氧化碳（CO_2）　二氧化碳本身无毒，但畜禽舍内含量过高时，氧气含量就会相对不足，会使动物出现慢性缺氧，继而出现精神萎靡、食欲下降、增重缓慢、体质虚弱，造成动物易感染慢性病传染病。

4. 一氧化碳（CO）　冬季用火炉采暖时，常因煤炭燃烧不充分而产生大量的一氧化碳。一氧化碳极易与血液中运输氧气的血红蛋白结合，可使动物中毒缺氧，导致呼吸、循环和神经系统病变。若妊娠后期动物、产房和相对有效动物舍内出现上述有害气体，可导致流产、死胎、泌乳下降和动物发病率、死亡率增高等。这种影响不易觉察，常使生产蒙受损失，应予以足够重视。

二、畜禽舍内粉尘的危害

畜禽舍内的尘埃少部分由舍外空气带入，大部分则来自饲养管理过程，如畜禽的采食、活动、排泄、清扫地面、换垫草、分发饲料、清粪、畜禽咳嗽、鸣叫等。

畜禽舍内尘埃主要包括尘土、皮屑、饲料和垫草粉粒等。尘埃本身对畜禽有刺激性和毒性，同时还因它上面吸附有大量病原微生物、有毒有害气体等而加剧了对畜禽的危害程度。尘埃降落在畜禽体表，可与皮脂腺分泌物、皮屑、微生物等混合，刺激皮肤发痒和发炎。尘埃还可堵塞皮脂腺，使皮肤干燥易破损，抵抗力下降。尘埃落入眼睛可引起结膜炎和其他眼病（这也是很多猪发病后会出现泪斑的原因），被吸入呼吸道时，则对鼻腔黏膜、气管、支气管产生刺激作用，导致畜禽呼吸道炎症，颗粒较小的尘埃还可进入肺部而引起肺炎。

三、畜禽舍内有害气体和粉尘的处理办法

（1）加强通风换气。温度很重要，通风换气比温度还重要，通风不但可以带走有害气体和部分粉尘，同时还会带来相对清洁的新鲜空气。冬季在保温的同时，一定要加强通风，但是要防止贼风。在通风时还要考虑易滞留在地面的硫化氢（H_2S）、二氧化碳（CO_2）等有害气体，开地窗可以解决这个问题。

（2）保持畜禽舍的清洁卫生。消毒很重要，清洁卫生比消毒还重要。及时清除粪污和清洗圈舍，保持畜禽舍的清洁卫生，是解决有害气体、尘埃和病原微生物的有效方法，也是保证畜禽健康的根本。

（3）取暖时尽量采用热风炉、电暖、水暖或地暖，实际取暖效果以地暖和热风炉较好。在畜禽舍内烧煤球炉或炭炉取暖的（不建议使用，因为热空气往上走，舍内上面温度很高，而下面温度却很低，起不到应有的作用，另外，我们放置温度计时一定注意其高度，温度计的正确放置高度应与动物脊背同高），一定安装排烟筒，否则极易造成人和动物煤气中毒。

（4）采用过氧可安原液吊瓶子（30～40 米^2 吊一个瓶子），不但可除臭、增氧、降氨气，还可以有效地驱除蚊蝇。

（5）定期进行带体喷雾消毒可降低舍内粉尘和有害气体。带体消毒正确的操作方法是将喷枪举高并成 45°向上喷洒，让喷出的水雾（喷雾器雾化要好）

从最高处自由下落，在下落的过程中把空气中的粉尘和病原微生物带到地面，15～30 分钟后可将病原微生物彻底杀灭。

第四节　猪场的消毒技术

一、装猪台的消毒

对于养猪场来说，很多传染病都是不知不觉地从装猪台传到了猪舍，所以装猪台应是消毒的重点，这主要是因为：运猪车什么猪都拉，车上携带有大量病原微生物，运猪车是重要的传播途径；运猪车上的工作人员也携带有大量病原微生物；装猪台与猪舍仅一墙之隔，距离太近，没有达到 2 千米的安全距离。总之，养猪场有很多传染病都是通过运猪车和装猪台传播的，所以大家一定要重视运猪车和装猪台的消毒。

（一）装猪台应如何消毒

（1）划定适当的红线范围，让运猪车及工作人员在红线范围内活动，划定红线范围时要保证运猪车及工作人员有足够的活动范围，还要考虑车辆掉头，同时要严格要求运猪车及工作人员不能超越红线，必要时还要挂上警示标志，这样我们的消毒才会有目标，消毒才能更彻底、更有效。

（2）运猪车来运猪时要提前告诉车上工作人员，要求来运猪时先把运猪车冲洗干净（冲洗干净也是很好的消毒），冲洗时不但要冲洗车厢，还要冲洗车辆的底部，这是因为车厢底部存在的病原微生物更多、更危险，有条件的最好同时能彻底做好消毒，同时禁止车上有其他猪场的猪。

（3）条件不具备的运猪车，最好在距离养殖场一定距离的路口进行彻底的消毒，路口消毒不方便的也要在车辆停到装猪台后进行彻底的消毒，消毒剂可选用农可福或菌疫灭，稀释比例为 1∶100，对车辆里外、底部进行消毒，喷到滴水为止。消毒时还要对运猪车上的所有工作人员进行消毒，消毒剂可选用复方戊二醛（1∶150 稀释）或安比杀（1∶200 稀释），有条件的再加上鞋底消毒（可用脚踏池或脚踏桶等）。

（4）运猪车走后应立即派专人负责消毒，消毒剂可选用农可福或菌疫灭或复方戊二醛，稀释比例为 1∶100，每平方米至少喷洒 400～500 毫升药液，消毒时应对赶猪的整个走道、装猪台及停车的红线区进行彻底的消毒。

（二）装猪台消毒的注意事项

（1）严格要求本场工作人员不准越过红线，也不准与运猪车上的工作人员及运猪车有任何接触（图9-5）。

（2）运猪车及工作人员不准越过红线（建议在装猪台合适的位置建造厕所）。

（3）保育舍的工作人员不能参与装猪、赶猪等工作，最好养殖场其他工作都不参与。

（4）参与装猪的本场工作人员完成工作后，一律不准退回去直接工作，必须走规定的道路到消毒间进行彻底的消毒、沐浴、更衣、消毒后，才能回到工作岗位。

（5）为了保证消毒效果，消毒液的喷洒量一定要达到每平方米400～500毫升，消毒机要选用高压喷洒型的，水平喷洒即可。

图9-5　装猪台及红线区域

二、种猪舍的消毒

种猪舍的消毒包括公猪舍的消毒、后备猪舍的消毒、空怀和妊娠舍的消毒。

1. 种猪舍消毒要求　一年四季都要严格建立健全消毒程序和规章制度；坚持每天搞好猪舍内的清洁卫生工作；消毒时严禁对着动物喷洒；猪群免疫期间要加强消毒（只有用活疫苗饮水或喷雾免疫时不能带体消毒，消毒可以很好地为免疫保驾护航）；疫病流行期要制定相应的应急预案，消毒要采取紧急消毒，以控制传染病的发生和流行；妊娠舍消毒和猪群有呼吸道疾病时的消毒，一定要选择刺激性小的消毒剂，以防流产和加重呼吸道疾病；猪舍消毒时，要按照先清扫，再消毒，30分钟后再冲洗的原则进行；产房一定要做好消灭蚊子、苍蝇和老鼠工作；门窗要加防鸟网，防止任何飞禽进入；种猪在空怀期或后备阶段要做好驱虫工作，驱虫包括驱体表和体内寄生虫。

2. 消毒剂的选用原则及稀释浓度　消毒剂的选择要坚持三个原则，一是要根据不同的季节选择不同的消毒剂，比如冬季可以选用过氧可安[1：（200～

300）稀释］或卫可安（1∶150稀释），夏季可以选用复方戊二醛（1∶300稀释）或农可福（1∶300稀释）或镇疫醛（1∶150稀释），春、秋季节可以选用安比杀［1∶（300～400）稀释］或安灭杀（1∶150稀释）；二是根据不同饲养阶段和位置选择不同的消毒剂，比如妊娠阶段可以选用安比杀［1∶（300～400）稀释］或安灭杀（1∶150稀释）或卫可安（1∶150稀释）或过氧可安［1∶（200～300）稀释］，禁用或慎用刺激性大的消毒剂，比如农可福或菌疫灭；三是根据不同的疫情选择不同的消毒剂，比如口蹄疫时可选用农可福（1∶200稀释）或过氧可安（1∶200稀释）或安比杀［1∶（200～300）稀释］或安灭杀（1∶100稀释）。有流感疫情时可选用过氧可安［1∶（100～200）稀释］或安比杀（1∶200稀释）或安灭杀（1∶100稀释）。有呼吸道疾病时可选用安比杀［1∶（200～300）稀释］或安灭杀（1∶100稀释）或卫可安［1∶（50～100）稀释或烟雾消毒］。有流行性腹泻或传染性胃肠炎时可选用安比杀［1∶（200～300）稀释］或安灭杀（1∶100稀释）或过氧可安（1∶200稀释）。净化链球菌时可选用优普诺或卫牧（1∶200稀释）。

三、配种舍消毒

配种分两种情况，一是人工授精，二是自然交配。采精室公猪体表消毒和假猪台消毒可选用5%聚维酮碘或一喷康，直接使用，不要稀释。采精室环境消毒可选用安比杀［1∶（300～400）稀释］或安灭杀（1∶150稀释）或5%聚维酮碘（1∶25稀释）。人工授精时要提前30～60分钟对环境进行彻底消毒，可选用安比杀［1∶（300～400）稀释］或安灭杀（1∶150稀释）或卫可安（1∶150稀释）或5%聚维酮碘（1∶25稀释）；人工授精的器械和母猪外阴消毒可选用5%聚维酮碘或一喷康，直接使用，不用稀释。采精室和配种间要选用没有刺激性或刺激性小的消毒剂。自由交配时公猪和母猪外阴消毒可选用5%聚维酮碘或一喷康，直接使用，不用稀释。

四、产房消毒

1. 产房的消毒要求　产房要尽量做到全进全出，做好终末消毒；坚持每天搞好猪舍内的清洁卫生工作；母猪提前7天进产房，进产房时要对母猪体表进行彻底消毒，消毒可选用安比杀（1∶300稀释）或安灭杀（1∶150稀释）或5%聚维酮碘（1∶25稀释）清洗消毒；母猪产前必须对全身用安比杀（1∶300稀释）或安灭杀（1∶150稀释）或5%聚维酮碘（1∶25稀释）清洗消毒，经产母猪头三把奶要挤掉，并对乳头用5%聚维酮碘消毒，产后用5%聚维酮碘对乳房、阴户进行擦洗消毒；产房要做到每天坚持消毒一次，消毒剂可选用安比杀（1∶300 稀释）或安灭杀（1∶150 稀释）；猪群免疫期间要加强消毒；保温箱要保持干燥，消毒剂可选用力保生；产房一定要做好消灭蚊子、苍蝇和老鼠工作；门窗要加防鸟网，防止任何飞禽进入；猪舍消毒时，要按照先清扫，再消毒，30 分钟后再冲洗的原则进行；刚出生的小猪先用力保生（干粉消毒剂）直接全身涂撒，然后断脐，断脐时蘸力保生即可，这样可以有效提高仔猪成活率；剪牙、断尾、去势伤口消毒可用 2% 碘酊（只要含量足，2% 碘酊足够用）或一喷康或 5% 聚维酮碘，所用器械消毒可选用 5% 聚维酮碘浸泡消毒。

2. 产房消毒的注意事项　产床上消毒时尽量不选用季铵盐和复方戊二醛类消毒剂，这是因为这些消毒剂呈碱性略带苦味，是小猪非常喜欢的味道，小猪大量舔食后会引起暂时性腹泻（一般不需要治疗，停用后第二天即可痊愈），除非猪舍出现了高热病或链球菌病；产房终末消毒和日常消毒严禁使用烧碱；产房必须严格做好终末消毒；产床质量对仔猪成活率影响很大；严禁产房工作人员串岗；产房要坚决实行全进全出制，这是养猪成败的关键，因为大多数母猪带毒、排毒而本身没有任何症状，母猪排出的病原会传染仔猪，产床上的仔猪由于母源抗体的保护暂时不发病，可是仔猪一旦上了保育会发病，这就是保育猪难养的主要原因；21 天或 28 天断奶相对比较科学，也有因特殊情况 14 天或 35 天断奶的，断奶后母猪当天下产床，仔猪留产床 7 天进行过渡驯化后转保育舍。

五、保育舍消毒（断奶至 12 周龄左右）

1. 保育舍的消毒要求　保育舍要做到单元饲养和全进全出，做好终末消毒；坚持每天搞好猪舍内的清洁卫生工作；保育舍要保持温暖干燥；猪群免疫期间要加强消毒；猪舍消毒时，要按照先清扫，再消毒，30 分钟后再冲洗的原则进行；禁止自动料槽里面添加过多饲料，以防自动料槽的饲料发霉（饲料的发霉是按小时计算的，尤其是小猪料）；严禁保育舍的工作人员串岗；保育舍在刚转群的一周时间内和注射疫苗后一周内要做到每天坚持消毒一次；保育舍一定要做好消灭蚊子、苍蝇和老鼠工作；门窗要加防鸟网，防止任何飞禽进入；控制好保育舍的温度（温度计的高度要与猪背平齐），同时注意通风。

2. 消毒剂的选用及稀释浓度　保育舍环境消毒可选用安比杀［1∶（300～400）稀释］或安灭杀（1∶150 稀释）或过氧可安（1∶300 稀释）或卫可安（1∶150 稀释）；保育舍湿度过大时可每天撒 1～2 次力保生来消毒和干燥。出现腹泻疾病时的消毒：①升温，保育舍温度可以提高到 28～30 ℃；②干燥，可用力保生，每平方米喷洒 30～50 克，可以撒到饲料中让猪自由采食，小猪也可以直接灌服力保生，每头3～5克，可以有效治疗各种腹泻病；③消毒可选用安比杀［1：（200～300）稀释］或安灭杀（1：100稀释）或过氧可安［1：（200～300）稀释］；④饮水中添加补液盐，以防脱水。出现呼吸道病时消毒可选用安比杀［1：（200～300）稀释］或安灭杀（1：100稀释）或卫可安［1：（50～100）稀释］或过氧可安［1：（200～300）稀释］，同时地面撒力保生，每平方米30～50克。

3. 保育舍消毒的注意事项　保育床上消毒同产床上消毒；保育舍要坚决实行单元饲养和全进全出制，这是养猪成败的关键，因为保育阶段仔猪逐渐脱离了母源抗体的保护，并且这个阶段还要接种很多疫苗，这时的仔猪抵抗力非常低，极易出现问题；保育舍严禁与产房、育肥舍同室或者紧挨着产房、育肥舍、种猪舍等，有条件的养猪场，育肥舍最好单独建场；保育舍的工作人员不准参与养猪场内的其他任何工作，同时，保育舍工作人员的工作服要单独清洗和消毒。

六、育肥舍的消毒（12周龄左右至出栏）

1. 育肥舍消毒要求　一年四季都要严格建立健全消毒程序和规章制度；坚持每天搞好猪舍内的清洁卫生工作；消毒时严禁对着动物喷洒；猪群免疫期间要加强消毒；疫病流行期要制定相应的应急预案，消毒要采取紧急消毒，以控制传染病的发生和流行；猪群有呼吸道病时的消毒，一定要选择刺激性小的消毒剂，以防加重呼吸道病；猪舍消毒时，要按照先清扫，再消毒，30分钟后再冲洗的原则进行；一定要做好消灭蚊子、苍蝇和老鼠工作；做好猪舍一年四季的通风工作；门窗要加防鸟网，防止任何飞禽进入；做好驱虫工作，驱虫包括驱体表和体内寄生虫。

2. 消毒剂的选用原则及稀释浓度　消毒剂的选择：一是要根据不同的季节选择不同的消毒剂，比如冬季可以选用过氧可安［1：（200～300）稀释］或卫可安（1：150稀释），夏季可以选用复方戊二醛（1：300稀释）或农可福（1：300稀释）或镇疫醛（1：150稀释），春、秋季节可以选用安比杀［1：（300～400）稀释］或安灭杀（1：150稀释）；二是育肥阶段可以选用农可福（1：300稀释）或菌疫灭（1：300稀释）或安比杀［1：（300～400）稀释］或安灭杀（1：150稀释）或卫可安（1：150稀释）或过氧可安［1：（200～300）稀释］；三是根据不同的疫情选择不同的消毒剂。比如口蹄疫时可选用农可福（1：200稀释）或过氧可安（1：200稀释）或安比杀［1：（200～300）稀释］或安灭杀（1：150稀释）。有流感疫情时可选用过氧可安［1：（100～200）稀释］或安比杀（1：200稀释）或安灭杀（1：150稀释）。有呼吸道病时可选用安比杀［1：（200～300）稀释］或安灭杀（1：100 稀释）或卫可安［1：（50～100）稀释或烟雾消毒］。有流行性腹泻或传染性胃肠炎时可选用安比杀［1：（200～300）稀释］或安灭杀（1：100 稀释）或过氧可安（1：200 稀释）。净化链球菌时可选用优普诺或卫牧（1：200 稀释）。

第五节 猪场烈性传染病的防控

一、口蹄疫的防控

（一）病原

口蹄疫是由口蹄疫病毒感染引起的偶蹄动物共患的急性、热性、接触性传染病，易感动物包括黄牛、水牛、猪、骆驼、羊、鹿等；黄羊、麝、野猪、野牛等，野生动物也易感染此病。本病以牛最易感，羊的感染率相对较低。

口蹄疫病毒属于小 RNA 病毒科口蹄疫病毒属成员，病毒粒子呈圆形或六边形，无囊膜，直径 20～25 纳米，由中央的核糖核酸芯和外周蛋白组成，病毒 RNA 的核苷酸变异频率高。

口蹄疫病毒各血清型之间几乎没有交叉免疫保护力，感染了某型口蹄疫的动物仍可感染另一型口蹄疫病毒而发病。同型的不同毒株之间抗原性也有不同程度的差异。

（二）流行病学特征

口蹄疫多发生于冬季、初春或秋末季节，但是在现代化养殖场，口蹄疫的流行没有季节性。病畜和带毒畜是主要的传染源，它们既能通过直接接触传染，又能通过间接接触传染（例如分泌物、排泄物、畜产品、污染的空气、饲料等）。口蹄疫的主要传播途径是消化道和呼吸道、损伤的皮肤、黏膜以及完整皮肤（如乳房皮肤）、黏膜（眼结膜）。另外还可通过空气，也可以通过尿、乳汁、精液和唾液等途径传播。口蹄疫的另外一个特点是即使动物接种了疫苗，并且动物也产生了免疫力，如果遇到强毒攻击或病毒数量过大时，动物同样会发病，只是症状相对较轻。

（三）症状

患病猪以蹄部发生水疱和糜烂为主要特征；病初体温升高至 40～41 ℃，精神沉郁，减食或不食；蹄冠、蹄叉、蹄踵发红、微热，触摸时敏感，不久患部形成米粒大、蚕豆大的水泡，水泡破烂出血，继发感染后侵害蹄叶，严重时造成蹄匣脱落；鼻吻、口腔黏膜、食道黏膜、乳房也有水疱和烂斑，这时动物的流涎、乳汁、粪、尿及呼出的气体中也会有病毒排出，是病猪排毒的高峰期；无继发感染的情况下，病猪 7～14 天可痊愈；患心肌炎的仔猪死亡率较高。另外，该病的死亡率还与猪舍环境有直接关系。

（四）防治

（1）坚持注射口蹄疫疫苗　猪、牛、羊一定要按照农业农村部的要求注射口蹄疫疫苗。口蹄疫各型之间没有交叉免疫力，各亚型之间有时也没有交叉免疫力，农业农村部要求做的疫苗是针对危害比较大的 O 型和 A 型口蹄疫，尤其注意要把这两种口蹄疫防控好。

（2）一定要打破夏季不消毒的错误观念　口蹄疫的发病已经没有了季节性，只有坚持做好日常消毒，才能防病于未发，否则会造成极大的损失。另外，只有夏季做好消毒工作，到冬季封场时猪场才会更安全，不然的话你等于把隐患也封进了厂里，得不偿失。

（3）遇到口蹄疫首先不要惊慌，消毒可以这样做　环境消毒、大门口消毒可用农可福（1∶200 稀释）或安比杀（1∶200 稀释）或安比杀（1∶100 稀释）；带猪消毒可用农可福（1∶200 稀释）或安比杀（1∶200 稀释）或安比杀（1∶100 稀释）或过氧可安（1∶200 稀释），每天 1～2 次；人员消毒可用安比杀（1∶200 稀释）或安灭杀（1∶100 稀释）或过氧可安（1∶200 稀释）。

（4）发病前期暂时不要喂料，但要保证充足的饮水，饮水中可添加补液盐，让猪自由饮用，同时尽量不要打扰猪只，让猪安静休息。

二、传染性胃肠炎和流行性腹泻的防控

（一）病原

传染性胃肠炎是由猪传染性胃肠炎病毒引起的急性、高度接触性传染病；流行性腹泻是由感染猪流行性腹泻病毒引起的另一类急性肠道传染病。这两种病毒都是冠状病毒属的成员，两种病的症状也十分相似，单凭症状很难区分。

（二）流行特点及症状

1. 传染性胃肠炎　大、小猪均能发病，10 日龄内仔猪病死率可达 100%，断奶后仔猪几乎不发生死亡。仔猪突然发病，呕吐，水样腹泻，口渴，脱水，多于 2～7 日死亡。尸体明显脱水，胃内充满乳块，小肠壁变薄，肠管扩张充满水样液体。无特效药物，主要是加强护理及对症治疗。

2. 流行性腹泻　各种年龄猪均易发病，发病率可达 100%，哺乳猪病死率 50%，流行主要在冬季。病猪呕吐、腹泻、脱水，年龄越小症状越重，1 月龄内仔猪常在腹泻后 2～4 天死亡。病变与传染性胃肠炎相似。抗生素治疗无效，只能加强护理，对症治疗。

（三）防控措施

1. 预防措施

（1）对受威胁的猪场可以注射胃流二联苗进行预防，但是效果不稳定。

（2）做好消毒工作。首先在生产中要坚持全进全出，其次要坚持做好终末消毒工作，还有要做好日常的消毒工作，没有疫情时每周坚持 2～3 次的消毒，消毒剂可选用安比杀（1∶200 稀释）或安灭杀（1∶100 稀释）或过氧可安（1∶200 稀释）。

（3）做好猪舍的清洁卫生工作，还要解决好猪舍保温和通风的问题。

（4）合理调配日粮，提高日粮的能量，并且适当在日粮中补充维生素，以此提高机体免疫力。

2. 控制措施

（1）升温　产房温度要保持在 22～25 ℃，超过 25 ℃对母猪健康不利，保温箱的温度应保持在 35 ℃左右。保育舍温度要保持在 28～32 ℃。在用室内温度计时应注意，温度计的下端要和猪的脊背处在同一水平线，这时显示的温度才是我们要求的温度。

（2）消毒　疫区消毒可选用安比杀（1∶200 稀释）或安灭杀（1∶100 稀释）或过氧可安 1∶200 稀释带体消毒，每平方米喷洒药液 200 毫升左右，每天 1～2 次。喷雾时不能对着猪喷洒，喷枪要成 45°向猪舍顶部喷洒，让喷洒的消毒液从最高处自由下落，这样的消毒才是有效的消毒。另外，消毒时要对病猪的排泄物作为重点的消毒对象，喷洒消毒剂时一定要喷透，以保证消毒效果。

（3）干燥　干燥可以靠两方面的工作来完成，一是升温，二是用干燥剂。干燥剂可用力保生，每平方米撒 50 克左右。用力保生的好处有以下几方面：一可以除湿干燥，二可以起到吸附有害物质的作用，三是被猪误食后可以起到止泻作用。

（4）防止脱水　各种腹泻的最后致死原因绝大多数是脱水，只要能控制住脱水，可以大大降低死亡率。防止脱水最好的办法是饮水中添加补液盐，饮水中添加补液盐时要现用现添加，超过 2 小时将失效。补液盐最好自己配制，补液盐配方如下：1 升水中添加葡萄糖 20 克、食盐 3.5 克、小苏打 2.5 克、氯化钾

1.5克，现配现用，使用时要用温开水（35℃左右）溶解后让猪自由饮用。

（5）寄养　凡是怀孕母猪产前一个月内患有腹泻症状的，所产小猪一律不能吃它的奶，要寄养到健康母猪那里。同时，母猪上产床时要进行彻底消毒。

（6）淘汰　对已发病的乳猪（尤其是不会吃料、十日龄之内的乳猪），早发现早淘汰。

三、高热病的防控

（一）病原

高热病不是一种病，是由以高致病性蓝耳病和多种传染病混合感染所致一类疾病的共同称谓。病原主要包括猪瘟病毒（有囊膜 RNA 病毒）、猪繁殖与呼吸综合征病毒（有囊膜 RNA 病毒）、猪流感病毒（有囊膜 RNA 病毒）、猪圆环病毒 2 型（无囊膜、DNA 病毒最小动物病毒之一）、伪狂犬病毒（有囊膜 DNA 病毒）、猪细小病毒（有囊膜 RNA 病毒）、乙脑病毒（有囊膜 RNA 病毒）、副猪嗜血杆菌、链球菌、猪丹毒杆菌、猪巴氏杆菌、肺炎支原体、胸膜肺炎放线杆菌、猪沙门氏菌、猪附红细胞体、弓形虫等。

（二）流行特点

各种年龄的猪均可感染，一般中、大猪多发病，其中中猪先发病；没有明显的季节性，以夏、秋季节多发；传播速度快，发病率高，死亡率高（与猪场环境和并发症有关）；病程一般 20～30 天，最快的 1 天死亡；病、死猪无序流动、乱用疫苗及消毒不严是造成该病暴发的主要原因。

（三）症状

病猪临床表现非常复杂，主要有高热、呼吸困难（咳喘、腹式呼吸）、粪干、尿黄、皮肤发红或发绀、皮肤上有出血点、后肢瘫痪、站立不稳，多因呼吸困难和衰竭而死。

（四）剖检变化

胸膜炎、肺炎，肺出血、水肿、气肿、胰变、结节状化脓、肉变、纤维素性肺炎等；肾脏肿大、出血、衰竭；脾脏一般比较正常或略肿大（圆环病毒混合感染除外）；肝脏变化多不明显（如果有明显变化，除极个别与混合感染有关外，大部分与药物中毒有关），胆囊多肿大；淋巴结肿大、出血、化脓；皮下多广泛性出血；少数病例心肌广泛出血、梗死；胃肠道黏膜多肿胀、出血等炎性变化。从以上临床症状、剖检变化便可确诊为混合感染高热病，但却很难完全确诊是哪种病原，要想确诊必须通过实验室诊断。

（五）流行原因

1. 管理　猪场管理水平良莠不齐，随意丢弃、出售、运输病死猪是造成该病流行的重要原因。猪场环境卫生条件差、饲养密度大、蚊蝇乱飞、鼠害成灾、猫狗乱跑、粪便乱堆也是该病暴发的主要原因。

2. 防疫问题　疫苗本身有问题，低效价疫苗或假疫苗是造成免疫失败的主要原因，所以一定要选正规厂家生产的疫苗；另外，疫苗购进后在使用前一定要测效价。疫苗在运输、储藏过程中没按照规定操作和检测，甚至有的疫苗到猪场后已经化冻，又冷藏起来数日后再用，其实这时的疫苗已经失效。没有严格按照疫苗使用说明正确使用疫苗。盲目使用疫苗造成部分疫苗免疫失败（如蓝耳病疫苗的乱用）。使用后的疫苗瓶、用具随手乱丢；许多弱毒疫苗（如猪瘟弱毒苗）在自然环境中非常容易复壮和变异，从而造成疫病的传播。没有科学的免疫体系；大部分猪场都有自己的免疫程序并能够按照免疫程序执行，但是该程序未必是该猪场最科学的免疫程序；最科学的免疫程序应该是建立在抗体检测基础上。

3. 野毒感染　随着药物的大量使用，使许多猪群长期处于一种亚健康状态，检测表明这时的猪群大多已经被野毒严重感染，只是没有临床症状而已，而这些野毒（猪瘟病毒、猪繁殖与呼吸综合征病毒、伪狂犬病毒、猪细小病毒等）的感染都会对猪群的免疫产生干扰，导致免疫失败。

4. 霉菌毒素

5. 抗生素　盲目使用抗生素或加倍使用抗生素也是造成该病流行的原因之一，尤其是使用一些免疫抑制药（地塞米松、安乃近、磺胺类药物、长效土霉素等）。

6. 消毒认识　许多猪场老板对消毒认识不够，他们认为消毒与不消毒看不出来差别，甚至有的老板是没有疫情时半年不消毒，有疫情时一天消几次毒，其实这时猪可能已经感染而处在潜伏期，发病是迟早的事，这时消毒只能控制疫情不蔓延，却不能控制猪只发病。

（六）预防措施

1. 做好消毒工作　猪高热病大多是由于患免疫抑制或免疫失败而发病，要防治它就必须杀灭高致病性猪蓝耳病毒、猪瘟病毒及相关病原，并且还要切断它们的传播途径，能够达到此目的的最好办法就是消毒。消毒剂一定要选择高效消毒剂，比如用复方戊二醛（1∶300 稀释）或安比杀（1∶300 稀释）或安灭杀（1∶150 稀释）或过氧可安（1∶200 稀释）或卫可安（1∶150 稀释）带猪消毒，每周 2～3 次；用农可福（1∶300 稀释）或菌疫灭（1∶300 稀释）外环境消毒，每周一次。

2. 做好灭蝇、灭蚊、灭鼠工作　许多传染病的传播与暴发都与蝇、蚊、鼠有关，所以高热病在夏、秋季节多发。

3. 做好防疫工作

（1）接种疫苗前 3 天至接种疫苗后 7 天，在饲料中添加能激活、提高猪体免疫应答的药物。

（2）认真做好蓝耳病、猪瘟、猪喘气病、仔猪副伤寒、伪狂犬等病的基础免疫。

①猪蓝耳病的免疫　常规免疫最好用弱毒苗，非流行地区用灭活苗；紧急免疫用弱毒苗每年 3 次，一刀切，妊娠 70 日龄以上的母猪暂不免疫或用灭活疫苗（紧急免疫存在很大风险）。

②猪瘟疫苗的免疫　有猪瘟疫情的地方可以做超免；初免 35～40 日龄为好，50～60 日龄最好（以抗体检测为准最好）；首免脾淋苗 1 头份、细胞苗 2 头份、二免脾淋苗 2 头份、细胞苗 4 头份，再免均 4 头份；后备母猪、空怀母猪配种前 15 天 4 头份，妊娠猪禁用，种公猪每年 3、9 月份 4 头份各一次。注意事项：仔猪猪瘟疫苗首免过早是许多猪场仔猪在断奶前后发病率、死亡率增高的主要原因。

③猪喘气病的免疫　肺炎支原体的母源抗体对仔猪没有保护作用，所以应在 7 日龄首免，21 日龄二免。肺炎支原体会造成高热病病情恶化；肺炎支原体疫苗不会减少病原，所以生长猪、后备猪、母猪不必用苗免疫，可通过消毒来净化肺炎支原体或用抗生素控制。

④仔猪副伤寒疫苗　20～30 日龄仔猪 1 毫升/头肌内注射。

⑤伪狂犬病疫苗首选猪伪狂犬病基因缺失疫苗，公猪每年 4 次；母猪在配种前和分娩前 3～4 周各注苗一次（猪伪狂犬病的母源抗体可以维持 70 天，所以一般情况下对仔猪不必用伪狂犬疫苗）。

4. 定期驱虫

5. 谨防饲料霉变

（七）治疗建议

（1）高热病流行期首先应加强消毒，建议使用复方戊二醛（1∶300 稀释）或安比杀（1∶300 稀释）或安灭杀（1∶150 稀释）或过氧可安（1∶200 稀释）或卫可安（1∶150 稀释）带体消毒，每天 1～2 次，痊愈后再用 1 周。

（2）对症状较轻、又有一定治疗价值的猪可采取以下方法治疗：先退烧，首选柴胡，肌内注射；次选对乙酰氨基酚（扑热息痛）拌料，1～2 克/次，1～2 次/天。体温降到正常停用。饮水或饲料中添加黄芪多糖等提高机体免疫力的药物，连用 5～7 天。饮水或饲料中添加抗生素，如强力霉素＋氟苯尼考或泰乐菌素＋TMP（或 DVD）＋小苏打或林可霉素＋头孢噻呋钠，有呼吸困难者可添加氨茶碱（不能与强力霉素合用）。能将药物添加到饮水或饲料中的尽量不采用注射的方法，保持猪舍安静、减少应激是治愈该病的关键（注射会加快病猪的死亡）。

第六节　非洲猪瘟的防控与复养

一、非洲猪瘟的防控

非洲猪瘟是由非洲猪瘟病毒引起的猪的一种急性、烈性传染病。临床症状与猪瘟很难区分，发病率和致死率几乎 100%。世界动物卫生组织（OIE）将非洲猪瘟列为法定报告动物疫病，我国将其列为一类动物疫病。

（一）非洲猪瘟的特性与危害

非洲猪瘟病毒是非洲猪瘟病毒科的唯一成员。非洲猪瘟病毒结构庞大而复杂，是一种具有 20 面体结构、带囊膜的线性双链 DNA，基因组全长 170～194 kb，编码 200 多种蛋白，这些蛋白超过一半功能至今未知（疫苗研制的障碍）。非洲猪瘟病毒结构复杂，基因组庞大，抗原易变异，变异主要发生在结构蛋白 P150、P14 和 P12 上。它是迄今唯一的虫媒 DNA 病毒。无论是自然感染或人工感染，非洲猪瘟病毒均不产生典型的中和抗体（疫苗研制的障碍）。非洲猪瘟病毒能在体内单核巨噬细胞系统复制。该病毒有超强的体外生存能力，耐低温，不耐高温，耐 pH 范围广，在血液、粪便和组织中可长期存活，在冻肉中存活数年或数十年，未熟肉品、腌肉、泔水中可长时间存活。非洲猪瘟流行没有季节性，一年四季均可发生。家猪感染非洲猪瘟病毒的潜伏期为 15 天，潜伏期越长，疫病越难控制。主要通过接触非洲猪瘟病毒感染猪或非洲猪瘟病毒污染物（泔水、饲料、垫草、车辆等）传播，消化道和呼吸道是最主要的感染途径，也可经钝缘软蜱等虫媒叮咬传播。家猪和欧亚野猪高度易感，无明显的品种、日龄和性别差异。疣猪和薮猪虽可感染，但不表现明显临床症状。人和其他动物均不会感染非洲猪瘟。致死率高，感染非洲猪瘟后死亡率 100%，并且无药可治。

（二）发现疑似疫病的处置

任何单位和个人发现疑似该病或家猪、野猪异常死亡，如出现古典猪瘟免疫失败，或不明原因大范围生猪死亡的情形，应当立即向当地兽医主管部门、动物卫生监督机构或者动物疫病预防控制机构报告。确诊后，由相关部门按照一类动物疫病处置方法处置，任何单位和个人不能私自处置非洲猪瘟患猪，更不能隐瞒不报。发现非洲猪瘟后如果积极上报，则利国、利民、利己，隐瞒不报则害人害己，不利于非洲猪瘟的扑灭。

（三）消毒剂的选择

非洲猪瘟病毒对乙醚、氯仿等许多脂溶剂和常用消毒剂均敏感。很多养殖场在选择消毒剂时非要选择一款对非洲猪瘟病毒最有效的消毒剂，实际上绝大多数消毒剂都有效，只要使用方法正确，按照消毒剂选用的三个原则选用消毒剂（不同的季节选用不同的消毒剂，不同的病原微生物选用不同的消毒剂，不同的消毒对象选用不同的消毒剂），都可以有效地防控非洲猪瘟。另外，我们在防控非洲猪瘟的同时，也要考虑防控其他疫病，不能顾此失彼，要做到一箭双雕、事半功倍。

（四）消毒防控方法

1. 受威胁区、疑似受威胁区或者疫病流行期要加强消毒 开始每天3～5次（首先要彻底净化本场的病原微生物），连续消毒7天，以后改为每天消毒1次（然后防止外面的病原微生物进来），直至疫情结束后再坚持这样的消毒程序15天以上（确保安全），然后恢复正常的消毒程序。

2. 消毒时喷洒的药量要充足 每平方米喷洒药液300～500毫升（以药液落到地面15～30分钟不干为标准）。

3. 消毒时喷雾的方法要正确 场地消毒以水平略向下喷洒，雾滴相对要大一些，而带猪消毒时要求向上喷雾，喷出的药雾接触到房舍顶部后自由下落，在下落过程中把空气中的粉尘和病原微生物带到地面，30分钟内彻底杀灭空气中的病原微生物、地面病原微生物、动物体表病原微生物以及其他环境中的病原微生物，这才是科学的消毒方法，严禁直接将消毒液对着动物或人喷洒。

4. 消毒时消毒剂的选择

（1）门卫消毒系统 大门口消毒池：可选用农可福（1∶200稀释）或菌疫灭（1∶200稀释）。车辆消毒及车检消毒：有条件的养殖场要建洗消中心，消毒剂可选用复方戊二醛（15％戊二醛＋10％苯扎氯铵）（1∶200 稀释）或者戊二醛癸甲溴铵溶液（5％戊二醛＋5％癸甲溴铵）（1∶100 稀释）或者过硫酸氢钾复合物粉（有效氯≥10％）（1∶150 稀释），建议对车辆先用碱性泡沫清洗剂全泡沫覆盖后再进行消毒，使消毒工作更有效，具体程序为：①车辆到达一级洗消中心后，首先到车辆清洗车间进行第一次的粗清洗，清洗时直接用高压水枪＋凉水冲洗即可，然后用热水＋高压水枪进行二次清洗，然后用泡可净[1∶（80～100）稀释，压力调到 100 千克以上]＋发泡枪进行泡沫全覆盖，30分钟后用高压水枪冲洗干净，最后用一次性座套套在车座上。清洗时要注意驾驶室、车辆底盘和缝隙的清洗，做到先上后下、先里后外。②将清洗干净的车辆开到烘干车间进行烘干处理。烘干是为了保证消毒的效果，同时干燥也是很好的消毒。③将烘干好的车辆开到消毒车间进行有效的消毒，消毒剂可选用复方戊二醛[1∶（200～300）稀释]或镇疫醛[1∶（100～150）稀释]进行喷雾消毒，要全方位进行喷雾消毒，不留死角，消毒完毕的车辆要滞留最少 15 分钟才能开走。

（2）人员通道消毒　建立健全人员通道消毒系统，采用喷雾消毒效果比较可靠，消毒剂可选用过硫酸氢钾复合物粉（有效氯≥10％）（1∶150 稀释）或复方戊二醛（15％戊二醛＋10％苯扎氯铵）（1∶300 稀释）或者戊二醛癸甲溴铵溶液（5％戊二醛＋5％癸甲溴铵）（1∶150 稀释）。

（3）装猪台和运猪车的消毒　可用农可福（1∶100 稀释）或菌疫灭（1∶100 稀释）或复方戊二醛（1∶100 稀释）或过氧可安（1∶100 稀释）喷雾消毒。

（4）场地消毒　消毒剂可选用农可福（1∶300 稀释）或菌疫灭（1∶300稀释）或复方戊二醛（1∶300 稀释）或镇疫醛（1∶150 稀释）或瑞农（1∶300 稀释）喷洒消毒，每平方米喷洒药液 500 毫升以上。

（5）产房、种猪舍消毒　消毒剂可选用复方戊二醛（1∶300 稀释）或镇疫醛（1∶150 稀释）或安比杀（1∶300 稀释）或安灭杀（1∶150 稀释）或过氧可安（1∶200 稀释）或卫可安（1∶150 稀释）带猪喷雾消毒。产房最好用安比杀（1∶300 稀释）或安灭杀（1∶150 稀释）或过氧可安（1∶200 稀释）或卫可安（1∶150 稀释）带猪喷雾消毒，每平方米喷洒药液 300～500 毫升。

（6）保育舍消毒　消毒剂可选用安比杀（1∶300 稀释）或安灭杀（1∶150 稀释）或过氧可安（1∶200 稀释）或卫可安（1∶150 稀释）或农可福（1∶300 稀释）或复方戊二醛（1∶300 稀释）带猪喷雾消毒，每平方米喷洒药液 300～500 毫升。

（7）育肥舍消毒　消毒剂可选用农可福（1∶300 稀释）或菌疫灭（1∶

300 稀释）或复方戊二醛（1：300 稀释）或镇疫醛（1：150 稀释）或安比杀（1：300 稀释）或安灭杀（1：150 稀释）或卫可安（1：150 稀释）或过氧可安（1：300 稀释）带猪喷雾消毒，每平方米喷洒药液 300～500 毫升。

（8）疫区水源消毒　疫区水源是传播的主要途径之一，要重视对疫区水源的有效净化，建议采用 20％异氰脲酸钠粉每吨水添加 30～40 克或者过硫酸氢钾复合物粉每 1 000 千克水添加 1 千克。

（9）疫区扑杀点消毒　建立起有效的隔离措施，对疫区扑杀点要进行严格的消毒措施。建议病死猪填埋点每填一层撒一层 20％二氯异脲酸钠粉或者生石灰粉，用量要能够覆盖被掩埋的死猪，同时要安排专人值班看守，以防有人盗挖。扑杀点环境选用复合酚 1：100 稀释或者复方戊二醛（15％戊二醛＋10％苯扎氯铵）（1：200 稀释）等每天消毒 3～5 次，强化消毒后，建议再一次使用 20％的石灰乳（用新鲜的生石灰加水配制成 20％的石灰乳）＋2％的烧碱涂刷地面，这样既可以消毒灭菌，又可以美化环境。

（五）其他防控措施

要想彻底防控好非洲猪瘟，除了做好消毒工作外，还要做好以下工作：

（1）猪舍和饲料房加防鸟网可以有效防控传染病和寄生虫的发生，因为很多传染病、寄生虫病都是经过鸟类到猪舍或饲料房吃料传播的，尤其是在防控非洲猪瘟上，我们把环境、大门口的消毒搞得再好，传染病却从天上（鸟类）进来了，我们的工作就白做了。

（2）尽量不让一线生产员工出场，休假回场或外出回场必须严格执行消毒制度和隔离制度（请参照门卫消毒一节中的人员消毒），并且场里所有员工不得饲养任何宠物（包括场内的鸡、猫、狗等），严禁员工串岗。

（3）在疫情危险期内，严禁到外面猪场引种，坚持自繁自养。即便平时引种，也要建立隔离间，隔离观察时间不能低于 90 天。同时尽量不采购疫区的饲料和兽药。

（4）严禁使用餐厨剩余物喂猪，防止泔水带毒。

（5）做好消灭蚊蝇、老鼠、钝缘软蜱等有害生物的工作。

（6）一定做好终末消毒。

（六）散养户安全卖猪的建议

有装猪台的中小型养殖场严格按照前面讲的装猪台消毒措施消毒即可，没有装猪台的养殖场如何卖猪最安全呢？

在大门口选一片方便圈猪和装猪的地方，就地取材建一个临时圈猪的圈，经过彻底消毒后把当天要卖的猪全部赶到里面；生猪调运车辆必须按照要求经过彻底的清洗和消毒；凡是赶出的猪必须全部卖掉，严禁生猪回场；卖完猪后对场地、车辆、人员进行彻底的消毒；凡是参与当天装猪的本场人员，脱掉外套（工作服），将其放在大门口配好的消毒液（复方戊二醛 1：200 稀释）中，然后带上换洗衣物（干净衣物必须用塑料袋子密封）到外面澡堂洗澡，洗澡后换上干净衣服，将脱下的衣物密封带回直接放到配好的消毒液（复方戊二醛 1：200 稀释）中，换好干净衣服的人员经过彻底消毒后才能回到猪场。对圈猪点和装猪点进行连续 7 天消毒，每天消毒 2～3 次，消毒剂可选用农可福（1：200 稀释）或复方戊二醛（1：200 稀释），确保安全。

二、成功复养的程序

（一）复养条件的评估

（1）对周边环境进行科学评估　需要从以下几方面科学评估：周边非洲猪瘟疫情是否得到控制；其他猪场与该猪场的距离；周边散养户的数量；猪场离公路的距离；屠宰场距离猪场的距离；当地政府防控非洲猪瘟的措施；周边猪场的防控观念。

（2）自身条件的科学评估　需要从硬件、资金、人力、技术、观念等方面综合评估。

（3）政策风险评估　猪场在不在当地政府划的禁养区，环保是否能够达标。

（4）自身生物安全风险评估　上次发病时病源传入途径的评估与分析；病源再次传入的风险评估；应急预案的制定是否科学；人员的培训是否到位。

（二）检测猪场环境

非洲猪瘟病毒环境检测的对象包括猪舍，饲料车间，生活区、生产区，老鼠洞（用哨兵老鼠），土壤（用蚯蚓），苍蝇、蚊子、飞鸟，人员、办公室、大门口，猪场墙外和饮水水源地。检测方法建议采用 PCR 法检测。

（三）复养前的清洗消毒

1. 生产场区的清洗与消毒

（1）清空　清空所有猪只；拆移围栏、料槽、垫板、水箱等设备；移出畜舍内、饲料房、储物间、兽医室、磅房、门卫室等能移出的所有物品。

（2）全覆盖式消毒　对整个生产区以及生产区墙外（尽可能范围大些）用复方戊二醛（1∶300 稀释）或镇疫醛（1∶150 稀释）或农可福（1∶300 稀释）或菌疫灭（1∶300 稀释）或瑞农（1∶300 稀释）或卫可安（1∶150 稀释）进行全覆盖式高压喷洒消毒，喷洒量为每平方米 500 毫升左右。

（3）大清除　30 分钟后开始大清除，清除整个生产区以及生产区墙外（尽可能范围大些）的粪便、杂草以及所有无用的杂物，将这些粪便、杂草、杂物移出场外进行无害化处理（焚烧或消毒深埋或高温发酵）。

（4）大清洗　先用低压喷雾器对高床、垫板、网架、栏杆、地面、排粪沟、排污沟、墙壁、场区道路、台阶、车辆和其他设备充分喷雾湿润。30 分钟后用泡可净按 1∶80 稀释，用高压清洗机（4.90～9.81 兆帕的压力）配上专用发泡枪，进行泡沫全覆盖，对污垢比较厚的地方要多喷些泡沫（有时需要反复 2～3 次）。30 分钟后用清水高压冲洗，冲洗干净后进行通风干燥，等待下一步的消毒（干燥是很好的消毒方法，同时保证下一步的消毒效果）。大清洗的原则是：由内到外，由上到下。大清洗的要求是：确保干净，不留死角。冲洗的污水要集中处理。水帘、水槽、漏缝地板、墙角等是清洗的难点，装猪台、装猪通道、栏舍等是清洗的重点。各种设备清洗干净并消毒干燥后放回原处安装。

（5）灭四害　对整个生产区以及生产区墙外（尽可能范围大些）的鼠洞进行灌药（可灌注农可福）和消毒处理，处理完后将其封死，最后对场区进行防鼠处理、防鸟和驱鸟处理、防虫灭虫处理。

（6）饮水系统检修清洁与消毒　将供水系统中剩余水全部排空。拆卸掉所有饮水嘴、接头、饮水器等，清洗干净后煮沸消毒 15～30 分钟，然后在消毒液中浸泡 30 分钟以上，捞出晾干备用，消毒剂可选用清之源 [1∶（500～1 000）稀释] 或瑞农 [1∶（500～800）稀释]。尽可能拆除水箱及管线并检查和维修，将消毒、检修好的水线全部按照设计需要安装完毕后开始进行清水线。管道式供水系统将剩余水排空后，可采用化学浸泡加高压水冲法，这种方法冲洗的比较干净，又加上浸泡的时间较短，腐蚀性相对较小。具体方法是先用高压冲洗，然后用清之源（每升水用 2～3 片），浸泡 3 小时左右，再用高压冲洗即可，效果非常好（既清水线又消毒）。清水线时为了节约成本，要计算好整个水线能用多少水，然后按照用水量计算出清之源的用量，以整个水线全部充满兑好的溶液为准，为了保证清洁效果，请把水线首先排空，再把配好的溶液充满，有空气的地方要想办法排空。冲洗时要保证冲洗干净，不能有消毒剂残留，以防对管线腐蚀或对猪的健康造成影响。

（7）彻底消毒　对整个生产区所有车间进行彻底地消毒处理，消毒剂可选用复方戊二醛（1∶300 稀释）或镇疫醛（1∶150 稀释）或农可福（1∶300 稀释）或菌疫灭（1∶300 稀释）或瑞农（1∶300 稀释）或卫可安（1∶150 稀释）。消毒可采用全覆盖式高压喷雾消毒，喷药量为每平方米 300～500 毫升。猪舍在喷雾消毒结束后紧接着就用烟克或烟营（每立方米 2～3 克）熏蒸消毒，密闭时间≥12 小时。对整个生产区除道路以外所有场地（包括院墙的内外墙壁、栏舍的外墙壁）进行彻底地消毒处理，消毒方式可采用 20％生石灰乳＋5％烧碱喷涂覆盖。道路可采用喷洒消毒，消毒剂可选用复方戊二醛（1∶300 稀释）或镇疫醛（1∶150 稀释）或农可福（1∶300 稀释）或菌疫灭（1∶300 稀释）或瑞农（1∶300 稀释）或卫可安（1∶150 稀释）。消毒可采用全覆盖式高压喷洒消毒，喷药量为每平方米 500 毫升左右。消毒原则：由内到外，先上后下。消毒要求：不留死角，全面覆盖。

注意事项：喷药量要充足，药物浓度要正确，室外作业要选择无雨无风或风较小的天气进行，注意操作人员的安全防护，消毒完成后禁止任何人和动物进入。

2. 生活、办公区的清洗与消毒

（1）清扫和处理　清理办公区、生活区所有生活垃圾、废弃物、杂草等，并做无害化处理（焚烧或消毒后掩埋）。整理需要的物品及文件、书籍，没用的全部处理。对留下来的物品及文件进行分类，分为可浸泡清洗类（比如衣服、被褥等）、可喷雾擦洗消毒类（比如桌椅板凳等）、只可擦拭消毒类（比如电脑等电器类）、只可熏蒸消毒类（文件、书籍等）。

（2）清洗和消毒　对整个生活、办公区进行一次全覆盖式的喷雾消毒，消毒剂可选用复方戊二醛（1∶300 稀释）或镇疫醛（1∶150 稀释）或卫可安（1∶150 稀释）或清之源（1∶300 稀释）或瑞农（1∶300 稀释），喷洒量为每平方米 500 毫升左右。30 分钟后对地面进行大清洗，针对一些污垢多并且不好清洗的地方，可用泡沫清洗剂（泡可净）进行泡沫清洗。

（3）对留下来的物品及文件进行分类清洗和消毒　可浸泡清洗类（比如衣服、被单等）可用洗衣机进行浸泡清洗消毒，消毒剂可用复方戊二醛（1∶300 稀释）或镇疫醛（1∶150 稀释）或优普诺（1∶300 稀释）或卫牧（1∶300 稀释）。可喷雾擦洗消毒类（比如桌椅板凳等）先喷雾消毒（一定要全方位喷湿、喷透），然后用蘸着消毒液的抹布进行清洗和消毒，消毒剂可用复方戊二醛（1∶300 稀释）或镇疫醛（1∶150 稀释）或卫可安（1∶150 稀释）或清之源（1∶300 稀释）或瑞农（1∶300 稀释）。只可擦拭消毒类（比如电脑等电器类）可用蘸着消毒液的抹布反复进行擦拭消毒，擦拭时一要断开电源，二要注意抹布的含水量，含水量高容易造成电器短路，消毒剂可用复方戊二醛（1∶300

稀释）或镇疫醛（1∶150 稀释）或优普诺（1∶300 稀释）或卫牧（1∶300 稀释）。只可熏蒸消毒类（文件、书籍、被褥内的棉花等）可采用熏蒸消毒，消毒剂可选用环氧乙烷，将需要消毒的物品集中到一个密闭的空间内，最适宜的相对湿度是 30%～50%，最适宜的温度是 38～54 ℃（升温严禁见明火），不能低于 18 ℃，消毒时长为 24 小时，消毒结束后，应将物品取出放于通风处 1 小时后才能使用。

（4）灭四害　参见生产场区灭四害处理办法。

3. 洗消中心与车辆的清洗与消毒

（1）内部车辆的清洗与消毒　内部所有车辆由污道驶入一级洗消中心后，首先到车辆清洗车间进行第一次的粗清洗，清洗时直接用高压水枪＋凉水冲洗即可，然后用热水＋高压水枪进行二次清洗，然后用泡可净［1∶（80～100）稀释］＋发泡枪进行泡沫全覆盖，30 分钟后用高压水枪冲洗干净。清洗时要注意驾驶室、发动机上下、车辆底盘和缝隙的清洗，做到先上后下、先里后外。将清洗干净的车辆开到烘干车间进行烘干处理。将烘干好的车辆开到消毒车间进行有效的消毒，消毒剂可选用复方戊二醛［1∶（200～300）稀释］或镇疫醛［1∶（100～150）稀释］或安比杀［1∶（200～300）稀释］或安灭杀［1∶（100～150）稀释］进行喷雾消毒，要全方位进行喷雾消毒，不留死角，消毒完毕的车辆要滞留最少 30 分钟才能由净道开走。

（2）对一级洗消中心的清洗与消毒　清除整个洗消中心的垃圾、废弃物品、杂草等，然后做无害化处理。整修洗消中心的所有设备。清洗整个洗消中心（包括净道和污道），先用清水冲洗，去除大的污物，然后用泡可净［1∶（80～100）稀释］＋发泡枪进行泡沫全覆盖，30 分钟后用高压水枪冲洗干净，让地面、墙面以及物体表面自然干燥。清洗时千万不要遗漏自身的清洗消毒设备。室内消毒时消毒剂可选用复方戊二醛（1∶300 稀释）或镇疫醛（1∶150 稀释）或卫可安（1∶150 稀释）或农可福（1∶300 稀释）或菌疫灭（1∶300 稀释）或瑞农（1∶300 稀释）。室外消毒时消毒剂可选用农可福（1∶300 稀释）或菌疫灭（1∶300 稀释）或复方戊二醛（1∶300 稀释）或镇疫醛（1∶150 稀释）或卫可安（1∶150 稀释）或瑞农（1∶300 稀释）。消毒可采用全覆盖式高压喷雾消毒，喷药量为每平方米 300～500 毫升。喷雾消毒结束后，室内紧接着用烟克或烟营（每立方米 2～3 克）熏蒸消毒，密闭时间≥12 小时。

4. 消毒效果检测　完成猪场的清洗消毒后，多点采样用 PCR 检测非洲猪瘟病毒，检测全为阴性，表示清洗消毒工作完成。非洲猪瘟病毒环境检测内容：猪舍，饲料车间，生活区、生产区，老鼠洞（用哨兵老鼠），土壤（用蚯蚓），苍蝇、蚊子、飞鸟，人员、办公室、大门口，猪场墙外，饮水水源地和内部车辆的检测。如果检测不合格，重复前面的消毒程序，直至合格为止。

5. 引进哨兵猪试养　检测合格后可以引入一批断奶仔猪作为哨兵猪试养。引入前对所有哨兵猪进行 ASFV 检测，确定阴性后再引入。采用全封密猪车运猪，避免运输过程中的交叉感染的风险。运输过程中的生物安全：尽量晚上运猪、不停车、不进服务区、司机不下车。饲喂至育肥出栏，如有病死猪，送权威机构检测。卖猪后再次采集猪舍环境、舍外地面、猪场内车辆等处样本，送权威机构检测 ASFV。多点、多次、多时间段检验，确保安全后才能复产。引哨兵猪时，可以多引二元母猪，检测 ASFV 阴性，成功的可直接留种。每栏饲养 2～3 头哨兵猪，尽量每个栏舍均有哨兵猪。

6. 正式复养　试养成功后，就可以正式引种准备复产。需要注意的是：①引种尽量就近引种，减少运输距离，降低风险；②每头都要检测；③采用全封密猪车运猪，避免运输过程中的交叉感染的风险；④尽量晚上运猪、不停车、不进服务区、司机不下车；⑤在隔离舍隔离 90 天，隔离舍离场区至少 500 米，观察猪群健康状况，并做好记录，如有病死猪送检权威机构检测；⑥入群前，再次检测，确保阴性才能转入猪群；⑦做好灭鼠、灭蚊蝇和驱鸟工作。复养成功后还要定期检测，多点采样用 PCR 检测非洲猪瘟病毒，做到早发现、早处理、早控制。

第七节　肉鸡养殖场的消毒技术

一、肉用仔鸡前期（0～21 日龄）的消毒

肉用仔鸡前期（0～21 日龄）又叫育雏期，这个阶段非常关键，这个阶段饲养管理好坏，直接影响这批鸡的成活率、料肉比及出栏时间，是肉鸡饲养管理中的重中之重，所以要加强这一阶段各个环节的消毒管理工作。

1. 消毒要求　育雏室要做到全进全出，做好终末消毒；严禁育雏室的工作人员串岗，有条件的养殖场，工作人员在整个育雏期间不出育雏室，直到育雏期结束；育雏室在刚进禽的一周时间内，由于前期育雏室温度较高而雏鸡的排泄物较少，会引起室内湿度较低，极易造成雏禽干爪、干鼻现象，严重的造成呼吸道病或脱水死亡。所以，育雏的前一周要做到每天坚持消毒 1～2 次，即消毒又增加了室内湿度；随着雏鸡的不断长大，到育雏后期雏鸡排泄物增多，从而造成育雏室湿度过大，这时为了保证雏鸡健康，要保持室内相对干燥；育雏室消毒时，要按照先清扫，再消毒，30 分钟后再冲洗的原则进行；育雏中、后期既要保证温度，又要加强通风；育雏室一定要做好消灭蚊子、苍蝇和老鼠工作；门窗要加防鸟网，防止任何飞禽进入；饮水器及料桶要做到每

天清洗和消毒，尤其是饮水免疫后，必须马上清洗饮水器；免疫时，只要不是用活疫苗饮水、滴眼、滴鼻或气雾免疫，都要加强消毒工作，每天 1～2 次，最少在免疫后坚持一周时间。

2. 消毒剂的选用及稀释浓度　育雏室环境带禽消毒可选用安比杀 [1∶（300～400）稀释] 或安灭杀（1∶150 稀释）或瑞农（1∶300 稀释）或过氧可安（1∶300 稀释）或卫可安（1∶150 稀释）；育雏室后期湿度过大时可每天撒 1～2 次力保生来消毒和干燥，每平方米用量 30～50 克。用力保生除了干燥、消毒外，还可以降氨氮、除臭以及预防和治疗大肠杆菌病；出现呼吸道病时消毒可选用安比杀 [1∶（200～300）稀释] 或安灭杀（1∶100 稀释）或卫可安 [1∶（50～100）稀释]；饮水消毒用清之源（每吨水加 6～12 片）。饮水器和料桶要定期清洗和消毒，清洗可选用泡可净，消毒可选用瑞农（1∶300 稀释）或清之源（1 千克水用 1～2 片）配成水溶液，把饮水器和料桶泡进去半小时左右，拿出清洗干净即可使用。

二、肉用仔鸡后期（21 日龄至出栏）的消毒

1. 消毒要求　肉用仔鸡后期要做到全进全出，做好终末消毒；肉用仔鸡后期要保持室内相对干燥；鸡舍消毒时，要按照先清扫，再消毒，30 分钟后再冲洗的原则进行；肉用仔鸡后期在冬季既要保证温度，又要加强通风（通风可以明显减少肉鸡腹水征的发生）；肉用仔鸡后期一定要做好消灭蚊子、苍蝇和老鼠工作；门窗要加防鸟网，防止任何飞禽进入；做好饮水消毒和定期清管线工作；料桶或料槽要定期清理和消毒，以防饲料长期残存引起发霉。免疫时，只要不是用活疫苗饮水、滴眼、滴鼻或气雾免疫，都要加强消毒工作，每天 1～2 次，最少在免疫后坚持一周时间；做好舍内清洁卫生工作。

2. 消毒剂的选用及稀释浓度　肉用仔鸡后期环境带鸡消毒可选用安比杀 [1∶（300～400）稀释] 或安灭杀（1∶150 稀释）或农可福（1∶300 稀释）或瑞农（1∶300 稀释）或过氧可安（1∶300 稀释）或卫可安（1∶150 稀释）或复方戊二醛（1∶300 稀释）或镇疫醛（1∶150 稀释）；肉用仔鸡后期湿度过大时可每天撒 1～2 次力保生来消毒和干燥，每平方米用量 30～50 克；出现呼吸道病时消毒可选用安比杀 [1∶（200～300）稀释] 或安灭杀（1∶100 稀释）或卫可安 [1∶（50～100）稀释]；蚊蝇滋生季节使用农可福（1∶300 稀释）消毒，消毒的同时还可以有效地驱除蚊蝇；料桶或料槽要定期清理和消毒，以防饲料长期残存引起发霉。清洗可选用泡可净，消毒可选用瑞农（1∶300 稀释）或清之源（1 千克水用 1～2 片）配成水溶液，把饮水器和料桶泡进去半小时左右，拿出清洗干净即可使用；饮水消毒用清之源（每吨水加 6～

12 片）；清管线可用清之源（每千克水 3～5 片，浸泡 1～3 小时后用清水冲洗即可）。

三、终末消毒

饲养肉用仔鸡的终末消毒除了按照前面讲的终末消毒流程操作外，在消毒剂的选择方面有一个非常好的方案供大家参考：消毒剂可选用农可福，稀释比例按照 1∶100 稀释，每平方米喷洒药液 400 毫升左右，100 米长、10 米宽的鸡舍用农可福（5 千克装）基本上是 1 桶。使用农可福有以下优点：杀灭力强、杀灭彻底，用农可福消毒过的鸡舍鸡病相对少，整个饲养阶段比较稳定；用农可福做的终末消毒，球虫很少，可以大大提高经济效益；用农可福做终末消毒的鸡舍，整个饲养阶段蚊子、苍蝇很少；用农可福做终末消毒的鸡舍，鸡舍的氨臭味很小。

第八节　种鸡、蛋鸡养殖场及孵化场的消毒技术

一、育雏期（0～42 日龄）的消毒

蛋鸡、种鸡的育雏期非常关键（尤其是 0～7 日龄），这个阶段饲养管理好坏，直接影响这批鸡的成活率、产蛋率、利用时间长短及产蛋高峰时间的长短，蛋鸡、种鸡的育雏期为 0～6 周，在这短短的 42 天内，除了温度、湿度、光照、饮水、饲料比较重要外，育雏室的环境卫生也非常重要，育雏室的环境卫生直接影响雏鸡的健康、采食量、免疫的成败等，而改善环境卫生状况的最好方法是消毒，消毒不单单是用消毒液喷雾，通风、清扫、清洁卫生也是很好的消毒方法。

1. 育雏室的消毒要求　育雏室要做到全进全出，做好终末消毒；严禁育雏室的工作人员串岗，有条件的养殖场，工作人员在整个育雏期间不出育雏室，直到育雏期结束；育雏室在刚进禽的一周时间内，由于育雏室前期温度较高而雏鸡的排泄物较少，会引起室内湿度较低，极易造成雏禽干爪、干鼻现象，严重的造成呼吸道病或脱水死亡。所以，育雏的前一周要做到每天坚持消毒 1～2 次，即消毒，又增加了室内湿度；育雏室后期要保持室内相对干燥；育雏室消毒时，要按照先清扫，再消毒，30 分钟后再冲洗的原则进行；育雏中、后期既要保证温度，又要加强通风；育雏室一定要做好消灭蚊子、苍蝇和老鼠工作；门窗要加防鸟网，防止任何飞禽进入；饮水器及料桶要做到每天清洗和消毒，尤其是饮水免疫后，必须马上清洗饮水器；免疫时，只要不是用活疫苗饮水、滴眼、滴鼻或气雾免疫，都要加强消毒工作，每天 1～2 次，最少

在免疫后坚持一周时间；做好舍内清洁卫生工作，坚持每天清扫鸡舍，清扫时除了地面，还要重点清扫窗台和其他设备、物品、房梁上的粉尘及蜘蛛网，同时还要经常擦拭灯泡（要用白炽灯，禁止使用 LED 灯）。

2. 消毒剂的选用及稀释浓度　育雏室环境带禽消毒可选用安比杀［1：(300～400) 稀释］或安灭杀（1：150 稀释）或瑞农（1：300 稀释）或过氧可安（1：300 稀释）或卫可安（1：150 稀释）；育雏室湿度过大时可每天撒 1～2 次力保生来消毒和干燥，每平方米用量 30～50 克；出现呼吸道病时消毒可选用安比杀［1：(200～300) 稀释］或安灭杀（1：100 稀释）或卫可安［1：(50～100) 稀释］；饮水消毒用清之源（每吨水加 6～12 片）。饮水器和料桶清洗可用泡可净，消毒可选用瑞农（1：300 稀释）或清之源（1 千克水 1～2 片）配成水溶液，把饮水器和料桶泡进去半小时左右，拿出清洗干净即可使用。

二、育成期（43 日龄至开产前）和产蛋期的消毒

1. 消毒要求　育成期和产蛋期要做到全进全出，做好终末消毒；育成期和产蛋期要保持室内相对干燥；鸡舍消毒时，要按照先清扫，再消毒，30 分钟后再冲洗的原则进行；育成期和产蛋期在冬季既要保证温度，又要保证 24 小时通风；育成期和产蛋期一定要做好消灭蚊子、苍蝇和老鼠工作；门窗要加防鸟网，防止任何飞禽进入；做好饮水消毒和定期清管线工作；免疫时，只要不是用活疫苗饮水、滴眼、滴鼻或气雾免疫，都要加强消毒工作，每天 1～2 次，最少在免疫后坚持一周时间；做好舍内清洁卫生工作，坚持每天清扫鸡舍，清扫时除了地面，还要重点清扫窗台和其他设备、物品、房梁上的粉尘及蜘蛛网，同时还要经常擦拭灯泡（要用白炽灯，禁止使用 LED 灯）；产蛋期坚持做好消毒，可以有效预防产蛋鸡输卵管炎的发生，尤其是现在对鸡蛋抗生素药残监测比较严格的大环境下，用消毒代替抗生素来预防输卵管炎显得更为重要。

2. 消毒剂的选用及稀释浓度　育成期和产蛋期环境带禽消毒可选用安比杀［1：(300～400) 稀释或安灭杀（1：150 稀释）］或农可福（1：300 稀释）或瑞农（1：300 稀释）或过氧可安（1：300 稀释）或卫可安（1：150 稀释）或复方戊二醛（1：300 稀释）或镇疫醛（1：150 稀释）；育成期和产蛋期湿度过大时可每天撒 1～2 次力保生来消毒和干燥，每平方米用量 30～50 克；出现呼吸道病时消毒可选用安比杀［1：(200～300) 稀释］或安灭杀（1：100 稀释）或卫可安［1：(50～100) 稀释］；饮水消毒用清之源（每吨水加 6～12 片）；清管线可用清之源（每千克水 3～5 片，浸泡 1～3 小时后用清

水冲洗即可）。

三、孵化场的消毒

1. 种蛋消毒

（1）刚产蛋的消毒　对于刚产下的蛋采用过氧乙酸熏蒸法。过氧乙酸熏蒸法也分两种，一种是加热熏蒸法，每立方米用过氧可安 40～60 毫升加热熏蒸 20～30 分钟即可，一种是每立方米用过氧可安 40～60 毫升＋4～6 克高锰酸钾熏蒸 15 分钟即可。还有一种是用烟克或烟营熏蒸消毒，每立方米 2～3 克，熏蒸 30 分钟即可，既安全消毒效果又可靠。熏蒸时要注意相对湿度（75％～80％）和温度（24～27 ℃）。

（2）入孵前种蛋的消毒

①熏蒸法　同刚产蛋的消毒。

②喷雾法　常用的消毒剂有复方戊二醛（1∶300 稀释）或优普诺（1∶300 稀释）或卫牧（1∶300 稀释）或过氧可安 [1∶（200～300）稀释] 或安比杀 [1∶（300～400）稀释] 或安灭杀（1∶150 稀释），水温（45±5）℃，因为水雾喷到种蛋上时温度会降低，所以水温定到 45 ℃，用喷雾器直接喷洒在种蛋上，上下面都要喷到，药液干后即可入孵。

③浸泡法　常用的消毒剂有复方戊二醛（1∶300 稀释）或优普诺（1∶300 稀释）或卫牧（1∶300 稀释），水温（40±5）℃，浸泡 3～5 分钟，捞出沥干即可入孵。

2. 孵化器消毒　喷雾消毒可选用复方戊二醛 [1∶（200～300）稀释]。熏蒸消毒可用福尔马林熏蒸消毒法（因甲醛的致癌作用，要做好人员保护工作），密闭熏蒸 30～60 分钟，然后打开机门和出气孔通风即可，既安全消毒效果又可靠。

3. 孵化场的环境、运载工具、转运箱等的消毒　消毒剂可选用安比杀 [1∶（300～400）稀释] 或安灭杀（1∶150 稀释）或农可福（1∶300 稀释）或瑞农（1∶300 稀释）或过氧可安（1∶300 稀释）或卫可安（1∶150 稀释）或复方戊二醛（1∶300 稀释）或镇疫醛（1∶150 稀释）。

4. 孵化场消毒注意事项　熏蒸消毒时要密闭空间，以保证消毒效果；熏蒸消毒时要注意防火和操作人员的安全；熏蒸消毒或喷雾消毒时尽量不要选择对设备有腐蚀性的消毒剂；种蛋浸泡或喷雾消毒时，药液的温度要高于种蛋的温度，以防由于温差使种蛋内部形成负压，使病原微生物和药液进入种蛋内部，对种蛋造成污染和伤害；孵化场要做好消灭蚊子、苍蝇和老鼠工作。

第九节 水禽养殖场的消毒技术

鸭、鹅等都属于水禽，水禽养殖场的消毒包括水上运动场消毒、陆地运动场消毒、禽舍消毒等，水禽养殖中，定期对水上运动场、陆地运动场、禽舍进行定期的消毒是预防水禽疫病发生和传播的一项重要措施。

一、水禽育雏舍的消毒

1. 消毒要求 育雏室要做到全进全出，做好终末消毒；严禁育雏室的工作人员串岗，有条件的养殖场，工作人员在整个育雏期间不出育雏室，直到育雏期结束；育雏室在刚进禽的一周时间内，由于育雏室前期温度较高而雏禽的排泄物较少，会引起室内湿度较低，极易造成雏禽干爪、干鼻现象，严重的造成呼吸道病或脱水死亡。所以，育雏的前一周要做到每天坚持消毒1～2次，即消了毒，又增加了室内湿度；育雏室后期要保持室内相对干燥；育雏室消毒时，要按照先清扫，再消毒，30分钟后再冲洗的原则进行；育雏中、后期既要保证温度，又要加强通风；育雏室一定要做好消灭蚊子、苍蝇和老鼠工作；门窗要加防鸟网，防止任何飞禽进入；饮水器及料桶要做到每天清洗和消毒，尤其是饮水免疫后，必须马上清洗饮水器；免疫时，只要不是用活疫苗（弱毒苗）饮水、滴眼、滴鼻或气雾免疫，都要加强消毒工作，每天1～2次，最少在免疫后坚持一周时间；做好育雏舍内清洁卫生工作，坚持每天清扫育雏舍，清扫时除了地面，还要重点清扫窗台和其他设备、物品、房梁上的粉尘及蜘蛛网，同时还要经常擦拭灯泡（要用白炽灯，禁止使用LED灯）。

2. 消毒剂的选用及稀释浓度 育雏室环境带禽消毒可选用安比杀[1:(300～400) 稀释]或安灭杀（1:150稀释）或瑞农（1:300稀释）或过氧可安（1:300稀释）或卫可安（1:150稀释）；育雏室湿度过大时可每天撒1～2次力保生来消毒和干燥，每平方米用量30～50克；出现呼吸道病时消毒可选用安比杀[1:(200～300) 稀释]或安灭杀（1:150稀释）或卫可安[1:(50～100) 稀释]；饮水消毒用清之源（每吨水加6～12片）。饮水器和料桶消毒可选用瑞农，按照1:500稀释配成水溶液，把饮水器和料桶泡进去半小时左右，拿出清洗干净即可使用。

二、水上运动场消毒

1. 消毒要求 有条件的养殖场可利用天然的河流、湖泊、沟塘作为水禽的水上运动场，没有天然条件的要配备合理的水上运动场，每 100 羽水禽要配备 10 米² 以上水上运动场，水的深度不低于 80 厘米；水上运动场要有进水和排水系统，以便换水；要做到定期换水，保证水质相对清洁；每周要做 2～3 次的定期水体消毒，有疫情时可每天进行 1～2 次的水体消毒。

2. 消毒剂的选用及稀释浓度　水体消毒可选用清之源（每立方米水用量 10～12 片）或安比杀（每立方米水用量 400 克）或安灭杀（每立方米水用量 800 克）或卫可安（每立方米水用量 500～1 000 克）或瑞农（每立方米水用量 110～135 克）。

3. 注意事项　首先水上运动场水体体积（实际水量）要计算准确，并且按照规定消毒浓度科学使用消毒剂，浓度太低影响消毒效果；浓度过高，一是造成浪费，二是能导致水禽发生呼吸和消化系统的疾病，同时造成机体免疫力下降。虽然水体经过了定期消毒，但是消毒不可能完全杀灭所有病原微生物，再加上水体被水禽不断污染，给水禽健康带来潜在的威胁，所以建议 30 天左右换水一次，遇到下大雨时，雨过天晴要马上换水。

三、陆地运动场消毒

1. 消毒要求　正常情况下每周保证 2～3 次的消毒，有疫情时可每天进行 1～2 次的陆地场地消毒；每周进行 2～3 次消毒，每次消毒 30 分钟后才可以把水禽放出活动；每周要进行一次大消毒，消毒要在水禽全部进舍后进行，这样可以保证有 6 小时以上的消毒时间，保障了球虫及球虫虫卵的杀灭率；每次消毒前都要做好场地清扫工作；消毒所用的产品最好既有消毒功能，又有杀灭球虫虫卵和其他寄生虫虫卵的作用。

2. 消毒剂的选用及稀释浓度　陆地运动场消毒可选用农可福（1∶100 稀释）或瑞农（1∶100 稀释）（这两款消毒剂既有消毒功能，又有杀灭球虫虫卵的功能），尤其是农可福效果最好，每平方米喷洒药液 400～500 毫升药液，如果量不好控制的话，以喷到地面的消毒液 30 分钟不干为止。

3. 注意事项　陆地运动场消毒因为考虑到杀灭球虫虫卵的因素，所以消毒液的浓度可以适当加大，浓度太低影响消毒效果，但是浓度也不能过高，浓度过高一是造成浪费，二是易对水禽造成不良刺激。定期消毒不但可以预防传染病，还可以有效防控球虫病的发生，尤其是球虫病的高发季节，我们要求每周至少要进行一次彻底大消毒，这时农可福的使用浓度可以提高到 1∶100 稀释，每平方米喷洒 400～500 毫升药液，并且要保证 6 小时内不进水禽，以保证消毒效果。

四、禽舍消毒

1. 消毒要求 正常情况下每周保证2～3次的消毒，有疫情时可每天进行1～2次的禽舍消毒；每次消毒要水禽全部在舍内进行，30分钟后才可以放出活动；每周要进行一次大消毒，消毒要在水禽全部放出后进行，这样可以保证有6小时以上的消毒时间，保障了球虫及球虫虫卵的杀灭率；每次消毒前都要做好禽舍的清扫工作；消毒所用的产品既要有消毒功能，又要有杀灭球虫虫卵和其他寄生虫虫卵的作用。

2. 消毒剂的选用及稀释浓度 禽舍消毒可选用农可福（1∶200稀释）或瑞农（1∶300稀释），尤其是农可福效果最好，每平方米喷洒药液300～400毫升药液。

3. 注意事项 禽舍消毒因为考虑到杀灭球虫虫卵的因素，所以消毒液的浓度可以适当加大，浓度太低影响消毒效果，但是浓度也不能过高，浓度过高一是造成浪费，二是易对水禽造成不良刺激。定期消毒不但可以预防传染病，还可以有效防控球虫病的发生，尤其是球虫病的高发季节，我们要求每周除了正常的2～3次消毒外，至少还要进行一次彻底大消毒，这时农可福的使用浓度可以提高到1∶100稀释，每平方米喷洒400～500毫升药液，并且要保证6小时内不进水禽，以保证消毒效果；当水禽出现群体性腹泻时，除了用安比杀（1∶300稀释）、安灭杀（1∶150稀释）、过氧可安（1∶300稀释）或卫可安（1∶150稀释）带体消毒外，还要在禽舍内大量撒力保生，撒到禽舍地面全覆盖，同时饲料中添加力保生，每50千克饲料添加1～2千克。

第十节 禽流感和高致病性禽流感的防控

（一）病原

禽流感病毒属于正黏病毒科、流感病毒属的A型流感病毒。禽流感和高致病性禽流感不能画等号，高致病性禽流感只是禽流感的一个或多个亚型。到目前为止，我国发生的禽流感绝大多数不属于高致病性禽流感。禽流感病毒是因为最早在禽身上分离出来，就命名为禽流感。

A型流感病毒能感染多种动物，而B型和C型流感病毒主要感染人。理论上，禽流感病毒亚型有135种，由H1～H15（囊膜上的血凝素）和N1～N9（神经氨酸酶）自由组合而成，不同的组合，病毒毒力和致病性不同，引起的症状也不太一样，有的组合已被确定为高致病性禽流感，如H5N1、H7

N7、H7 N3、H7 N9 等。另外，禽流感病毒也在不停地变异中，以后可能会出现新的高致病性禽流感病毒。

（二）流行特点

禽流感一年四季均可发生，多发于冬春季节，尤其是气温变化大的时节。禽流感的传播主要是横向传播，可以直接接触传播，也可以接触病毒污染物间接传播，通过消化道、呼吸道或皮肤黏膜感染。

禽流感的发病率和死亡率受多种因素的影响，比如品种、年龄、性别、环境、毒株毒力、个体抵抗力等。到目前为止，高致病性禽流感传染人概率小但不能轻视，也不必恐慌，不要传播谣言，禽流感可防可控。发生高致病性禽流感时，我们必须紧急上报有关部门并由有关部门采取科学的防控措施。

（三）防控措施

加强饲养管理，提高动物自身免疫力；在保温的基础上一定要加强通风，这一点对防控禽流感很重要；加强基础免疫，尤其是禽流感的免疫，不可存侥幸心理；加强消毒，没有疫情时每周 2～3 次带体消毒，可选用过氧可安（1∶300 稀释）或安比杀（1∶300 稀释）或安灭杀（1∶150 稀释）或卫可安（1∶150 稀释）或农可福（1∶300 稀释）或瑞农（1∶300 稀释），场区消毒每周至少一次，可选用农可福［1∶（200～300）稀释］或菌疫灭［1∶（200～300）稀释］；有疫情时每天 1～2 次带体消毒和场区消毒，可选用过氧可安（1∶200 稀释）或安比杀（1∶200 稀释）或安灭杀（1∶100 稀释）或卫可安（1∶100 稀释）或农可福（1∶200 稀释）或瑞农（1∶200 稀释）；发现疫情要做好封锁和隔离，同时加强消毒，防止疫情扩散。如果确定为高致病性禽流感时，要及时上报有关部门。

（四）治疗

发生高致病性禽流感时，不得对发病动物采取治疗措施。除此之外，建议采用中西药结合的办法治疗，中药可用清瘟败毒饮加碱：生石膏 280 克、水牛角 140 克、黄连 45 克、黄芩 70 克、生地 70 克、栀子 70 克、丹皮 70 克、赤芍 70 克、玄参 70 克、知母 70 克、连翘 60 克、桔梗 60 克、竹叶 70 克、甘草 25 克打粉按 1.5% 拌料或水煎服（1 000 只鸡的量）。西药加一些治疗大肠杆菌的药和电解多维即可。

第十一节　兔场的消毒技术

一、兔场的环境消毒

1. 消毒要求　兔场环境消毒包括兔舍消毒和外环境消毒；消毒所用的产品最好既有消毒功能，又有杀灭球虫虫卵和其他寄生虫虫卵的作用。

2. 消毒剂的选用及稀释浓度　兔场环境消毒可选用农可福（1∶200 稀释）或瑞农（1∶200 稀释）（农可福和瑞农既有消毒功能，又有杀灭球虫虫卵的功能）或过氧可安（1∶200 稀释），每平方米喷洒药液 200～300 毫升药液。

3. 注意事项　兔场环境消毒因为要考虑到杀灭球虫虫卵和疥螨，所以消毒液的浓度可以适当加大，浓度太低影响消毒效果，但是浓度也不能过高，浓度过高一是造成浪费，二是易对兔子造成不良刺激。定期消毒不但可以预防传染病，还可以有效防控球虫病和螨病的发生，尤其是球虫病的高发季节，我们要求每周除了正常的 2～3 次消毒外，至少还要进行一次彻底大消毒，这时农可福的使用浓度可以提高到 1∶100 稀释，每平方米喷洒 400～500 毫升药液，以保证消毒效果。喷雾消毒时不准对着兔子直接喷洒，以免对兔子造成不良刺激。

二、兔场的设备和用具的消毒

兔场的设备和用具要定期消毒，水槽、食盆要做到每天清洗，并做到每周至少清洗和消毒一次，消毒可用瑞农（1∶300 稀释）或过氧可安（1∶300 稀释）或清之源（按 1 千克水 1～2 片使用）。兔笼要做到 1～2 周彻底刷洗、消毒一次，消毒可用农可福（1∶300 稀释）或复方戊二醛（1∶300 稀释）或镇疫醛（1∶150 稀释）或瑞农（1∶300 稀释）或过氧可安（1∶300 稀释）或清之源（按 1 千克水 1 片使用），如果兔笼为金属材质，消毒应选用农可福（1∶300 稀释）或复方戊二醛（1∶300 稀释）或镇疫醛（1∶150 稀释）。其中，农可福不但有消毒作用，还有杀灭球虫虫卵和疥螨的作用。兔场的设备和用具在空栏时要清洗彻底，以防病原微生物和寄生虫虫卵残留，造成下一批兔子患病，产生不必要的损失。兔场的设备和用具清洗可选用泡可净。

三、兔螨病的治疗措施

1. 病原　引起兔螨病的病原有 4 种：兔痒螨、兔疥螨、兔足螨和兔背肛螨。

2. 临床症状

（1）兔痒螨病　主要发生于外耳道内，可引起外耳道炎症，渗出物干燥成黄色痂皮，塞满耳道像卷纸一样，病耳发痒、化脓，最后下垂，病兔不断摇头和抓耳朵，有的会引起癫痫发作。

（2）兔疥螨病 一般先从嘴、鼻及脚爪部发病，奇痒，病兔不停啃咬和抓挠患处，严重时前后脚抓地。病变扩散很快，病变部位出现灰白色结痂，患部变硬，造成采食困难。病兔迅速消瘦，直至死亡。

（3）兔足螨病 常在头部皮肤、外耳道、脚掌下面寄生，传播比较慢，治疗相对容易。

（4）兔背肛螨病 多寄生在兔的头部和掌部毛较短的部位，也可至生殖器部位。

3. 治疗措施 兔螨病的治疗应采用内外同治措施，内治可用伊维菌素0.2毫克/千克体重皮下注射（使用时要仔细阅读说明书或咨询厂家，严格按照规定剂量使用）。外治可用农可福原液直接涂抹患处，两三天后再涂抹一次，一般情况涂抹三次即可痊愈。

第十二节 奶牛、肉牛养殖场的消毒技术

一、养殖区消毒

(一) 牛舍的消毒

牛舍要每天做到全面清理、清扫工作，确保牛舍的干净，同时还要做好牛舍的通风工作，并且还要保证每周2～3次的带体喷雾消毒，消毒剂可选用安比杀（1∶300稀释）或安灭杀（1∶150稀释）或卫可安（1∶150稀释）或过氧可安（1∶300稀释）或瑞农（1∶300稀释）或复方戊二醛（1∶300稀释）。

1. 消毒要求 一年四季都要严格建立健全消毒程序和规章制度；消毒时严禁对着动物喷洒，正确的方法是将喷枪举高成45°向上喷洒，喷洒的高度要基本上挨着牛舍的顶部，让喷洒的消毒液体自由下落，把空气中的粉尘和病原微生物带到地面上，这样的消毒才是有效的消毒；牛群免疫期间要加强消毒；疫病流行期要制定相应的应急预案，消毒要采取紧急消毒，紧急消毒可采用每天1～2次的消毒，以控制传染病的发生和流行。

2. 消毒剂的选用及稀释浓度 消毒剂的选择要坚持三个原则，一是要根据不同的季节选择不同的消毒剂，比如冬季可以选用过氧可安［1∶（200～300）稀释］或卫可安（1∶150稀释），夏季可以选用复方戊二醛（1∶300稀释）或镇疫醛（1∶150稀释），春、秋季节可以选用安比杀［1∶（300～400）稀释］或安灭杀（1∶150稀释）或瑞农（1∶300稀释）；二是根据不同饲养阶

段和位置选择不同的消毒剂，比如妊娠阶段可以选用安比杀［1：（300～400）稀释］或安灭杀（1：150 稀释）或卫可安（1：150 稀释）或过氧可安［1：（200～300）稀释］，禁止或慎用刺激性大的消毒剂，比如农可福或菌疫灭；三是根据不同的疫情选择不同的消毒剂，比如口蹄疫时可选用过氧可安（1：200稀释）或安比杀［1：（200～300）稀释］，有流感疫情时可选用过氧可安［1：（100～200）稀释］或安比杀（1：200 稀释）或安灭杀（1：100 稀释），治疗腐蹄病时可选用蹄康原液直接喷涂。

（二）产房的消毒

产房建筑要光线充足、通风良好以及干爽保温；产房要保持清洁卫生，牛床要及时清理干净；产房要有专人负责并保证 24 小时有人值班；准备好接生用品，比如脸盆、毛巾、助产绳、剪刀、碘酊、药棉、胎儿秤、抬胎儿用的产包以及接生应急药品，并对脸盆、毛巾、助产绳、剪刀等做好消毒工作，脸盆、毛巾可用瑞农（1：300 稀释）或安比杀（1：300 稀释）或安灭杀（1：150 稀释）或 5%聚维酮碘（1：25 稀释）进行浸泡消毒，助产绳、剪刀可用5%聚维酮碘进行浸泡消毒，其他东西可用瑞农（1：300 稀释）或安比杀（1：300稀释）或安灭杀（1：150 稀释）或 5%聚维酮碘（1：25 稀释）进行喷雾消毒。接生场地也要提前做好消毒，可选用安比杀（1：300 稀释）或安灭杀（1：150 稀释）或 5%聚维酮碘（1：25 稀释）或瑞农（1：300 稀释）或过氧可安（1：200 稀释）进行喷雾消毒，如果是肉牛也可用农可福（1：300稀释）进行喷雾消毒，消毒时要先清扫干净。

（三）新生犊牛和产后母牛的护理与消毒

1. 新生犊牛的护理 为提高犊牛出生成活率，可以用力保生对犊牛全身涂抹，这样做可以让犊牛身体迅速干燥和恢复体能，尽早吃上初乳，吃初乳时要对乳房先进行消毒，消毒可用 5%聚维酮碘原液。断脐，距离腹壁基部大约5 厘米处用消过毒的剪刀剪断脐带，断口用 2%碘酊消毒，为了使脐带尽快干脱，可以用力保生涂抹。经常更换犊牛褥草并对褥草消毒，消毒剂可选用安比杀（1：300 稀释）或安灭杀（1：150 稀释）或 5%聚维酮碘（1：25 稀释）或瑞农（1：300 稀释）或过氧可安（1：200 稀释）进行喷雾消毒，为了保持褥草干燥，可以在褥草上撒力保生。

2. 母牛产后护理 要保持产房清洁、温暖、安静，做到每天消毒，消毒剂可选用安比杀（1：300 稀释）或安灭杀（1：150 稀释）或 5%聚维酮碘（1：25稀释）或瑞农（1：300 稀释）或过氧可安（1：200 稀释）进行喷雾消毒，如果是肉牛也可用农可福（1∶300 稀释）进行喷雾消毒，消毒时要先清扫干净；产后母牛后驱和尾部每天用安比杀（1∶300 稀释）或安灭杀（1∶150 稀释）或 5%聚维酮碘（1∶25 稀释）刷洗消毒。

（四）运动场的消毒

1. 运动场水泥地面、道路及设施的消毒　运动场水泥地面、道路及设施的消毒要经常清扫，保证清洁卫生，同时要做到每周 2～3 次的消毒，消毒剂可选用瑞农（1∶300 稀释）或过氧可安（1∶300 稀释）或复方戊二醛（1∶300 稀释）或卫可安（1∶150 稀释），消毒时应采用高压喷洒的方式，每平方米喷洒消毒液 400～500 毫升。

2. 运动场泥土地面的消毒　在自然界中，土壤是微生物生存的主要场所，一般以 10～20 厘米的浅层土壤中微生物的含量最多，1 克表层泥土中含各种微生物 10^7～10^9 个，这其中就有大量的病原微生物存在，如果不经常消毒，则会造成牛的感染，比如腐蹄病、乳房炎、创伤感染等，给养殖场带来巨大的损失。运动场土壤消毒包括两个内容：一是要每隔 1～2 个月用农用悬空耙翻一下土壤，作业时一定选择连续几天晴朗的天气进行，这样可以充分利用太阳光中的紫外线进行杀菌，翻动的深度不要超过 20 厘米；二是每周进行一次土壤消毒，消毒剂可选用瑞农［1∶（200～300）稀释］或过氧可安［1∶（200～300）稀释］或复方戊二醛（1∶300 稀释）或卫可安（1∶150 稀释）喷洒消毒，每平方米喷洒消毒液 1 000 毫升以上，让消毒液完全渗透到土壤中，起到彻底的消毒作用。如果是肉牛运动场也可用农可福（1∶300 稀释）进行喷雾消毒。

二、挤奶厅的消毒

1. 挤奶厅的消毒　挤奶厅的消毒要做到每天 3 次，消毒可选用安比杀（1∶300稀释）或安灭杀（1∶150 稀释）或过氧可安（1∶300 稀释）或瑞农（1∶300 稀释）或卫牧（1∶300 稀释）或优普诺（1∶300 稀释），消毒时要对挤奶通道、待挤厅、挤奶厅的墙面、挤奶台的墙面、坑道墙壁等均进行彻底的消毒，消毒工作要有专人负责并签字确认，以保证消毒效果。

2. 奶牛与挤奶工具的消毒　挤奶前一定要按照要求对每头奶牛进行乳房的清洗和消毒。清洗乳房时最好用 40 ℃左右的温水，为保证清洗和消毒效果，清洗的温水中应加入优普诺（1∶300 稀释）或卫牧（1∶300 稀释）或瑞农（1∶300 稀释），乳房要按照从前到后的顺序洗涤，清洗时还要检查乳房的温度、是否有硬块及异常。清洗后要用专用消过毒的毛巾擦干（毛巾消毒可用瑞农)，毛巾要做到每头牛一条，没条件的也要健康牛和非健康的牛毛巾分开，擦干后再用 5％聚维酮碘消毒。挤奶杯套每头牛一套，挤完奶后挤奶杯套要及时消毒，消毒剂可选用优普诺（1：300 稀释，主要成分是癸甲溴铵）或卫牧（1：300 稀释，主要成分是月苄三甲氯铵）。挤奶管道要先用酸碱液冲洗，然后再消毒处理。

三、奶牛常见病的预防和治疗

奶牛常见病主要是乳房炎和腐蹄病，奶牛的淘汰 70％和这两个病有关，因为这两个病和消毒有密切关系，所以这里有必要重点讲一下这两个病的预防和治疗。

（一）乳房炎

乳房炎为奶牛最常见的疾病之一，也是对奶牛生产危害性最大的一种疾病。该病妨碍正常奶生产，影响牛奶质量和产量，多发生于泌乳期，其特征是乳腺发生各种不同性质的炎症，使奶牛业蒙受的经济损失比其他任何疾病都大。

1. 病因 乳房炎感染途径是乳头口侵入、血源与淋巴感染。研究发现，机械挤奶与人工挤奶比较，机械挤奶比人工挤奶发病率高，机器抽力、电压、频率、时间、乳杯大小和器具消毒卫生等都会影响乳房的健康。另外还发现奶产量越低，阳性率越高，泌乳初期和停乳时发病多。临床型乳房炎和隐性乳房炎发病比为 1：（15～40）。7、8、9 月三个月为发病高峰期。胎次增加，乳房炎病也随之增多。病原微生物是引起乳房炎的主要原因，环境因素及牛体的状况也与本病的发生有着一定关系。

2. 症状 乳房炎的发病包括侵入、感染和隐性三个阶段。根据临床表现可分为临床型乳房炎和隐性乳房炎，根据病原不同可分为细菌性乳房炎和霉菌性乳房炎，根据病理变化可分为浆性乳房炎、化脓性乳房炎、出血性乳房炎、坏死性乳房炎和坏疽性乳房炎，根据病因可分为原发性乳房炎和继发性乳房炎。临床型乳房炎为乳房间质、实质或间质实质组织的炎症。其特征是乳汁变性，乳房组织不同程度地呈现肿胀、温热和疼痛。根据病程长短和病情严重程度不同，可分为最急性、急性、亚急性和慢性乳房炎。隐性乳房炎为无临床症状表现的一种乳房炎，其特征是乳房和乳汁无肉眼可见异常，然而乳汁在理化性质、细菌学上已发生变化。具体表现 pH7.0 以上，呈偏碱性，乳内有乳块、絮状物和纤维，氯化钠含量在 0.14％以上，体细胞数在 50 万个/毫升以上，细胞数和电导值增高。乳房炎的病程与奶牛体质、病原微生物、治疗方案及护理条件等有直接关系。

3. 诊断

（1）临床型乳房炎的诊断　对乳房及乳汁进行临床检查即可确诊。检查内容包括视诊、触诊和乳汁变化。该型乳房炎表现明显，因此极易确诊。

（2）隐性乳房炎的诊断　由于无临床症状表现，故只能依靠物理检查、化学检查、乳中体细胞测定及微生物检查等。物理检查主要检查牛乳中有无沉淀物或乳凝块。化学检查主要测定乳 pH 和氯化物。乳中体细胞测定主要是测定乳中细胞数，正常乳每毫升细胞数在 50 万个以下，超过此数为乳房炎。

4. 防治　乳房炎的治疗应越早越好。应注意消灭病原微生物，抑制和控制炎症过程，改善奶牛全身状况，防止败血症。国内外对隐性乳房炎的控制和治疗都不用抗生素，而是采用提高机体免疫力等综合预防措施，控制牛群阳性率增高。

（1）乳房内注入抗生素　乳房内注入抗生素时应注意：一是乳导管、乳头和术者手均要做好消毒，消毒剂可选用一喷康或聚维酮碘；二是乳房内的乳、残留物应挤净，如有脓汁不易挤出时，可先用 2%～3% 苏打水使其"水化"后再挤；三是抗生素的使用，宜选用经药敏试验后的有效药物，不能作药敏试验的牛场，要随时注意药物疗效，避免产生耐药性，效果不好者应适当更换；四是每挤完一次乳后立即注入药物 1 次，注药后可轻轻捏一下乳头，防止漏出。对于全身症状明显的病牛可肌内或静脉注射抗生素。

（2）临床上常用的是青霉素类或头孢类抗生素　静脉注射普鲁卡因液：用 0.25%～0.5% 普鲁卡因液 400～500 毫升，一次静脉注射，可减少全身对疼痛的敏感性，缓解病区疼痛，加速病区的新陈代谢。此方法称血管感受器封闭疗法。除此，也可用青霉素、链霉素各 100 万～300 万单位，加 3% 普鲁卡因 10～20 毫升、生理盐水 40～60 毫升，进行外阴静脉和外阴动脉注射，收到了较好作用。

（3）封闭疗法　常用的有乳房基底封闭、会阴神经封闭和腰间隙乳房神经干封闭。乳房基底封闭：前叶发炎时，前乳房、前腹壁与乳房基部之间，将针头向对侧膝关节方向刺入 8～10 厘米，注入药液；后叶发炎时，术者位于牛的后方，在左、右乳房中线离开 2 厘米乳房基部后缘，针头对向同侧腕关节方向刺入，注入普鲁卡因溶液 150～200 毫升。会阴神经封闭：在坐骨结节处，针头刺入 1.5～2 厘米，注入 3% 的普鲁卡因溶液 20 毫升。

（4）中药内服疗法　金银花 120 克、蒲公英 120 克、紫花地丁 120 克、连翘 60 克、陈皮 40 克、青皮 40 克、生甘草 30 克，黄酒适量为引，水煎去渣，取汁内服，每日 1 剂，重病日服 2 剂。

（5）中药外敷疗法　明雄黄 30 克、炙五倍子 30 克、生大黄 30 克、黄柏 30 克、冰片 6 克共研细末，用陈醋调和后涂敷患处，每日一次。

（6）"六茜素"疗法　六茜素是中草药六茜草的有效成分，该药具有广谱、高效、低毒、无残留和不易产生耐药性等特点，主要功能是抗菌、消炎。它对大肠杆菌、绿脓杆菌和金黄色葡萄球菌等多种革兰氏阳性、阴性菌有极强的抑杀能力，且在用药期间和用药后，牛奶只要未变质、变色仍可照常食用，从而减少经济损失。六茜素对奶牛的乳房炎有特效。临床应用表明，对乳房炎的总有效率为 95.83%，治愈率为 93.1%，且回奶迅速、消肿快、疗程短，在用药期间，犊牛若吮吸了母乳，还可起到防病、治病的作用。

（二）腐蹄病

腐蹄病也叫蹄间腐烂或趾间腐烂，是间隙皮肤和邻近软组织的急性和慢性坏死性疾病，牛、羊、猪、马都可以发生，以奶牛多发。

1. 病因　坏死杆菌是本病病原，是从趾间隙侵入的，也从腐蹄中分离出链球菌、结节状梭菌和产黑色素梭菌等。牛接触被严重污染的土地或经过和浸泡于污秽的泥坑时，最易发生本病。潮湿、含空气少的泥土是厌氧菌发育的理想环境，即使在严冬也常引起本病。

2. 症状　腐蹄病分急性和慢性两种。少数被坏死杆菌感染呈急性症状，病牛频频提举病肢，出现一肢或数肢的突然跛行，体温升至 40～41 ℃，食欲减退，多数牛卧地不起，早期检查趾间皮肤仅见到红、肿和敏感。其他病例可见系部直立或下沉，蹄冠呈红色或微蓝色，温热、肿胀并异常敏感。多数病例呈慢性症状，病程长，随着蹄较深部组织的感染而形成化脓灶，有的形成窦道。严重病例可侵及腱、趾间韧带、冠关节或蹄关节，后者可形成腐败性关节炎，从而使全身症状加重，体温再度上升，严重跛行，疼痛异常，有恶臭的脓性分泌物。腐蹄病应与蹄底穿刺伤、趾间损伤、蹄叶炎和趾间增生性皮炎相区别。

3. 防治　本病主要是加强预防，做好奶牛蹄部的消毒和保健，具体措施如下：清除运动场内的石块和异物，减少蹄部外伤；定期修剪蹄部，发现问题及时解决；饲料中要科学添加维生素和矿物质，由于奶牛产奶量比较大，很容易缺乏维生素和矿物质，再加上有时为了追求产量而大量饲喂精料，造成奶牛消化不良，钙磷比例失调等，都是腐蹄病和蹄变形的诱因；制定科学的消毒程序。坏死杆菌是该病的病原，只要制定科学的消毒程序，定期消毒，彻底杀灭病原，奶牛患病的概率就会大大降低或者不发病。具体办法是定期对奶牛舍和运动场进行消毒，为彻底根除腐蹄病，我们还要在奶牛的必经之路上建一个蹄部药浴池，药浴池长≥1.5 米，深 15 厘米，宽度仅能容下一头牛通过即可，两边设立护栏，以防牛掉头。设计时药浴池要留有排污口（选址时要考虑排污），池子中用农可福［1∶（50～100）稀释］或硫酸铜（配成5％水溶液），定期蹄部药浴，可以有效预防腐蹄病；

腐蹄病的治疗：首先用双氧水清洗蹄部，清洗彻底后直接用蹄康喷涂，每天一次，最好再撒上些力保生，一般2～3次即可治愈。如果病牛出现全身症状（全身感染），可以同时采取磺胺类药物静脉注射。

第十三节　羊场的消毒技术

一、羊舍的消毒

羊舍是羊群长期生活的场所，养殖场（户）应经常打扫羊舍，保持羊舍内清洁干燥，羊舍内的垫草应勤晒勤换，并保持羊舍内冬暖夏凉，同时还要做好羊舍的通风工作，给羊群创造良好的生活环境。羊舍清扫后，应将粪尿、垫草及其残渣物及时运送到离羊舍较远的地方进行堆积发酵后再作为肥料使用，污水应经过排污沟引入污水处理池进行消毒处理。羊舍要保证每周2～3次的带体喷雾消毒，消毒剂可选用农可福（1∶300稀释）或菌疫灭（1∶300稀释）或过氧可安（1∶300稀释）或安比杀（1∶300稀释）或安灭杀（1∶150稀释）或卫可安（1∶150稀释）或复方戊二醛（1∶300释）。

羊舍每年要进行2次（春、秋季各一次）彻底的消毒，消毒剂可选用农可福（1∶200稀释）或菌疫灭（1∶200稀释）或瑞农（1∶200稀释）等。当遇到疫情或疫病流行时，除了做好隔离工作外，还要坚持每天1～2次的消毒，配制消毒液时可以适当加大消毒剂的浓度，并且适当加大单位面积的喷药量。

羊舍的消毒要求：一年四季都要严格建立健全消毒程序和规章制度；消毒时严禁对着羊喷洒；羊群免疫期间要加强消毒；疫病流行期要制定相应的应急预案，消毒要采取紧急消毒，以控制传染病的发生和流行；羊群有呼吸道病时的消毒，一定要选择刺激性小的消毒剂，比如安比杀或卫可安，以防加重呼吸道病；羊舍消毒时，要按照先清扫再消毒，30分钟后再冲洗的原则进行；对羊舍内特别难清理的污渍，可以用泡可净（1∶100稀释）进行处理；羊舍一定要做好消灭蚊子、苍蝇和老鼠工作；羊群要做好定期驱虫工作，驱虫包括驱体表和体内寄生虫。

二、食槽和饲养用具的消毒

食槽和饲养用具要保持清洁卫生，每天洗刷干净，与此同时，建立每周消毒制度，对食槽及其饲养用具用消毒药液进行消毒处理，其常用的消毒药物和消毒方法是用瑞农（1∶300 稀释）或过氧可安（1∶300 稀释）或清之源（每千克水加入 1～2 片）溶液洗刷或擦拭消毒，一定要洗刷干净，30 分钟后用清水冲洗干净。对食槽和饲养用具上特别难处理的污渍，可以用泡可净（1∶80 稀释）或者过氧可安（1∶100 稀释）溶液处理。

三、羊场场区的消毒

场区消毒指场内通道（净道与污道）、运动场、办公区、生活区等区域的消毒。特别适宜场区消毒使用的消毒剂是农可福或菌疫灭。农可福、菌疫灭没有疫情时一般可按照 1∶300 稀释的浓度配制，紧急消毒时可按照 1∶（100～200）稀释的浓度配制。使用时采用高压喷洒机水平喷洒，每平方米喷洒药液 400～500 毫升。一般情况下，每周喷洒一次即可，紧急消毒时每天 1～2 次。

羊的运动场是羊在场区内的生活、活动的场所，有的养羊场运动场和羊舍在一起，地面为土壤结构。在自然界中，土壤是微生物生存的主要场所，一般以 10～20 厘米的浅层土壤中微生物的含量最多，1 克表层泥土中含各种微生物 10^7～10^9 个，这其中就有大量的病原微生物存在，如果不经常消毒，则会造成羊的感染，比如腐蹄病、乳房炎、创伤感染等，给养殖场带来巨大的损失。

运动场土壤消毒包括两个内容：一是要每隔 1～2 个月用农用悬空耙翻一下土壤，作业时一定选择连续几天晴朗的天气进行，这样可以充分利用太阳光中的紫外线进行杀菌，翻动的深度不要超过 20 厘米；二是每周进行一次土壤消毒，消毒剂可选用农可福（1∶300 稀释）或菌疫灭（1∶300 稀释）喷洒消毒，每平方米喷洒消毒液 1 000 毫升左右，让消毒液完全渗透到土壤中，起到彻底的消毒作用。

场区消毒的注意事项：①消毒要有专人负责；②每平方米喷洒的药液必须达到 400～500 毫升（土壤消毒要达到 1 000 毫升）；③不准使用雾滴过小的设备，尽量不用手动设备，要用高压喷洒设备水平喷洒；④消毒时要选择无雨天气，并且无风或风较小的天气进行；⑤紧急消毒时要保证消毒剂溶液的浓度，同时要做到每天 1～2 次，特殊情况甚至可以做到 3～4 次；⑥场区的污道要做好清洁工作，每天都坚持消毒；⑦做好整个场区杀灭苍蝇、蚊子、老鼠的工作。

四、羊场药浴设施

为了防治羊的疥癣等体外寄生虫病，每年均应定期给羊群药浴。现在羊场多用淋药装置或流动式药浴设备，没有淋药装置或流动式药浴设备的养羊场，应在不对人畜、水源、环境造成污染的地点修建药浴池。药浴池一般以长方形水沟状为宜（图9-6、图9-7）。

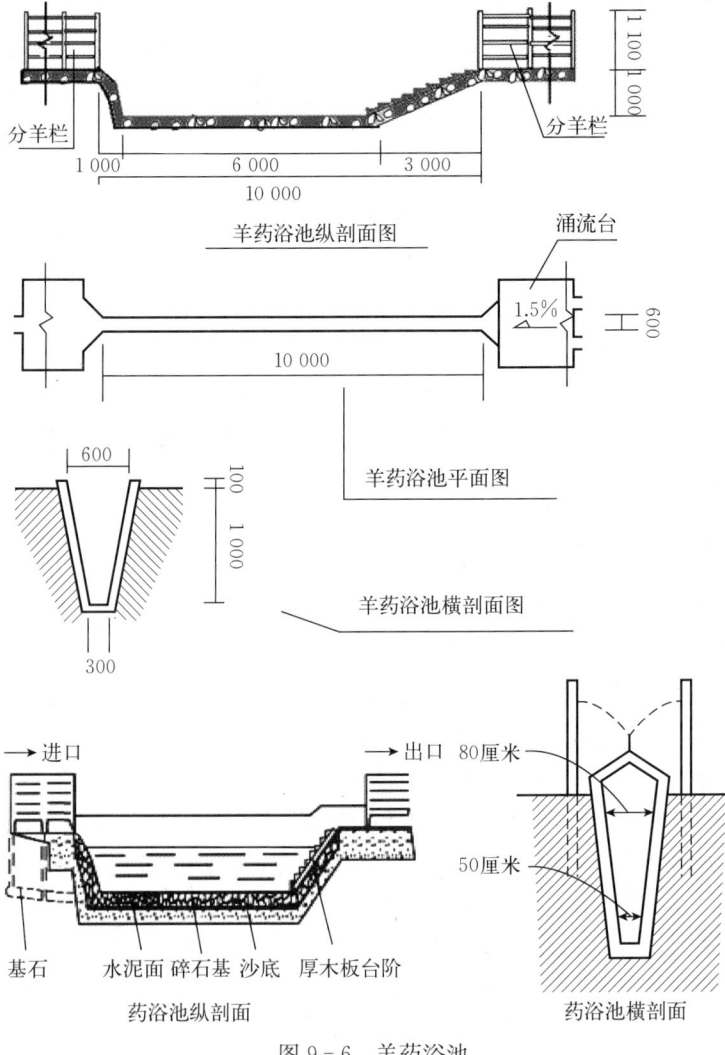

图9-6 羊药浴池

药浴池用水泥筑成，池深0.8～1米，长10米左右，上口宽0.6～0.8米，底宽0.4～0.6米，一般以单羊通过而不能转身为宜。药浴池的入口端为陡坡，以便于药浴羊迅速入池。出口端为台阶式缓坡，以便于羊药浴后攀登出池，并在入口端设贮羊圈，在出口端设滴流台，以便羊群药浴后使其身上多余的药液流回池内。贮羊圈和滴流台的大小可根据羊群养殖数量的多少确定，但必须用

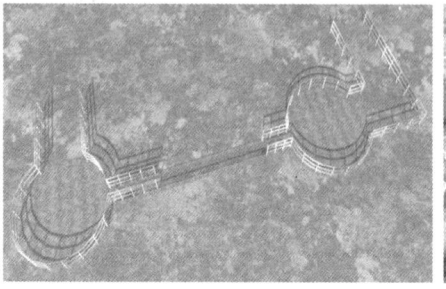

图 9-7　羊场药浴设施

水泥浇筑地面。

农户小型养羊场药浴池一般可修建在羊舍周围，长度为 1～1.2 米，宽度为 0.6～0.8 米，深度为 0.8～1 米，先按设计尺寸挖一个长方形的土坑，底部和四周分别用石板或砖平铺，然后用水泥抹缝；也可用砖或石料铺底砌墙，然后再用砂浆抹面。

五、皮革原料和羊毛的消毒

皮革原料和羊毛等畜产品容易传播疾病。皮革原料和羊毛的消毒，通常是用福尔马林气体在密闭室中熏蒸，但此法可损坏皮毛品质，且穿透力低，较深层的物品难以达到消毒的目的。目前广泛利用环氧乙烷气体来进行消毒。此法对细菌、病毒、立克次体及霉菌均有良好的消毒作用，对皮毛等畜产品中的炭疽杆菌芽孢也有较好的消毒效果。消毒时必须在密闭的专用消毒室或密闭良好的容器（常用聚乙烯或聚氯乙烯薄膜制成的篷布）内进行。环氧乙烷的用量，如消毒病原体繁殖体，每立方米用 300～400 克，作用 8 小时；如消毒芽孢和霉菌，每立方米用 700～950 克，作用 24 小时。环氧乙烷的消毒效果与湿度、温度等因素有关。一般认为，相对湿度为 30%～50%，温度在 18 ℃以上、38～54 ℃以下最为适宜。环氧乙烷的沸点为 10.7 ℃，沸点以下温度时为易挥发的液体，遇明火易燃易爆，对人有中等毒性，应避免接触其液体和吸入其气体。

六、粪便消毒

羊的粪便消毒方法有很多种，最实用的方法是生物热消毒法，即在距羊场100～200 米以外的羊场下风头设置粪场，将羊粪堆积起来，外面用泥土封起来，堆放发酵 30 天左右，即可用作肥料。

七、外伤及其他消毒

羊在抓绒或剪羊毛时很容易造成外伤，这些伤口很容易感染化脓、生蛆，久久不能愈合，给羊的生长造成极大的影响。根据多年的治疗经验，用农可福原液直接涂抹伤口（也可以直接喷蹄康），一可以对化脓伤口消毒，二可以杀灭伤口内的蛆（用后几小时内，蛆全部退到伤口外面死亡），隔天再使用一次，一周后伤口愈合。

羊发生腐蹄病时，用蹄康原液直接涂抹患处，每天一次，一般 3～4 次即可治愈；大尾巴羊夏季肛门周围生蛆时，用农可福（1：50 稀释）或菌疫灭（1：50 稀释）涂抹，每周一次，可以防止大尾巴羊夏季肛门周围生蛆。

第十四节　小反刍兽疫的防控

（一）病原

小反刍兽疫也称羊瘟、假性牛瘟，是由小反刍兽疫病毒引起的，以发热、口炎、腹泻、肺炎为特征的一种急性接触性传染病。主要感染山羊、绵羊等小反刍动物，未见有传染人的报道。该病主要流行于非洲西部、中部和亚洲的部分地区，世界动物卫生组织将该病定为 A 类疫病，是我国规定的一类动物疫病。

小反刍兽疫病毒属副黏病毒科麻疹病毒属，与牛瘟病毒有相似的物理化学及免疫学特性。病毒呈多形性，通常为粗糙的球形。病毒颗粒较牛瘟病毒大，核衣壳为螺旋中空杆状并有特征性的亚单位，有囊膜。病毒可在胎绵羊肾、胎羊及新生羊的睾丸细胞、Vero 细胞上增殖，并产生细胞病变（CPE），形成合胞体。

（二）流行病学

该病主要感染小反刍动物，特别是山羊较为易感，临床症状也较为严重。传染源多为患病动物及其分泌物、排泄物以及被其污染的草料、用具和饮水等，处于亚临床状态的羊尤为危险。该病主要通过直接或间接接触传播，感染途径以呼吸道为主，饮水也可以导致感染。该病潜伏期一般为 4～6 天，最长可达到 21 天。易感羊群发病率通常可达 100%，严重暴发时致死率也可达 100%，中度暴发时致死率可达 50%，但是在老疫区常常呈零星发生。

（三）临床症状及病理变化

1. 临床症状　山羊临床症状较典型，绵羊症状一般较轻微；突然发热，发热的第 2～3 天体温达 40～42 ℃，病羊死亡多集中在发热后期。在发热的前

4天，口腔黏膜充血，颊黏膜进行性广泛性损害、导致多涎；随后出现坏死性病灶，开始时口腔黏膜出现小的粗糙的红色浅表坏死病灶，以后变成粉红色，感染部位包括下唇、下齿龈等处。严重病例可见坏死病灶波及齿垫、腭、颊部及其乳头、舌头等处。病初有水样鼻液，此后变成大量的黏脓性卡他样鼻液，阻塞鼻孔造成呼吸困难，鼻内膜发生坏死，眼流分泌物，出现眼结膜炎；多数病羊感染后烦躁不安，背毛无光，口鼻干燥，食欲减退，流黏液脓性鼻漏，呼出恶臭气体，后期出现带血水样腹泻，严重脱水、消瘦，随之体温下降，出现咳嗽、呼吸异常。妊娠母羊感染此病可发生流产。

2. 病理变化　尸体剖检病变与牛瘟病牛相似。病变从口腔直到瘤网胃口。患畜可见结膜炎、坏死性口炎等肉眼病变，严重病例可蔓延到硬腭及咽喉部。皱胃常出现病变，而瘤胃、网胃、瓣胃很少出现病变，病变部常出现有规则、有轮廓的糜烂，创面红色、出血。肠可见糜烂或出血，特征性出血或斑马条纹常见于大肠，特别在结肠直肠结合处。淋巴结肿大，脾有坏死性病变。在鼻甲、喉、气管等处有出血斑，还可见支气管肺炎的典型病变。

因本病毒对胃肠道淋巴细胞及上皮细胞具有特殊的亲和力，故能引起特征性病变。一般在感染细胞中出现嗜酸性胞浆包含体及多核巨细胞。在淋巴组织中，小反刍兽疫病毒可引起淋巴细胞坏死。脾脏、扁桃体、淋巴结细胞被破坏。含嗜酸性胞浆包含体的多核巨细胞出现，极少有核内包含体。在消化系统，病毒引起上皮细胞发生坏死，感染细胞产生核固缩和核破裂，在表皮生发层形成含有嗜酸性胞浆包含体的多核巨细胞。

（四）防控措施

1. 加强免疫工作　该病疫苗免疫效果较好，免疫时应注意羊群的健康状况，新购进羊群必须隔离观察，确保羊群健康时方可免疫。

注射小反刍兽疫疫苗是预防小反刍兽疫疫病的一种有效方法，在使用小反刍兽疫疫苗时要注意以下几个事项：①稀释后的疫苗应避免阳光直射，气温过高时在接种过程中应冷水浴保存，稀释后的疫苗应限3小时内用完；②用过的疫苗瓶、剩余的疫苗及接种用注射器均应消毒处理，可选用安比杀（1∶100稀释）或安灭杀（1∶50稀释）或过氧可安（1∶100稀释）或瑞农（1∶100稀释）消毒溶液浸泡60～120分钟，严禁随意丢弃；③疫苗应在-15℃以下保存。

2. 加强饲养管理　外来人员和车辆进场前应彻底消毒，平时要做好日常消毒工作，对羊舍、羊舍周围以及场区进行彻底地消毒，消毒剂可选用安比杀（1∶300稀释）或安灭杀（1∶150稀释）或过氧可安（1∶300稀释）或瑞农（1∶300稀释）或农可福（1∶300稀释）。严禁从疫区引进羊只，对外来羊只，尤其是来源于活羊交易市场的羊，调入后必须隔离观察 21 天以上，经检查确认健康无病，方可混群饲养。隔离观察期间要坚持每天消毒 1～2 次，消毒剂可选用安比杀（1∶200 稀释）或安灭杀（1∶100 稀释）或过氧可安（1∶200稀释）或瑞农（1∶200 稀释）或农可福（1∶200 稀释）。

3. 强化疫情巡查　注意观察羊群健康状况，发现疑似病羊，应立即隔离疑似患病羊，限制其移动，并及时向当地兽医部门报告，同时做好紧急消毒，消毒剂可选用安比杀（1∶200 稀释）或安灭杀（1∶100 稀释）或过氧可安（1∶200 稀释）或瑞农（1∶200 稀释）或农可福（1∶200 稀释）。对病死羊严格实行无害化处理，禁止出售、加工病死羊。

第十五节　毛皮兽养殖场的消毒技术

一、出入场消毒

毛皮兽养殖场入口、生产区入口处要设置同大门等宽、进场大型机动车轮一周半长的水泥结构的消毒池。消毒池内加注 1∶300 稀释的农可福或菌疫灭溶液，每隔 7 天要补充水和消毒剂，有条件的还要设置防雨棚，以防雨水落入，影响消毒效果。

生产区门口应设更衣室和淋浴室，以便进出厂区沐浴、更衣换鞋。进入场区入口处要设置 1 米以上的消毒池，或设置消毒盆以供进出场人员消毒。

生产人员进入生产区时，必须洗手、淋浴后更换衣鞋，穿工作服和胶靴，戴工作帽，工作服应每天清洗和消毒。饲养员严禁相互串栋。每栋兽舍出入口放置消毒盆，进出兽舍脚部踏盆消毒。

一般情况下不允许外来车辆进入养殖场区，必要时，需经严格消毒后方可进入。外来参观者进入场区，更换场区工作服和工作鞋，并严格遵守场内一切防疫卫生制度。

二、养殖场环境消毒

养殖场应保持整个环境的清洁卫生，根据环境中可能存在的致病微生物选用高效、低毒、广谱的消毒药物，定期对兽舍内的道路、兽舍进行消毒，每周2～3 次。与养殖场相通的周边道路也应进行消毒，每周 1～2 次。在疫病发生和流行期间适当增加消毒次数。每天坚持打扫卫生，保持饲槽、用具干净，环境清洁。大门口、圈舍入口消毒池要定期更换消毒液。场周围及场内污水池、贮粪场（坑）、下水道出口，应定期用农可福或菌疫灭等消毒剂消毒，每月 3～4 次。养殖场要有专门的堆粪场，粪尿及污水处理设施设置要保证符合环境要求，防止污染环境。

三、兽舍及工具消毒

养殖场必须执行每个生产阶段的"全进全出"制度，每批毛皮兽出栏或转舍、调出后，要彻底将兽舍清扫干净，用泡可净清洗加高压水枪冲洗，然后喷雾消毒和熏蒸消毒，空圈2周后，方可转入新兽。兽舍的带兽消毒可根据情况选用安比杀（1∶300 稀释）或安灭杀（1∶150 稀释）或农可福（1∶300 稀释）或过氧可安（1∶300 稀释）或卫可安（1∶150 稀释）或复方戊二醛（1∶300 稀释）等消毒液喷雾消毒。

养殖场每天必须对绞肉器具、烹料锅、饲槽、水盆、饲料车、料桶等器具进行消毒，消毒前应先把用具清洗干净，然后再消毒，消毒剂可选用瑞农（1∶300 稀释）或过氧可安（1∶200 稀释）进行浸泡消毒，约30分钟后捞出用清水清洗干净即可。

四、隔离检疫及无害化处理

养殖场应坚持自繁自养的原则，必须引种时，在引种前必须调查产地是否为非疫区，并有产地检疫证明。引进种兽后应进行隔离观察至少30天，经观察、检疫确认为健康者方可入群饲养。

根据防疫需求，可建病死动物无害处理间。无害处理间应设在养殖场的下风向50米左右处。动物病死后，要进行深埋、焚烧等无害化处理。同时立即对其原来所在的圈舍、隔离饲养区等场所进行彻底消毒，防止疫病蔓延。

第十六节　养蚕消毒技术

一、养蚕前的消毒

1. 养蚕前蚕室的消毒步骤

（1）清扫和清洗　养蚕前首先要对蚕室、蚕具进行全面打扫、清洗，清除室内外的病蚕尸体、蚕丝屑物、蚕沙、杂草、垃圾、墙壁及天花板上的灰尘。同时，要堵塞鼠洞、蚁穴，清除在室内外门窗、墙壁、天花板缝隙中越冬的昆虫。

（2）蚕室、储桑室和蔟室地面、墙壁消毒　为了蚕室消毒更彻底，如果蚕室地面是水泥地面的，用瑞农（1∶100 稀释）或复方戊二醛（1∶150 稀释）或过氧可安（1∶100 稀释）喷洒消毒，每平方米至少喷洒消毒液500毫升；如果蚕室地面是泥土地面，要求削去表面土层，然后垫上新土，也可以把表层土疏松后拌上生石灰粉（添加比例为20%），然后夯实、夯平。蚕室的墙壁用

10%～20%的生石灰水粉刷一遍。

（3）蚕具消毒　蚕匾、蚕网、蚕架、采叶框、鹅毛、蚕筷、切叶板、防干纸、塑料薄膜等必须认真彻底消毒，消毒流程为消毒、清洗、阳光下晒干、再消毒后备用。消毒剂可选用瑞农（1∶100 稀释）或复方戊二醛（1∶150 稀释）或过氧可安（1∶100 稀释）或安比杀（1∶200 稀释）或安灭杀（1∶100 稀释）或清之源（每千克水加 1～2 片）喷洒或浸泡消毒。

（4）蚕室、储桑室和蔟室的熏蒸消毒　消毒后的蚕具全部放到清洁消毒后的蚕室内，密闭蚕室门窗，用烟克（1～2 克/米^3）或烟营（1～2 克/米^3）熏蒸消毒 12～24 小时，熏蒸消毒完成后通风 1～2 小时，散去残余的消毒剂。

2. 注意事项　消毒时间一般要求在养蚕前 7～10 天进行。凡是化学药液消毒的都要用喷雾器将标准浓度的药液均匀地喷洒在所要消毒的物体上，不留死角，药量要充足，并保持 30 分钟以上的湿润时间。熏蒸消毒时，门窗要密闭，门、窗的缝隙要用纸糊好，严防漏气。要掌握药品的性质、有效浓度、有效期限、使用方法，按要求使用，只有做到消毒液配制浓度准确，用药量足，才能起到好的消毒效果。消毒后蚕室、蚕具要妥善保管，未养蚕前不得随意进入蚕室，更不能在室内放其他未消毒的器具。清洗蚕室、蚕具的用水必须清洁，蚕具最好能在流水中清洗。熏蒸消毒时应离蚕具 1 米以上，防止火灾。

二、蚕期的消毒

养蚕前的消毒可以消灭上批养蚕遗留下来的各种病原微生物，为养好小蚕创造良好的环境条件，但在养蚕过程中，周围环境的病原或桑树害虫的病原，可通过桑叶、空气、工具等各种途径进入蚕室，污染蚕具、蚕座、桑叶并进入蚕体，蚕座中患病的个体排出大量的病原造成二次感染，随着蚕期延长病原不断增加，因此，蚕期中的防病消毒工作必须同样重视。蚕期中的防病消毒措施重点是建立经常性的防病卫生制度，隔离淘汰病蚕，定期或不定期进行蚕体、蚕座消毒，防止蚕座内的感染。

1. 建立经常性的防病卫生制度　进出蚕室或储桑室必须坚持换鞋，调桑、给桑前和除沙后要洗手消毒，消毒剂可选用安比杀（1∶200 稀释）或安灭杀（1∶100 稀释）或聚维酮碘（1∶25）或优普诺（1∶200 稀释）或卫牧（1∶200 稀释）。未经消毒的蚕具禁止带入蚕室使用，储桑室及储桑用具要保持清洁卫生，每天清扫残桑剩叶并用消毒药剂消毒地面，消毒剂可选用复方戊二醛（1∶300 稀释）或安比杀（1∶300 稀释）或安灭杀（1∶150 稀释）。运送桑叶与运送蚕沙的用具必须严格分开。在除沙时，要防止灰尘飞扬，在除沙后，要对蚕室地面进行消毒。蚕匾等蚕具常洗晒，蚕网、塑料薄膜每个龄期眠中进行消毒。

2. 隔离淘汰病蚕 染病蚕一般表现出身体瘦小、迟眠迟起，其粪便、蜕皮中带有大量病原微生物，由于蚕是群体活动，病原在蚕座中的传播速度很快。因此，要加强眠起处理，做好分批提青，对弱小蚕和迟眠蚕要隔离饲养或淘汰，防止蚕座内传染。定期进行蚕体、蚕座的消毒，出现病弱蚕要及时挑出，丢入含石灰粉或瑞农的消毒缸内统一深埋处理。

3. 正确处理蚕沙 蚕沙中含有大量病原，在除沙时，不能倒在室内地面或乱摊晒，应运到远离蚕室和桑园的地方进行堆肥发酵腐熟后用做肥料，以免病原扩散。

三、养蚕后应立即消毒

养蚕、采茧结束后，留下大量的病蚕尸体、排泄物以及霉烂的蚕茧，这时病原微生物相对比较集中，要及时清理和消毒，防止病原扩散，俗称"回山消毒"。做法是采茧后及时清除死蚕、薄皮烂茧、残桑、蚕沙等，将所有的蚕室、储桑室、蔟室、蚕具、蔟具等用具喷洒消毒后再进行打扫清洗，这样做可以减少病原微生物扩散的机会。用过的草蔟应立即集中烧毁，塑料蔟、塑料网、塑料薄膜等蚕具消毒后集中保管，鹅毛、蚕网、蚕筷等可蒸煮消毒。养蚕后的消毒请参照养蚕前的消毒。

第十七节　养蜂消毒技术

一、蜜蜂常见病害

蜜蜂的病害主要由病毒、细菌、真菌、寄生螨虫、寄生性昆虫、寄生性线虫和原生动物引起，其中病毒、细菌、真菌、寄生螨虫引起的侵害多为传染病。传染病给养蜂业带来了极大危害，蜜蜂常见传染病见表9-3。

表9-3　蜜蜂常见传染病

病原分类	病原或传染病名称	病原抵抗力
	蜜蜂残翅病毒	不强
	慢性麻痹病毒	不强
	黑蜂王台病毒	病毒抵抗力不强
病毒性传染病	蜜蜂丝状病毒	病毒抵抗力不强
	KaKugo病毒	病毒抵抗力不强
	以色列急性麻痹病毒	病毒抵抗力不强
	中华蜜蜂囊状幼虫病毒	病毒抵抗力不强

（续）

病原分类	病原或传染病名称	病原抵抗力
细菌性传染病	美洲幼虫腐臭病	能形成芽孢，抵抗力很强
	欧洲幼虫腐臭病	能形成芽孢，抵抗力很强
	蜜蜂败血病	不能形成芽孢，抵抗力较弱
	蜜蜂副伤寒病	不能形成芽孢，抵抗力较弱
真菌性传染病	蜜蜂黄曲霉	抵抗力很强
	蜜蜂白垩病	抵抗力极强
	蜜蜂螺原体病	抵抗力很强
蜜蜂寄生螨	狄斯瓦螨	既不耐低温也不耐高温
	亮热厉螨和梅氏热厉螨	抵抗力比狄斯瓦螨强
蜜蜂原生动物病	蜜蜂微孢子虫病	抵抗力极强
	蜜蜂阿米巴病	抵抗力极强

二、蜜蜂病原的传播途径

蜜蜂传染病的传播方式包括垂直传播和水平传播。垂直传播是指病原可以通过蜜蜂的繁殖从亲代传染给下一代的一种方式，比如染病的蜂王可以把病原传递给它产的卵，卵孵化成幼虫或成虫时开始发病或造成死亡，有时雄蜂在交尾时也可以通过精液将病原传染给蜂王，蜂王再传染卵，所以要选择健康的蜂王。水平传播是指病原借助蜜蜂的活动，比如采花蜜花粉、排泄、肢体接触等传播疾病，另外还可以通过巢脾、水源、养蜂用具、风、寄生昆虫、寄生螨、原生动物等传播。要想有效控制蜜蜂的传染病，必须有效地切断传播途径，而切断传播途径的最有效措施就是消毒。所以，养蜂场一定要做好蜂场消毒工作，这样做蜂场才能养好蜂、多赚钱。

三、养蜂场的场地消毒

养蜂场要选择在地势高燥有清洁水源的地方，还要防止洪水和山体滑坡，同时蜂场周边不能有污水，也不能有化工厂和经常喷洒农药的果园、农场、田地。选好场址后要先拔出场地内的杂草，切忌在蜂场及蜂场周边喷洒除草剂除草，以免引起蜜蜂中毒。

养蜂场一般都是随着花季不断迁徙，要求每到一个新的场址必须先进行彻底消毒。消毒后在安排蜂箱入场，最好在卸车前先对车上的蜂箱也做一次彻底的消毒。蜂场场地消毒可选用瑞农（1∶300 稀释）或过氧可安（1∶200 稀释）

或复方戊二醛（1：300稀释）或优普诺（1：300稀释）或卫牧（1：300稀释）喷洒消毒（喷药量和现场环境有关），场地消毒每平方米喷洒消毒液500～1000毫升；蜂箱消毒可选用过氧可安（1：300稀释）或卫可安（1：150稀释）或优普诺（1：300稀释）或卫牧（1：300稀释）喷洒消毒，蜂箱消毒每平方米喷洒消毒液300～500毫升。

四、养蜂用具的消毒

养蜂用具会隐藏或携带大量病原微生物，如果消毒不严将会感染整个蜂群，甚至有的病原微生物能在养蜂用具上存活几个月或数十年，这给蜂群带来了极大的危害，有些蜂场为此曾经全群覆灭。因此，养蜂用具必须进行严格的消毒。养蜂用具的消毒可分为浸泡、洗涤、喷雾、火焰烧灼、高温、光照和熏蒸，根据不同用具的理化特性及消毒要求采用不同的消毒方法。

1. 蜂箱、巢房、巢框的消毒 首先将蜂箱、巢房、巢框清洗干净，然后采用熏蒸消毒法进行消毒，熏蒸可以有效地杀灭蜂螨、蜡螟、巢虫、真菌、细菌和病毒。熏蒸前最好将蜂箱、巢房、巢框用瑞农（1：300稀释）或过氧可安（1：300稀释）或卫可安（1：150稀释）或复方戊二醛（1：300稀释）喷雾消毒一次，喷到挂露珠并趁湿进行熏蒸消毒。熏蒸消毒可采用烟克、烟营或硫黄，将要熏蒸的蜂箱、巢房、巢框放置在一个密闭的房间或空间内，用量均按照每立方米2～5克的量使用，密闭熏蒸24小时，熏蒸完成后将蜂箱、巢房、巢框拿到外面自然通风到没有味道即可使用。也可采用福尔马林熏蒸消毒，由于甲醛具有高度致癌作用而被淘汰。需要注意的是，无论采用何种方法做熏蒸消毒都要注意防火。

2. 起刮刀、割蜜盖刀的消毒 起刮刀、割蜜盖刀可用75％医用酒精消毒，也可用蒸煮消毒，还可以用火焰消毒。

3. 蜂扫、工作服的消毒 蜂扫、工作服可用优普诺（1：300稀释）或卫牧（1：300稀释）洗涤消毒。

4. 塑料隔王板、塑料饲喂器、塑料脱粉器、巢脾、蜂王笼的消毒 可用过氧可安（1：300稀释）或瑞农（1：300稀释）或优普诺（1：300稀释）或卫牧（1：300稀释）进行浸泡、洗涤消毒，浸泡时间不少于30分钟，消毒后用清水冲洗干净晾干备用。需要注意的是养蜂用具消毒必须在脱蜂的情况下进行，每年至少一次。

五、花粉的消毒

花粉极易被真菌孢子污染，同时也很容易携带细菌和病毒。因此，花粉在饲喂前必须进行有效的消毒，花粉的主要消毒方法如下：

（1）高温蒸汽消毒　将花粉放在蒸锅里至少高温蒸 15 分钟，蒸好后取出来摊开晾凉后即可使用。

（2）微波消毒　将花粉放进家用微波炉中进行微波消毒，消毒后晾凉即可使用。用微波炉加热时一定要勤观察、勤翻动，以防烧焦。

（3）辐射消毒　辐射消毒是利用电离辐射杀灭病原微生物的能力对花粉进行消毒，消毒设备一般采用钴 60 源为主要辐射装置，其杀菌原理是利用射线的高能量直接破坏病原微生物的酶系统而导致其死亡。辐射对花粉中的蛋白质、糖类、维生素类等几乎没有影响，是一种安全、可靠的花粉消毒方法。

六、蜂群发生疫情时的消毒

蜂群发生疫情时除了对养蜂场场地、用具进行彻底消毒外，还要对蜂群进行带蜂的蜂体消毒。消毒一般要选择相对晴好的天气进行，消毒方法可采用喷雾消毒（喷头雾化要好），消毒剂可选用卫可安（1∶150 稀释）或过氧可安（1∶300 稀释）或瑞农（1∶300 稀释）。

第十章 养殖场饮用水的消毒技术

养殖场的饮用水来源比较复杂，有取江河、湖泊、池塘水的，有取地下水的，还有取自来水厂管网水的。水的来源不同，其污染程度也不相同，即使所取水达到了饮用水的卫生指标，在养殖场使用过程中还会造成饮用水的二次污染。

饮用水的二次污染主要发生在水塔、水箱、水槽、饮水器等地方，因为水塔、水箱在使用过程中，根据物理学原理，水塔和水箱的水要想源源不断流出来，就必须有空气不停从进气口进到水塔和水箱里来，而空气中含有大量的粉尘、污染物及病原微生物，尤其是畜舍内的水箱更容易被污染（畜舍内空气中病原微生物、粉尘更大），很多养殖场畜禽发病均是饮水污染造成的，所以养殖场饮用水必须进行消毒，以确保动物的健康。水槽、饮水器的污染比较直接和直观，需要饲养员勤刷洗和消毒，我们讲的养殖场饮用水消毒主要是指饮用水水源的消毒、水塔的消毒、水箱的消毒以及管线的清洗与消毒。

第一节 水源的处理消毒

养殖场水源要远离污染源，水源周围 50 米内不得设置储粪场、渗漏厕所。水井设在地势高燥处，防止雨水、污水倒流引起污染。定期进行水质检测和微生物及寄生虫学检查。饮用水中常存在大量的细菌和病毒，特别是受到污染的情况下，饮水常常是畜禽呼吸道和消化道疾病最主要的传播途径。为了杜绝经水传播疾病的发生和流行，保证畜禽的健康，养殖场可以将水经消毒处理后再让畜禽饮用。

一、养殖场水源的卫生标准

（一）水的卫生学标准

水的卫生学标准根据使用目的不同分《无公害食品　畜禽饮用水水质》（NY 5027—2008）（表 10-1）和《无公害食品　畜禽产品加工用水水质》（NY 5028—2008）。

表 10 - 1 畜禽饮用水水质标准

项目			标准
感官性状及一般化学指标	色度	≤	30°
	浑浊度	≤	20°
	臭和味		不得有异臭、异味
	总硬度（以 $CaCO_3$ 计，毫克/升）	≤	1 500
	pH		5.0~9.0
	溶解性总固体（毫克/升）	≤	4 000
	硫酸盐（以 SO_4^{2-} 计，毫克/升）	≤	500
细菌学指标	总大肠菌群（每百毫升 MPN）		成畜 100，幼畜和禽 10
	氟化物（以 F^- 计，毫克/升）	≤	2.0
	氰化物（毫克/升）	≤	0.2
	砷（毫克/升）	≤	0.2
毒理学指标	汞（毫克/升）	≤	0.01
	铅（毫克/升）	≤	0.1
	铬（六价，毫克/升）	≤	0.1
	镉（毫克/升）	≤	0.05
	硝酸盐（以 N 计，毫克/升）	≤	10.0

（二）水的细菌学指标

细菌学检查特别是肠道菌的检查，可作为水受到动物性污染及其污染程度的有力依据，在流行病学上具有重要意义。在实际工作中，通常以检验水中的细菌总数和大肠菌群数来间接判断水质受到人畜粪便等的污染程度，再结合水质理化分析结果，综合分析才能正确而客观地判断水质。

1. 细菌总数 细菌总数是指于 37 ℃培养 24 小时后所生长的细菌菌落数。但在人工培养基上生长繁殖的仅仅是适合于试验条件的细菌菌株，不是水中所有的细菌都能在这种条件下生长，所以细菌总数并不能表示水中全部细菌，也无法说明究竟有无病原菌存在。只能用于相对地评价水质是否被污染和污染程度。当水源被人畜粪便及其他物质污染时，水中细菌总数急剧增加。因此，细菌总数可作为水被污染的指标。

2. 大肠菌群数 水中大肠菌群的数量，一般用大肠菌群指数或大肠菌群值来表示。大肠菌群指数是指 1 升水中所含大肠菌群的数目。大肠菌群值是指含有 1 个大肠菌群的水的最小容积（毫升数），这两种指标互为倒数关系，表示方式如下：

大肠菌群指数＝1 000/大肠菌群数

在正常情况下，肠道中主要有大肠菌落、粪链球菌（肠球菌）和厌氧芽孢菌三类，它们都可随人畜粪便进入水体。由于大肠菌群在肠道中数量最多，生存时间比粪链球菌长而比厌氧芽孢菌短，生活条件又与肠道病原菌相似，因而能反映水体被粪便污染的时间和状况。该指标检查技术简便，故被作为水质卫生指标，可直接反映水体受人畜粪便污染的状况。

二、水的人工净化

养殖场用水量较大，天然水质很难达到《无公害食品　畜禽饮用水水质》（NY 5027—2008）要求以及畜牧场人员《生活饮用水卫生标准》（GB 5749—2006）要求，因此针对不同的水源条件，经常要进行水的净化与消毒。水的净化处理方法有沉淀（自然沉淀及混凝沉淀）、过滤、消毒和其他特殊的净化处理措施。沉淀和过滤不仅可以改善水质的物理性状，除去悬浮物质，而且能够消除部分病原体；消毒的目的主要是杀灭水中的各种病原微生物，保证畜禽饮用安全。一般来讲可根据牧场水源的具体情况，适当选择相应的净化消毒措施。

地面水常含有泥沙等悬浮物和胶体物质，比较浑浊，细菌的含量较多，需要采用混凝沉淀、砂滤和消毒法来改善水质，才能达到《无公害食品　畜禽饮用水水质》要求。地下水相对较为清洁，只需消毒处理即可。

（一）混凝沉淀

从天然水源取水时，当水流速度减慢或静止时，水中原有悬浮物可借本身重力逐渐向水底下沉，使水澄清，称为"自然沉淀"。但水中软细的悬浮物及胶质微粒，因带有负电荷，彼此相斥不易凝集沉降。因此必须加入明矾、硫酸铝和铁盐（如硫酸亚铁、氯化铁等）混凝剂，与水中的重碳酸盐生成带正电荷的胶状物，带正电荷的胶状态物与水中原有的带负电荷的极小的悬浮物及胶质微粒凝聚成絮状物而加快沉降，此称"混凝沉淀"。

这种胶状物带电荷，能与水中带有负电荷的微粒相互吸引凝集，形成逐渐加大的絮状物而沉降混凝沉淀。一般可减除悬浮物 70%～95%，其除菌效果约 90%。混凝沉淀的效果与一系列因素有关，如浑浊度大小、温度高低、混凝沉淀的时间长短和不同的混凝剂用量。可通过混凝沉淀试验来确定，普通河水用明矾时，需 40～60 毫克/升；浑浊度低的水，以及在冬季水温低时，往往不易混凝沉淀，此时可投加助凝剂，如硅酸钠等，以促进混凝。

（二）砂滤

砂滤是把浑浊的水通过砂层，使水中悬浮物、微生物等阻留在砂层上部，水即得到净化。砂滤的基本原理是阻隔、沉淀和吸附作用。滤水的效果决定于滤池的构造、滤料粒径的适当组合、滤层的厚度、滤过的速度、水的浑浊和滤池的管理情况等因素。集中式给水的过滤。一般可分为慢砂滤池和快砂滤池两种。目前大部分自来水厂采用快砂滤池，而简易自来水厂多采用慢砂滤池。分散式给水的过滤，可在河或湖边挖渗水井，使水经过地层自然滤过，从而改善水质。如能在水源和渗水井之间挖一砂滤沟，或建筑水边砂滤井，则能更好地改善水质，此外，也可采用砂滤缸或砂滤桶来滤过。

三、饮用水的消毒方法

（一）饮用水的消毒方法

（1）物理消毒法　物理法有煮沸消毒法、紫外线消毒法、超声波消毒法、磁场消毒法、电子消毒法等。

（2）化学消毒法　使用化学消毒剂对饮用水进行消毒，是养殖场饮用水消毒的常用方法。

（二）饮水消毒常用的化学消毒剂

理想的饮用水消毒剂应无毒、无刺激性，可迅速溶于水中并释放出杀菌成分，对水中的病原性微生物杀灭力强，杀菌谱广，不会与水中的有机物或无机物发生化学反应和产生有害有毒物质，不残留，价廉易得，便于保存和运输，使用方便等。目前常用的饮用水消毒剂主要有氯制剂、碘制剂和二氧化氯。

1. 氯制剂　在养殖场常用于饮用水消毒的氯制剂有漂白粉、二氯异氰脲酸钠、漂白粉精、氯氨 T 等，其中前两者使用较多。漂白粉含有效氯 $25\%\sim32\%$，价格较低，应用较多，但其稳定性差，遇日光、热、潮湿等分解加快，在保存中有效氯含量每日损失量在 $0.5\%\sim3.0\%$，从而影响到其在水中的有效消毒浓度；二氯异氰脲酸钠含有效氯 $60\%\sim64.5\%$，性质稳定，易溶于水，杀菌能力强于大多数氯胺类消毒剂。氯制剂溶解于水中后产生次氯酸而具有杀菌作用，杀菌谱广，对细菌、病毒、真菌孢子、细菌芽孢均有杀灭作用。氯制剂的使用浓度、作用时间、水的酸碱度、水质、环境、水的温度、水中有机物等都可影响氯制剂的消毒效果。

2. 碘制剂 可用于消毒水的碘制剂有碘元素（碘片）和有机碘、碘伏等。碘片在水中溶解度极低，常用2％碘酒来代替；有机碘化合物含活性碘25％～40％；碘伏是一种含碘的表面活性剂，在兽医上常用的碘伏类消毒剂为阳离子表活性物碘。碘及其制剂具有广谱杀灭细菌、病毒的作用，其消毒效果受到水中有机物、酸碱度和温度的影响，碘伏易受到其颉颃物的影响，可使其杀菌作用减弱。

3. 二氧化氯 二氧化氯是目前消毒饮用水最为理想的消毒剂。二氧化氯是一种很强的氧化剂，它的有效氯的含量为263％。二氧化氯杀菌谱广，对水中细菌、病毒、细菌芽孢、真菌孢子都具有杀灭作用。二氧化氯的消毒效果不受水质、酸碱度、温度的影响，不与水中的氨化物起反应，能脱掉水中的色和味，改善水的味道。但是二氧化氯制剂价格较高，大量用于饮用水消毒会增加消毒成本。目前常用的二氧化氯制剂有二元制剂和一元制剂两种。其他种类的消毒剂则较少用于饮用水的消毒。

在养殖场中饮用水的消毒剂主要有漂白粉、二氯异氰脲酸钠和二氧化氯三种（表10-2）。从经济效益出发，漂白粉虽然价廉，但效果不稳定，不能保证对水的有效消毒；二氧化氯价高，用于猪场中大量水的消毒成本稍高；二氯异氰脲酸钠价格适中，易于保存，但是消毒后有余氯残留。残留的余氯可使动物肝脏损伤、消化道功能障碍和溃疡，严重的造成穿孔，余氯过重直接导致动物饮水大幅度减少，直接影响动物健康。

表 10-2 各种饮水消毒剂比较

常用饮水消毒剂	二氧化氯	二氯异氰脲酸钠	漂白粉	碘制剂
稳定性	好	一般	差	一般
杀灭力	强	强	强	强
有无残留	无	有	有	有
是否有无去味和去色作用	有	去色不去味	去色不去味	无
对胃肠道是否有刺激作用	无	有	有	有
消毒效果是否受水质的影响	不受任何影响	受影响	受影响	受影响
人、畜能否共用	能	一般不建议用	一般不建议用	不能

（三）饮水消毒的操作方法

1. 水塔和蓄水池消毒 为了做好饮用水的消毒，首先必须选择合适的水源。在有条件的地方尽可能地使用地下水。在采用地表水时，取水口应在养殖场自身和工业区居民的污水排放口上游，并与之保持较远的距离；取水口应建立在靠近湖泊或河流中心的地方，如果只能在近岸处取水，则应修建能对水进行过滤的滤井；在修建供水系统时应考虑到对饮用水的消毒方式，最好建筑水塔或蓄水池。

（1）一次投入法　在蓄水池或水塔内放满水，根据其容积和消毒剂稀释要求，计算出需要的化学消毒剂量，在进行饮用前，投入到蓄水池或水塔内拌匀，让家畜饮用，消毒剂可选用清之源，用量是每吨水 6～12 片。一次投入法需要在每次饮完蓄水池或水塔中的水后再加水，加水后再添加消毒剂，需要频繁在蓄水池或水塔中加水加药，十分麻烦。适用于需水量不大的小规模养殖场和有较大的蓄水池或水塔的养殖场。

（2）持续消毒法　养殖场多采用持续供水，一次性向池中加入消毒剂，维持较短的时间，频繁加药比较麻烦，为此可在贮水池中应用持续氯消毒法，一次投药后可保持 7～15 天对水的有效消毒。方法是将消毒剂用塑料袋或塑料桶等容器装好，装入的量为用于消毒 1 天饮用水的消毒剂的 20 倍或 30 倍量，将其拌成糊状，视用水量的大小在塑料袋（桶）上打 0.2～0.4 毫米的小孔若干个，将塑料袋（桶）悬挂在供水系统的入水口内，在水流的作用下消毒剂缓慢地从袋中释出。由于此种方法控制水中消毒剂浓度完全靠塑料袋上直径大小和数目多少，因此一般应在第 1 次使用时进行试验，为了确保在 7～15 天内袋中的消毒剂应完全被释放。首次使用需测定水中的余氯量，同时也可测定消毒后水中细菌总量来确定消毒效果。

2. 水箱的消毒　畜禽舍内加装水箱的优点：一是可以减压和稳压，二是加药和控水方便。养殖场一般都建有水塔或蓄水池，如果直接将水接到饮水器上，水压很难控制，另外水温也难控制（不是高温，就是结冰），再加上饮水加药也很困难。所以，一般的养殖场都会在畜禽舍内加装水箱，虽然加装水箱有很多优点，但是缺点也比较明显，主要就是饮水的污染问题，要解决这一问题，必须科学设计和安装水箱。

合格的水箱应具备以下几点：一是盛水量要满足舍内动物一天的饮水量；二是所用材质要无毒、耐腐蚀；三是要留有加药孔；四是进气口要加装空气过滤器；五是要有防溢装置；六是水箱底部要有排污口；七是进水口和出水口要有阀门开关，出水口要适当高于水箱底部；八是要有水位显示装置。

水箱的消毒比较简单，首先计算出水箱的体积（体积＝长×宽×高），加满水后，按照每吨水添加 6～12 片清之源，10 分钟后即可饮用，如果水中没有异味，每天添加一次即可。每个月最少彻底清理水箱一次。

水箱消毒的注意事项：一般情况下，加药时和水箱消毒要错开一小时以上

（水塔消毒基本不会对药物产生影响），加药前和加药后都要对管线和水箱进行彻底清洗消毒。用弱毒苗饮水免疫时，前后两天不准饮水消毒，但是免疫结束后必须及时对水箱进行彻底的清洗和消毒。用灭活苗饮水免疫时参照加药时的饮水消毒即可。

（四）饮水消毒的注意事项

1. 选用安全有效的消毒剂 饮水消毒的目的虽然不是为了给畜禽饮用消毒液，但归根结底消毒液会被畜禽摄入体内，而且是持续饮用。因此，对所使用的消毒剂，要认真地进行选择，以避免给畜禽带来危害。

2. 正确掌握浓度 进行饮水消毒时，要正确掌握用药浓度，并不是浓度越高越好，既要注意浓度，又要考虑副作用的危害。

3. 检查饮水量 经常检查饮水器的流量和畜禽的饮用量（表 10 - 3），如果饮水不足，特别是夏季，将会引起生产性能的下降或死亡。

表 10 - 3 猪场自动饮水器的流量和安装高度

适用猪群	流量（毫升/分钟）	安装高度（毫米）
种公猪、空怀妊娠母猪、哺乳母猪	2 000～2 500	600
哺乳仔猪	300～800	120
保育猪	800～1 300	280
生长育肥猪、后备母猪	1 300～2 000	380

4. 避免破坏免疫作用 在饮水中投入疫苗（主要是指弱毒苗）或滴眼、滴鼻、气雾免疫，前后各 2 天，计 5 日内，必须停止饮水消毒。同时，要把饮水用具洗净，避免消毒剂破坏疫苗的免疫作用。

四、供水系统的清洗消毒

供水系统应定期检查和冲洗，可防止水管中因沉积物的积聚而导致流量不足。在集约化养殖场实行"全进全出制"时，新群入舍之前，在进行畜禽舍清洁的同时，也应对供水系统进行冲洗。通常可先采用高压水冲洗供水管道内腔，而后加入清洁剂，经 1～3 小时后，排出药液，再以清水冲洗。清洁剂可用清之源（具体操作方法请参照终末消毒一节）。使用清洁剂可除去供水管道中沉积的水垢、锈迹、水藻等，清洁剂还可与水中的钙或镁相结合。此外，在采用经水投药的疾病防治时，于经水投药之前 2 天和用药之后 2 天，也应使用清洁剂来清洗供水系统。

洪水期或不安全的情况下，井水可用清之源（12 片/吨）或瑞农（30 克/吨）消毒。使用饮水槽的养殖场最好每隔 4 小时换 1 次饮水，保持饮水清洁，饮水槽和饮水器要定期清理消毒。

第二节 饮用水消毒效果的检测

（一）微生物学指标

评价饮用水消毒效果的微生物学指标包括细菌总数、总大肠菌群数、粪大肠菌群数和余氯等。

（二）采样

根据无菌操作原则，将水样采集入无菌瓶中，其中用于细菌检样的水样瓶中应事先加人无菌处理的中和剂，混匀后作用 10 分钟以中和余氯，阻止其继续灭菌。将水样尽快送往实验室检测。

（三）测定方法

1. 细菌总数 准确量取 1 毫升水样，注入空的灭菌的培养皿中，再加入 15 毫升左右冷却至 44～45 ℃的普通营养琼脂，水平沿同一方向旋转培养皿，使水样与琼脂充分混合。待琼脂凝固后，将培养皿倒置，于 37 ℃恒温培养 24 小时，计数培养皿中的菌落数。

2. 总大肠菌群数

（1）用无菌镊子夹取无菌的纤维滤膜边缘，将粗糙面向上，贴放在已灭菌滤器的滤床上，稳妥地固定好滤器。取一定量的待检水样（稀释或不稀释）注入滤器中，加盖，打开抽气阀门，在负压 0.05 兆帕下抽滤。

（2）抽滤完水样后，再抽气约 5 秒，关上滤器阀门，取下滤器。用无菌镊子夹取滤膜边缘，移放在品红亚硫酸钠琼脂培养基培养皿上，滤膜截留细菌面向上。滤膜应与琼脂培养基完全紧贴，中间不能留有气泡，然后将培养皿倒置，放入 37 ℃恒温培养箱内培养 24 小时。

（3）对在滤膜上生长的带有金属光泽的黑紫色大肠杆菌菌落进行计数，计算出水样中含有的总大肠菌群数。

$$总大肠菌群数 = \frac{滤膜上菌落数 \times 稀释倍数}{被检水样体积（毫升）}$$

3. 粪大肠菌群数 粪大肠菌群的测定与总大肠菌群基本相同，只是在恒温培养箱内培养的温度有所不同，总大肠菌群的培养温度为 37 ℃，而粪大肠菌群的培养温度为 44 ℃，这是由粪大肠菌群主要来源于人和温血动物粪便的特性所决定的。

4. 余氯（需在水样采集后立即进行测定） 取水样 5 毫升，放入 10 毫升试管中，滴加邻联甲苯胺溶液 3～5 滴，摇匀，静置 2～3 分钟。与氯含量标准颜色比色管进行比色对照，即可估测出余氯的含量（其中水温最好在 15 ℃～20 ℃）。

（四）饮用水消毒效果评价

卫生部颁布的我国《生活饮用水卫生标准》（GB 5749—2006）中规定：每毫升水中细菌菌落数不得超过 100CFU；每 100 毫升水中总大肠菌群不得检出；每 100 毫升水中粪大肠菌群同样不得检出；余氯在接触 30 分钟后，应不低于 0.3 毫克/升，集中式给水，除出厂水应符合上述要求外，管网末梢水中的余氯不低于 0.05 毫克/升。

1. 细菌总数 水样中细菌总数虽不能直接说明水样中是否有病原微生物存在，但细菌总数的测定还是有意义的。因为，细菌总数的多少常与水的污染程度呈正相关，细菌总数越多，说明水体中有机物及分解产物的含量越多，从而可判定病原微生物污染情况。

2. 总大肠菌群数 大肠菌群是指一群需氧或兼性厌氧的，在 37 ℃生长时能使乳糖发酵，在 24 小时内产酸产气的革兰氏阴性无芽孢杆菌。将带菌滤膜置于含有品红亚硫酸钠琼脂培养基上，经 37 ℃恒温培养 24 小时后，呈现出金属光泽的黑紫色菌落。它不仅来自人和动物的粪便，也可来自植物和土壤。生活在自然环境中的大肠菌群，已适应了较低的环境温度，在 37 ℃的条件下可以生长，但将培养温度提高至 44 ℃时，则不能生长。将在 37 ℃培养生长的大肠菌群，包括粪便内生长的大肠菌群在内，统称为总大肠菌群数。总大肠菌群数不仅可作为水质污染的指标，也是判断饮水消毒效果的重要指标，这是因为大肠菌群对各种消毒剂的耐受力一般都比肠道致病菌高，比如霍乱弧菌、伤寒杆菌、痢疾杆菌等都比大肠菌群容易被杀灭。

3. 粪大肠菌群 在我国《生活饮用水卫生标准》中，特别新增加有关粪大肠菌群的卫生指标。由于粪大肠菌群来源于人和温血动物的粪便，所以粪大肠菌群是判断水质是否受到粪便污染的一个重要指标。参照 1993 年世界卫生组织（WHO）颁布的《饮用水水质标准》，我国规定生活饮用水中每 100 毫升水样中不得检出粪大肠菌群。为了与植物和土壤等自然环境本身存在的大肠菌群区别，将培养温度提高到 44 ℃，仍能生长出带有金属光泽的黑紫色大肠杆菌菌落称为粪大肠菌群，由此可判断出污染物的来源。在人类粪便中，粪大肠菌群占总大肠菌群的 96.4%。所以，粪大肠菌群在卫生学上具有更大的意义。

4. 余氯 我国当前饮用水消毒绝大多数采用氯及其制剂进行消毒，要求氯和水接触 30 分钟后，游离性余氯不应低于 0.3 毫克/升。余氯对防止水的二次污染作用不大，但在输水管网内出现二次污染时，余氯易被耗尽，因此余氯可作为有无二次污染的指示信号。

第十一章　动物园的消毒技术

　　动物园是一个多品种野生动物集中饲养的场所，具有科普教育和发展珍稀动物种群的功能。大量游客进入动物园，近距离接触动物，不可避免地存在潜在人与动物间交叉感染引发疾病的危险。动物园为了展览与繁殖的需要，可能从野生动物原产地、其他动物园或者其他国家引进动物，这成为疾病的潜在来源。由此可见，动物园各处各地和进出动物园的人、动物和物品都要进行消毒。严格的消毒是动物园防疫的重要措施，也是防控人兽共患疾病的措施之一。在消毒技术方面，动物园虽然动物的绝对数量少、饲养密度低，但展出动物一般是国家级保护动物，甚至是世界濒危物种，具有很高的经济价值和物种价值，且笼舍结构与展出方式多种多样，与人群接触、交流十分频繁。因此，动物园消毒应更严格、更严密。

第一节　动物园常用的化学消毒法

　　1. 喷洒消毒法　主要用于地面、粗糙的墙体和动物体表的消毒。宜选择喷出水珠颗粒小而均匀的消毒器进行消毒。根据消毒对象面积大小，可选用洒水壶、手动喷雾器、电动喷雾器等消毒器。手动气压式喷水壶比洒水壶喷出的雾气颗粒小，喷出速度均匀，能以较少的消毒液达到更好的消毒效果，可用于小型动物场馆和动物体表的消毒。有些消毒剂会腐蚀金属喷嘴，使用后立即清洗，以防喷嘴堵塞。多种消毒剂可用于动物场馆、地面的喷洒消毒，如农可福、安比杀、过氧可安、优普诺、卫牧、全保净、镇疫醛等。

　　2. 刷洗消毒法　适用于光滑的地面、墙面以及操作台、食具、饮具、运输笼、鸟卵等物体的消毒。这些物体表面光滑，消毒液喷洒在上面易形成水珠状，起不到消毒作用；或者体积大，形状、结构复杂，其他化学消毒法难以奏效。一般用于喷雾消毒的消毒剂均可用于本消毒法，但金属物体的消毒不能用烧碱等强酸、强碱类消毒剂；食具、饮具不用农可福、菌疫灭等消毒剂。

　　3. 熏蒸消毒法　适用于保温和卫生要求高、密闭性好的动物笼舍、孵化室、育幼（雏）室、隔离检疫室等，可用过氧可安（7.5～15毫升/米³）或卫可安（0.8～4.0克/米³）或烟克（2～3克/米³）或烟营（2～3克/米³）或甲醛（每 42 毫升福尔马林、高锰酸钾 21 克/米³，要注意甲醛是强致癌物）熏蒸消毒。消毒后应及时通风或开启排风扇、通风管，加速空气中的消毒剂排出，防止人与动物过多吸入。动物发生群发感冒时，可用过氧可安（用原液自由挥发即可）对空气进行熏蒸消毒，而不需隔离动物。

4. 浸泡消毒法　适用于瓜果蔬菜、工作服、器皿、部分医疗器具、水池、鞋底、轮胎以及水生动物体表消毒。根据消毒对象的不同、消毒时间的长短，选择不同的消毒剂。瓜果蔬菜可选用 0.1％～0.5％高锰酸钾溶液浸泡 15～30 分钟；工作服、器皿、医疗器械等可选用优普诺（1∶300 稀释）或卫牧（1∶300 稀释）消毒。消毒池、消毒槽内的消毒药应不易挥发，药效持久，可用农可福（1∶300 稀释）或菌疫灭（1∶300 稀释）。海豹、海狮、海龟等水生动物发生皮肤病时可用浸泡法消毒体表，常用 0.1％高锰酸钾、0.05％～0.1％氯化钠，浸泡 0.5～1.0 小时。

汽车通道入口应设置一个长不小于 2.5 米、深 30～40 厘米的消毒池以消毒汽车轮胎，消毒液的深度以不小于 10 厘米为宜。动物笼舍门口设置可动或不可动消毒槽。槽深度 20～30 厘米，消毒液的深度要能没过工作靴的鞋面，有的动物园用塑料盒作为消毒池，换药和清洗均很方便。动物园入口处设置长度不小于 1.5 米、深 2～3 厘米的消毒槽，用来消毒工作人员和游客的鞋底，可在槽内铺一层棕垫，防止消毒液溅出和过快风干。

第二节　动物园的消毒方案

一、环境的消毒

园区干道、草坪、山地、水面以清扫保洁为主，及时清除垃圾、枯枝、落叶。在疫病的高发季节，主要是春秋两季，应对园区干道、广场实施消毒，地面可以选用农可福（1∶300 稀释）或菌疫灭（1∶300 稀释）或过氧可安（1∶200 稀释），用动力喷雾器喷洒消毒。景区休闲桌椅每天上午用清水擦洗，每周用过氧可安（1∶300 稀释）或复方戊二醛（1∶300 稀释）或优普诺（1∶300 稀释）或卫牧（1∶300 稀释）洗刷消毒一次。垃圾箱内套一次性垃圾袋，可以方便地取出垃圾并保持箱内清洁，垃圾投入口应每天用农可福（1∶200 稀释）或菌疫灭（1∶200 稀释）刷洗或喷洒消毒一次。动物园可在非游览区设置垃圾场，以临时堆放旅游垃圾或动物废弃物。垃圾场内的垃圾至少每天清除一次，并用清水冲洗后，再用农可福（1∶200 稀释）或菌疫灭（1∶200 稀释）喷洒消毒。

办公区一般每月消毒一次。消毒之前用扫把或吸尘器将地面以及角落的灰尘清扫干净，必要时移动办公桌椅、书橱及其他设备，以便清洁被设备覆盖的地面灰尘。用湿拖布、抹布再次清洁后，用优普诺（1∶300 稀释）或卫牧（1∶300 稀释）等季铵盐类消毒液喷洒地面，擦拭门把手、电话、电脑等设备的表面。

笼舍周围的参观道、室内参观走廊和动物表演馆观众席是游客较集中的地方，消毒工作尤为重要。每天清扫垃圾、灰尘、蜘蛛网，用湿布擦拭参观护栏、玻璃和窗户，游客高峰前后，用水刷洗地面，清除污渍，刮水器清除积水后，用农可福（1∶300 稀释）或安比杀（1∶300 稀释）或安灭杀（1∶150 稀释）或复方戊二醛（1∶300 稀释）或镇疫醛（1∶150 稀释）或过氧可安（1∶300 稀释）或卫可安（1∶150 稀释）喷洒消毒。

二、入园动物的消毒

无论是从国内外引进的动物、展览回园的动物，还是从野外捕捉或因伤病救护的野生动物，入园之前用过氧可安（1∶300 稀释）动物体表喷洒消毒后，送检疫场隔离检疫。在检疫期间，动物粪便等废弃物应单独消毒处理，工作服、工作靴、清洁工具等不可与其他场馆串用，每天刷洗消毒，消毒可选用农可福（1∶300 稀释）或安比杀（1∶300 稀释）或安灭杀（1∶150 稀释）或复方戊二醛（1∶300 稀释）或镇疫醛（1∶150 稀释）或过氧可安（1∶300 稀释）或卫可安（1∶150 稀释）喷洒消毒。

三、入园人员、车辆的消毒

在动物园大门口游客通道和工作人员通道都应设置消毒槽，以消毒鞋底。槽内最好铺上棕垫，以防止消毒液溅出，减少蒸发。消毒剂可选用农可福（1∶200 稀释）或菌疫灭（1∶200 稀释），每天喷洒棕垫 1～2 次，喷洒的量以人站在上面有少量水被挤出为宜，每 7 天用清水清洗棕垫一次。

工作人员入园后，首先穿消毒过的工作服和工作靴，方可到工作场所；操作前应戴消毒口罩和手套，工作靴经消毒槽浸泡消毒后方可进入动物笼舍。消毒槽的消毒剂可用农可福（1∶200 稀释）或菌疫灭（1∶200 稀释），每 2 天用清水清洗消毒槽，更换一次消毒液。

车辆出入动物园可用消毒池对轮胎浸泡消毒。消毒剂可选用农可福（1∶300 稀释）或菌疫灭（1∶300 稀释），消毒液的深度以不小于 10 厘米为宜。根据车辆进出数量，可 5～7 天更换一次消毒液。运输动物的车辆用农可福（1∶200 稀释）或菌疫灭（1∶200 稀释）喷洒消毒，园内运送饲料、动物的车辆一般用清水刷洗车厢，必要时可采用专用泡沫清洗剂泡可净［1∶（80～100）稀释］

进行清洗；装运了患病动物或可能污染了病原体时，可用农可福（1∶200 稀释）或菌疫灭（1∶200 稀释）或过氧可安（1∶200 稀释）或安比杀（1∶200 稀释）或安灭杀（1∶100 稀释）或复方戊二醛（1∶200 稀释）或镇疫醛（1∶100 稀释）或卫可安（1∶100 稀释）进行彻底消毒。

四、动物笼舍和表演馆的消毒

1. 动物笼舍和动物表演区的消毒　消毒之前应隔离动物，清扫粪便、残余食物、灰尘和垃圾，然后按从上到下，从左至右的顺序用水冲洗，用刷子刷洗或高压水枪冲洗。笼舍内外包括墙壁、地面（泥土地面除外）、玻璃、栖架、假山、窗台、水槽、表演道具等动物能接触到的部分都应彻底刷洗，不留粪迹、尿渍；粗糙面用喷洒消毒，光滑面用刷洗消毒；用刮水器清除地面积水，开窗或排风扇通风晾干。一般上午消毒内笼舍，下午消毒外笼舍，每周用化学消毒剂消毒一次，消毒剂可选用农可福（1∶300 稀释）或菌疫灭（1∶300 稀释）或安比杀（1∶300 稀释）或安灭杀（1∶150 稀释）或复方戊二醛（1∶300 稀释）或镇疫醛（1∶150 稀释）或过氧可安（1∶300 稀释）或卫可安（1∶150 稀释）。发生传染病时，应每天消毒 1～2 次。

2. 外运动场的消毒　对生长大量植被、动物密度低的运动场，如食肉动物、灵长类动物的运动场，一般采取清扫或捡拾地面的粪便、垃圾。动物密度较大、植被稀少的运动场，除了采取机械消毒措施外，每周化学消毒一次，消毒剂可选用农可福（1∶300 稀释）或菌疫灭（1∶300 稀释）或安比杀（1∶300 稀释）或安灭杀（1∶150 稀释）或复方戊二醛（1∶300 稀释）或镇疫醛（1∶150 倍稀释）或过氧可安（1∶300 稀释）或卫可安（1∶150 稀释）等喷洒消毒。发生传染病或严重寄生虫病（如球虫病）时，应铲除表土，并用农可福（1∶100 稀释）喷洒消毒。动物禁放 1 天。

五、水池的消毒

动物园的水池有多种多样。狮、虎、熊、象、熊猫等动物场馆内的水池是供动物饮水、偶尔娱乐的场所；河马、海狮、海豹、游禽、涉禽等动物的水池是其生活的主要场所；海豚、海龟、鱼类的水池是其生活的唯一场所。根据动物密度、使用的频率、水面积的大小，采取相应的消毒措施。

每天打捞池面漂浮物和池底残余食物、垃圾是保持水质的一般措施，为保证水质的安全，可以每 1 000 升水加入 6～12 片清之源。消毒水池最彻底的措施是换水，并清扫刷洗池底的污泥、积粪、垃圾以及积在岸边、假山上的粪迹。用过氧可安（1∶200 稀释）喷洒消毒，30 分钟后用清水将残留消毒液冲洗干净后放入新鲜水。狮、虎、熊、象、熊猫等动物的水池夏天可 5～15 天换一次水；河马水池可 3～5 天换一次水。面积较大彻底换水困难的水池如水禽湖，可在进水口相对位置设一排水口，每天或定期注入活水，排出一部分池水，每 7～15 天按 1 000 升水用 6～12 片的清之源对水体进行消毒。发生传染病时，池水消毒并排干，清扫池底，用过氧可安（1∶200 稀释）喷洒消毒，再太阳曝晒 5～7 天。

海洋动物水池的消毒可以采用换水并刷洗消毒的方式，也可以设置由饲养池、过滤池、消毒池、曝气池组成的循环系统。过滤池中的细砂、活性炭等可过滤吸附水中杂质，在消毒池用臭氧消毒，在曝气池中除去过多的臭氧，即完成对池水的消毒，可重新注入饲养池使用。饲养池底的饵料、动物排泄物可用虹吸的方式除去，一般每 2 天虹吸 1 次。

六、饲料室及饲料的消毒

（一）饲料室的消毒

饲料室是饲料贮存和加工的场所，卫生和消毒工作极其重要。刀具、砧板、操作台面、盆、筐、水池等使用后立即用洗洁精刷洗，每天下班前用瑞农（1∶300 稀释）消毒液浸泡消毒 5～15 分钟，沥干水分备用。地面用清水刷洗，然后刮干积水，用过氧可安（1∶200 稀释）喷洒消毒。晚上通风干燥或紫外灯消毒。每个月应清空冰箱、冰柜一次，铲除冰块或自然化冻，用水或抹布将箱内的血水、碎肉、饲料残渣清洗干净，再用吸水布擦干积水，用过氧可安（1∶200 稀释）喷洒或擦洗消毒内表面。同时清洗冰箱、冰柜的外表面。

（二）饲料的消毒

1. 瓜果蔬菜类青绿饲料的消毒 瓜果蔬菜类青绿饲料先用水清洗表面的泥土，放入 0.1%～0.2%高锰酸钾水溶液中浸泡 15～30 分钟，再用清水冲洗一次，沥干即可。

2. 冰冻肉鸡鱼类的消毒 冰冻肉、鸡、鱼类先自然解冻，剔除内脏，用清水冲净血水，沥干即可投喂。腐败变质的动物性饲料禁止饲喂动物。

3. 粮食的消毒 粮食应贮存在通风干燥的库房内，每天开启排风扇以降低空气湿度。有鸡蛋、肉末的混合饲料应隔水蒸 45～60 分钟。

七、动物体表的消毒

入园动物或发生传染病时的隔离检疫期间应对动物实施体表消毒，消毒剂可选用农可福（1∶300 稀释）或菌疫灭（1∶300 稀释）或安比杀（1∶300 稀释）或安灭杀（1∶150 稀释）或复方戊二醛（1∶300 稀释）或镇疫醛（1∶150 稀释）或过氧可安（1∶300 稀释）或卫可安（1∶150 稀释），每天喷洒消毒一次，喷雾要均匀，量不宜过多。应为虎、狮、熊以及鸟类等动物提供水池或水盆，让其自行洗澡，清除体表污物和异味。有些性情温驯或经驯化的动物，可以用刷子刷去体表的尘土和寄生虫，用水管人为助其洗澡。

八、用具的消毒

笤帚、粪簸箕、垃圾车、工作服、工作靴、运输笼等工具、用具消毒之前，应用清水和清洗剂（泡可净）冲洗或刷洗，除去污物，再用消毒液浸泡或喷洒消毒 10～15 分钟，笤帚、粪簸箕、垃圾车、运输笼等工具可选择农可福（1∶200 稀释）或菌疫灭（1∶200 稀释）消毒。工作服、工作靴可选用优普诺（1∶300 稀释）或卫牧（1∶300 稀释）消毒，消毒后再次用清水洗涤后置通风处晾干或阳光下晒干。

九、污物、垃圾的无害化处理

动物园产生的污物、垃圾主要有动物粪便、垫料、残余食物等动物废弃物，枯枝、落叶、枯草、剔除了变质的菜叶、水果等植物性垃圾，塑料袋、塑料瓶、纸袋、玻璃瓶等旅游垃圾，以及兽医院过期或用剩的药品、使用过的纱布、棉球、注射器、输液器、安瓿以及动物尸体等医疗垃圾。动物废弃物、旅游垃圾、医疗垃圾应分别处理。动物废弃物应用不漏水的塑料筐（或金属容器）装盛，不宜装盛过满，以免运送过程中洒落。笼舍打扫完毕，应立即将废弃物送往生物消毒处理场进行消毒处理。车辆和塑料筐经清洗消毒后方可返回笼舍。笼舍内产生的植物性垃圾可以与动物废弃物一起按堆肥法进行生物消毒处理。

旅游垃圾按可回收和不可回收进行分类处理。不可回收垃圾以及笼舍外的植物性垃圾应用专用垃圾车运送至城市垃圾处理场处理，一般每天清理一次，如果数量较少，装入垃圾车保存至第二天再送出动物园，垃圾车入园之前应清洗轮胎和外表面并用农可福（1∶200 稀释）或菌疫灭（1∶200 稀释）喷洒消毒。可回收垃圾以及医疗垃圾应分别用垃圾袋密封保存，通知专门的回收机构上门收集处理。动物尸体可用过氧可安（1∶100 稀释）或农可福（1∶100 稀释）或安比杀（1∶100 稀释）或安灭杀（1∶50 稀释）喷洒消毒，或者进行生物发酵消毒或进行焚烧等无害化处理。如果数量少，可用垃圾袋密封后放入冰库保存，然后集中焚烧处理。

第十二章　动物医院的消毒技术

动物医院是对发病的各种动物进行诊疗的场所，发病动物携带的病原微生物和寄生虫等经各种途径排出体外后，污染动物医院地面、墙壁和各种用具器械等，易造成疾病的传播。此外，医护人员的手和诊疗用具也极易成为疾病的传播媒介。在动物医院感染控制中，消毒和灭菌在预防与控制外源性和内源性感染中发挥着极其关键的作用，因此动物医院应做好随时消毒和终末消毒，同时做好预防性消毒，以减少动物医院内外的感染。

第一节　动物医院医疗器械消毒灭菌方法的选择

动物医院的所有物品都有可能受到污染，需要消毒。它们由不同性质的材料制成，对热、湿、辐射的耐受性各不相同，动物医院在消毒后大部分的物品应保持其原有的使用价值，因此应严格按照其理化特性选择适宜的消毒方法。

（1）耐热、耐湿物品，如金属、玻璃、棉织物等首选高压蒸汽灭菌。金属、玻璃等还可选用干热灭菌和煮沸灭菌法。

（2）不耐热、不耐湿物品和精密仪器可选用环氧乙烷和甲醛气体灭菌。

（3）不耐热、不耐腐蚀医疗器械可用复方戊二醛消毒液浸泡消毒或灭菌。

（4）有些物品的材质可吸附某些化学物质，如化纤、塑料可吸附季铵盐类化合物、酚及其衍生物，聚氯乙烯和橡胶可吸附环氧乙烷。对这些制品用相关消毒剂时应适当提高使用浓度。

第二节　动物医院常用消毒灭菌法的适用范围和用法

一、湿热消毒灭菌法

1. 煮沸灭菌法　煮沸灭菌法为比较常用的消毒灭菌方法，简便易行，除要求速干的物品（如棉花、纱布、敷料等）外，可广泛用于多种物品的消毒灭菌。煮沸消毒灭菌法不一定要求用特别的消毒灭菌器，可用一般铝锅、铁锅等代替，但用前应洗刷干净，除去油污并加密闭盖子即可。一般用清洁的常水加热，水沸3～5分钟后将器械放到煮锅内，待第二次水沸时计算时间，15分钟可将一般的细菌杀灭，但被芽孢杆菌污染的器械和物品至少需煮沸 1 小时。煮沸消毒灭菌时，器械或物品应浸没在水面以下，煮沸器盖子应关闭严密，以保持沸水的温度。

2. 高压蒸汽灭菌法　高压蒸汽灭菌法需用特制的灭菌器，应用普遍，灭菌效果可靠。高压蒸汽灭菌法式样很多，但灭菌原理相同，均是利用蒸汽在灭菌器内积聚而产生压力。蒸汽的压力增高，温度也随之增高。通常用蒸汽压为 0.1～0.137 兆帕，温度可达 121.6～126.6 ℃，维持 30 分钟，能杀灭所有的细菌，包括具有顽强抵抗力的细菌芽孢，因此是比较可靠的灭菌方法。高压蒸汽灭菌法适用于玻璃、陶瓷、金属、橡胶、乳胶、棉丝制品等医疗用品的灭菌。

二、化学消毒灭菌法

化学消毒法并不十分理想。化学药物的浓度、温度、作用时间等不同会影响其消毒能力。但化学消毒剂消毒法不需要特殊设备，使用方便，尤其对于某些不宜用热力消毒灭菌的用品，仍不失为一个有用的补充消毒手段。化学消毒剂消毒法适用于手臂、仪器及塑料用品的消毒。适宜的消毒剂有碘酊、安比杀、安灭杀、聚维酮碘、过氧可安、卫可安、优普诺、卫牧、酒精、复方戊二醛、镇疫醛等。

三、紫外线消毒灭菌法

在非门诊时间开灯照射 2 小时，有明显的杀菌作用。照射距离以 1 米之内最好，超过 1 米则效果减弱。使用紫外线消毒时，应保持灯管洁净，定期用酒精棉擦去石英管上的油渍和尘埃。人员不可长时间处于紫外灯光的照射下，否则可以损害眼镜和皮肤，形成一种轻度灼伤，可戴防护眼镜，且照射距离不宜过近。

四、干热消毒灭菌法

主要用于耐高热物品，如金属、玻璃制品等的消毒和灭菌。将上述物品放入电热烤箱，加热至 160 ℃维持 30 分钟可达到灭菌需求。使用过程中应注意不可在加温过程中途添加上述物品，待箱内温度降至 60 ℃以下，方可打开箱门取物，防止因温差过大引起玻璃器械炸裂。

五、焚烧无害化处理

使用专用焚烧炉焚烧动物医院废弃物，如动物的尸体、病理标本、敷料、棉球、引流条、一次性使用注射器、输液器和垃圾等，操作过程中应注意燃烧彻底，防止污染环境。

第三节　诊疗对象及工作人员的消毒

一、诊疗对象的消毒

在给患病动物进行注射、输血、手术时，应对注射、手术部位的皮肤进行严格的消毒。常用皮肤的消毒液有2％的碘酊、安比杀、安灭杀、聚维酮碘、75％的酒精等。口腔、鼻腔、直肠、阴道等处黏膜消毒常用0.1％新洁尔灭、0.1％的高锰酸钾溶液、2％～3％硼酸溶液。眼结膜消毒时，常用3％的硼酸溶液。蹄部消毒常用农可福［1∶（50～100）稀释］溶液蹄浴或用蹄康喷涂。

手术部位消毒时，如是无菌手术，应由手术区的中心部向四周涂擦，如是已经感染的创口，则应由清洁处涂向患处。先用2％的碘酊涂擦，3～5分钟后用75％酒精脱脂、脱碘，脱脂、脱碘后再用2％碘酊涂擦一次，然后用75％酒精脱碘。少数动物对碘酊敏感，可改用其他消毒液。

注射、穿刺部位消毒时，先用75％酒精脱脂（这一步也可以省略），再用2％的碘酊涂擦，3～5分钟后再用75％酒精脱碘，然后注射和穿刺。以上消毒也可用5％聚维酮碘直接涂擦，这时可以不用75％酒精脱碘。

二、动物医院工作人员的消毒

兽医与发病动物接触应更衣，根据需要穿戴已消毒的工作服、帽、口罩、胶靴、手套等，对发病动物诊断及治疗。诊疗结束后，所用物品经消毒、清洗后再次使用。

手术人员应首先穿戴一次性手术帽和口罩，然后修剪指甲，磨平甲缘，剔除甲缘下的污垢。手部有创口，尤其有化脓感染的不能参加手术。手部有小的新鲜伤口如果必须参加手术时，应先用碘酊消毒伤口，暂时用胶布封闭，再进行手的消毒。手术时应戴上手套。肘关节以下手臂用肥皂反复擦刷和用流水充分冲洗。冲洗时手应朝上，使水自手部向肘部方向流去，然后用灭菌纱布按上述顺序拭干。手臂经上述初步的机械性清洁后，还必须经过化学消毒剂的消毒。手臂的化学消毒最好是用浸泡法，以保证化学药品均匀而有足够的时间作用于手臂的各个部分。专用的泡手桶可节省药液和保证浸泡手臂的高度。常用0.1％的新洁尔灭溶液或优普诺（1∶100稀释）或卫牧（1∶100稀释）消毒，将手臂分别在两桶0.1％新洁尔灭溶液或优普诺（1∶100稀释）或卫牧（1∶100稀释）桶中依次浸泡、擦洗5分钟。洗完后，用灭菌纱布拭干，穿戴经高压蒸汽灭菌的手术包内的手术衣和手套后，等待手术。经过消毒后的手臂，不可接触未消毒的物品，如误触未消毒物品，应重新进行洗刷和消毒。

第四节　动物医院的消毒方案

动物医院及实验室是对疾病诊断、发病动物处理、样本检验的重要场所，因此应经常进行消毒，特别是在诊治患有传染病的动物后，更应注意进行严格的消毒。

一、动物医院内外环境的消毒

动物医院诊疗室的消毒包括诊断室、注射室、手术室、处置室和治疗室的消毒以及兽医人员的消毒，其消毒必须是经常性和常规性的。诊室内空气的消毒和空气净化可以采用紫外线照射、熏蒸等方法。诊室内地面、墙壁、屋顶可选用过氧可安（1∶100 稀释）溶液或卫可安（1∶100 稀释）溶液或农可福（1∶200 稀释）溶液或复方戊二醛（1∶150 稀释）溶液或安比杀（1∶200 稀释）溶液或安灭杀（1∶100 稀释）溶液喷雾消毒。除手术室外的诊疗室应保持通风良好，冬季应定时开窗，每天两次清扫地面，避免尘土飞扬污染空气。诊疗台每天两次消毒，桌椅及笼具定期用优普诺（1∶200 稀释）或卫牧（1∶200 稀释）溶液擦拭，作用 30 分钟。传染病动物接触的器具用复方戊二醛（1∶150 稀释）溶液或安比杀（1∶200 稀释）溶液或安灭杀（1∶100 稀释）或卫可安（1∶100 稀释）溶液或瑞农（1∶200 稀释）溶液或过氧可安（1∶100 稀释）溶液擦拭，作用 30 分钟。室内外地面可用农可福（1∶200 稀释）溶液或过氧可安（1∶100 稀释）或复方戊二醛（1∶150 稀释）溶液喷雾消毒。

手术室的消毒，应先对手术室进行卫生清洁扫除，再进行消毒。常用的消毒方法有甲醛（致癌性强已淘汰）或烟克或烟营熏蒸法和紫外线照射消毒。手术台面用过氧可安（1∶100 稀释）或安比杀（1∶200 稀释）或瑞农（1∶200 稀释）的消毒液擦拭，作用 30 分钟。地面用过氧可安（1∶100 稀释）或安比杀（1∶200 稀释）或复方戊二醛（1∶150 稀释）溶液或瑞农（1∶200 稀释）的溶液喷雾消毒。由于客观条件的限制，也鉴于兽医工作的特殊性，在某些养殖场，手术人员往往不得不在没有手术室的情况下施行外科手术。为此，兽医人员必须努力创造可能的条件，施术时严格遵守无菌操作规程以完成手术。在普通房舍进行手术，首先应腾出足够的空间，最好没有杂物。地面、墙壁尽可能洗刷干净，亦可以用消毒液充分喷洒，避免尘土飞扬。在晴朗无风的天气，手术也可在室外进行。场地选择上应远离畜舍，牲畜场等蚊蝇滋生、土壤中细菌芽孢含量较多的场地。为了减少空气感染的机会，最好选择避风、平坦的空地和草地，清除地面的石块、玻璃等易使病畜致伤的杂物，地面应喷洒消毒液。需要侧卧保定的手术，可铺柔软干草，其上盖以消毒的油布和塑料布。在无自来水供应地点，可以利用河水和井水煮沸使用，或事先在每100升水中加明矾2克及清之源1片充分混匀，待澄清后使用。

兽医诊疗器械及用品是直接与病畜接触的物品，用前和用后都必须按要求进行严格的消毒。在条件许可的情况下，提倡使用一次性医疗器械和用品。一般进入动物体内或与黏膜接触的诊疗器械和用品，如手术器械、注射器及针头、各种导管等必须经过严格的消毒和灭菌。对不进入动物组织内，也不与黏膜接触的器械和用品，一般要求去除细菌的繁殖体和病毒，常用的消毒液有75%酒精、1%～5%聚维酮碘溶液、安比杀（1∶100稀释）、安灭杀（1∶50稀释）、过氧可安（1∶100稀释）、复方戊二醛（1∶150稀释）、优普诺（1∶100稀释）、卫牧（1∶100稀释）等，作用30分钟。诊疗过程中使用的刀剪等金属器械用前在复方戊二醛（1∶150稀释）或1%～5%聚维酮碘溶液中浸泡30分钟后，用无菌纱布擦干后使用，用后再次消毒，清水洗净，擦干后保存，防止生锈。

兽医院剖检死于或怀疑死于传染病的动物，剖检后应严格进行消毒。剖检者的手臂应浸泡于1%～5%聚维酮碘溶液或安比杀（1∶100稀释）或安灭杀（1∶50稀释）或优普诺（1∶100稀释）或卫牧（1∶100稀释）溶液消毒5～10分钟，然后用肥皂水清洗。剖检器械应煮沸消毒，也可高压蒸汽灭菌或消毒药水浸泡消毒。动物尸体或医疗废弃物可焚烧处理，避免污染环境。污水可与粪便一起堆积生物发酵处理。如果量大时，可使用化学消毒剂，如与瑞农搅拌，作用3～5小时消毒处理。

二、传染病实验室消毒

无菌室要求严密、避光。无菌室一般应有里外两间，较小的外间为缓冲间，以提高隔离效果。缓冲间放置工作服、鞋、帽、口罩、消毒用药物，并备有废物桶等。工作服、帽和口罩应经过消毒、清洗、晾干、高压蒸汽灭菌后使用。无菌室应定期用甲醛、烟克或烟营熏蒸消毒。每次工作前后，均应打开紫外灯，分别照射30分钟进行灭菌。台面和地面可用过氧可安（1∶100稀释）或复方戊二醛（1∶150稀释）或安比杀（1∶100稀释）或安灭杀（1∶50稀释）或1%～5%聚维酮碘溶液擦拭消毒。无菌操作前，应先用肥皂水洗刷双手，然后进入缓冲间，穿戴无菌室内的工作服、鞋、帽和口罩，用75%的酒精消毒手臂，再进入工作间操作。操作结束后，用75%酒精擦拭或安比杀

（1∶200 稀释）或安灭杀（1∶100 稀释）或优普诺（1∶100 稀释）或卫牧（1∶100 稀释）溶液洗手数分钟。

　　用于组织培养的玻璃器皿，不论是已用过的还是新购进的，均需清洗液浸泡 20 小时，然后取出用自来水浸泡 4～6 小时，再用自来水冲洗 10 次以上，最后用蒸馏水冲洗 6 次或双蒸水冲洗 3 次，然后放入温箱中干燥。玻璃器皿需经包装后方可消毒，以防消毒后污染。培养瓶在塞好软木塞后，外面用牛皮纸包裹。吸管和移液管包扎前应先在上管口塞入少量脱脂棉花，用麻绳包扎，装入玻璃桶内消毒。试管以 4～6 支为一组，用方形牛皮纸包裹后在一起进行消毒。青霉素小瓶，可直接放入铝饭盒内消毒。包扎好的玻璃器皿，采用干热灭菌 160 ℃维持 1.5 小时。消毒后的器皿应在 1 周内使用。翻口橡皮塞应采用肥皂水煮沸 20 分钟后，用流水冲洗 10 次，再用蒸馏水冲洗 2 次，然后浸泡在双蒸水中备用，也可以取出晾干后，高压蒸汽灭菌后使用。刀剪等金属物品，使用前应充分洗刷，擦拭干净，在蒸馏水中煮沸消毒，晾干后，牛皮纸包装，麻绳包扎，干热灭菌后使用。

　　实验室沾有病原微生物的器皿应先消毒，再进行洗涤。废弃培养物或其他废物应投入一定的容器内，集中消毒或焚毁，禁止乱放和乱倒。试验用过的动物样本，应高温灭菌，防止扩散病原。当发生病原微生物材料溅污台面、地面、衣着和器械时，台面和地面应立即用过氧可安（1∶100 稀释）或复方戊二醛（1∶150 稀释）或安比杀（1∶100 稀释）或安灭杀（1∶50 稀释）或 1％～5％聚维酮碘溶液擦拭，作用 30 分钟后，擦去、洗净；手臂应速浸泡于 1％～5％聚维酮碘溶液或安比杀（1∶100 稀释）或安灭杀（1∶50 稀释）或优普诺（1∶100 稀释）或卫牧（1∶100 稀释）溶液 5～10 分钟消毒（如果有疑似芽孢污染时必须选用碘制剂），然后用肥皂水清洗；衣物和器械应高压蒸汽灭菌。

第十三章　屠宰加工企业的消毒技术

　　动物屠宰加工场所的动物来自四面八方，不可避免地存在一些隐性感染或患病动物。此外，动物体表和肠道存在大量的微生物，可通过屠宰加工过程污染肉品，影响肉品卫生质量；屠宰加工中所产生的屠宰污水还有大量的病原微生物和有机物，又能污染屠宰场及周围环境。因此，做好屠宰与加工场所的消毒工作，对保障人民肉食卫生和安全，避免环境污染，搞好公共卫生，控制疫病传播等有重要意义。

一、饲养场地和圈舍的消毒

（一）饲养场地的消毒

　　屠宰加工厂为了保证肉食品的持续供应，均设有相应的动物临时饲养场，集中了不同来源的动物，必须进行严密的消毒以防控疾病。饲养场地的消毒依据被污染的情况不同，消毒方式也不同。一般情况下，平时的预防消毒包括经常清扫，保持场地的清洁卫生，定期用消毒药液喷洒即可。若发生疫情，场地被细菌芽孢污染后，如果是泥土地，应首先用瑞农（1∶200 稀释）或过氧可安（1∶100 稀释）或安比杀（1∶150 稀释）或农可福（1∶100 稀释）等对芽孢有效的消毒药液喷洒，然后将表层土铲除一层与干漂白粉混合后将此表土深埋，这样重复一次即可。如为水泥地，则应用瑞农（1∶200 稀释）或过氧可安（1∶100 稀释）或安比杀（1∶150 稀释）或农可福（1∶100 稀释）等消毒液仔细刷洗消毒即可；对于其他传染病所污染的地方，用过氧可安（1∶200 稀释）或农可福（1∶200 稀释）或复方戊二醛（1∶200 稀释）或安比杀（1∶200 稀释）或安灭杀（1∶100 稀释）或卫可安（1∶150 稀释）或瑞农（1∶200 稀释）等消毒液喷洒消毒即可。

（二）圈舍的消毒

　　包括平时的定期预防消毒和发生传染病时的临时紧急消毒。预防消毒一般每天消毒 1 次，消毒剂可选用过氧可安（1∶300 稀释）或农可福（1∶300 稀释）或菌疫灭（1∶300 稀释）或复方戊二醛（1∶300 稀释）或镇疫醛（1∶150 稀释）或安比杀（1∶300稀释）或安灭杀（1∶150稀释）或卫可安（1∶150稀释）或瑞农（1∶300稀释），以防止传染病的发生。临时消毒多在发生急性或烈性传染病时进行，临时消毒应及时彻底。在消毒之前，应先将圈舍彻底清扫，若发生了人兽共患的传染病，如口蹄疫、炭疽等，清扫之前应用有效消毒液喷洒后再打扫、清理，以免病原微生物随尘土飞扬造成更大的污染。清扫时要把笼架、饲槽洗刷干净，将垫草、垃圾、剩料和粪便等清理出去，打扫干净，然后用消毒药进行冲洗或喷雾消毒，消毒剂可选用过氧可安（1∶200稀释）或农可福（1∶200稀释）或菌疫灭（1∶200稀释）或复方戊二醛（1∶200稀释）或镇疫醛（1∶100稀释）或安比杀（1∶200稀释）或安灭杀（1∶100稀释）或卫可安（1∶150稀释）或瑞农（1∶200稀释）。

二、屠宰加工车间的消毒

（一）经常性消毒

经常性消毒是指在日常清理和清洁的基础上所进行的定期消毒，每天工作结束后，必须将全部生产地面、墙裙、通道、排污沟、台桌、设备、用具、工作服、手套、围裙、胶靴等彻底洗刷干净，并用82℃热水或化学消毒剂进行消毒。

按规定，每周末进行一次大消毒。在彻底扫除、洗刷的基础上，对生产地面、墙裙和主要设备用瑞农（1∶200稀释）或过氧可安（1∶100稀释）溶液进行喷洒消毒，保持1～4小时，然后用水冲洗。这些消毒剂对病毒性传染病的消毒效果好，且经济实用。不仅能在短时间内杀灭猪瘟病毒、红斑丹毒丝菌、巴氏杆菌等病原体，还可提高对炭疽杆菌的杀灭能力，并且具有去除油污作用。器械可用82℃热水消毒或聚维酮碘［1∶（5～10）稀释］溶液消毒。聚维酮碘溶液无刺激，无气味，无染色性，具有较强的清洗效力，可用于工作人员洗手消毒。工作人员的手也可用聚维酮碘［1∶（5～10）稀释］溶液或75%酒精擦拭消毒。胶鞋、围裙等橡胶制品用复方戊二醛（1∶200稀释）或镇疫醛（1∶100稀释）溶液进行擦拭或浸泡消毒，工作服、口罩、手套等应煮沸消毒。

（二）临时性消毒

临时性消毒是指在生产车间发现炭疽等烈性传染病或其他疫病的情况下进行的以消灭特定传染性病原为目的的消毒，在控制疫情、防止肉品污染和人员感染上具有重要的作用。要根据疫病的具体性质，采用相应的有效消毒药剂。

如对能形成芽孢的细菌如炭疽杆菌和病毒性疾病的消毒，多采用安比杀（1∶100稀释）或安灭杀（1∶50稀释）或过氧可安（1∶100稀释）或瑞农（1∶100稀释）溶液喷洒消毒。消毒的范围和对象，应根据污染的情况来决定。消毒时消毒剂的浓度、剂量、消毒时间等必须准确。

三、屠宰污水的处理

屠宰污水的处理，按其作用原理分为物理处理法（机械处理法）、化学处理法和生物处理法三种；按其处理的程度分为一级、二级、三级处理；按其处理程序通常分为机械处理和生物处理两道程序。

屠宰场的污水来自动物圈舍和笼器具的冲洗清洁用水、屠宰过程中的用水以及浪费的饮用水等。这些废水必须按照国家污水处理的相关法规进行处理，确认无害后再排放到指定的管道中。

（一）屠宰污水的预处理

预处理是指在污水排放到处理系统前所进行的处理，也称为一级处理或初级处理。预处理是利用物理学的原理除去污水中的悬浮固体、胶体、油脂和泥沙。如用金属筛板、平行金属栅条筛板或金属丝编织的筛网，作为排水系统的沟盖，来阻留脂肪、组织块、羽毛及其他悬浮固体、碎屑等较大的物体。经过筛滤处理的污水，再经过沉淀池（一次沉淀池或初级沉淀池）进行沉淀，然后进入生物处理阶段。

这种初级处理方法比较简单，成本低，适用于排污量不大的小型屠宰加工厂。将污水经筛滤、除脂等去除大的组织碎屑后，经过数个沉淀池，在每个沉淀池中停留数小时，使粪便、沉渣和污泥经过数次沉淀，最后经消毒后排入下水系统。

（二）屠宰污水的生物处理法

污水生物处理法是利用自然界的大量微生物（主要是好氧性和厌氧性细菌，以好氧性细菌为主）氧化分解有机物能力，除去废水中呈胶体状态的有机污染物质，使其转化为稳定的、无害的低分子水溶性物质、低分子气体和无机盐。根据微生物的作用不同，生物处理法又分为好氧生物处理法（如活性污泥法、土壤灌溉法）和厌氧生物处理法。前者是在有氧的条件下，借助于好氧菌和兼性厌氧菌用来净化废水的方法，大部分污水的生物处理都属于好氧处理，如活性污泥法、生物过滤法、生物转盘法；后者是在无氧条件下，借助于厌氧菌的作用来净化废水的方法，如厌氧消化法。

1. 活性污泥法 活性污泥法是以活性污泥为微生物载体的一种好氧生物处理法。

（1）原理 活性污泥是一种具有很大比表面积的胶体物质，在表面上附着大量的微生物，包括细菌、原生动物和藻类等，并吸附有机物和无机物的絮状微粒。活性污泥法是通过曝气充氧向废水中注入空气，在一定时间内，使空气和絮状活性污泥与废水中有机物紧密接触，利用活性污泥上的微生物对污水发生凝聚、吸附、氧化分解和沉淀的作用过程，达到去除废水中有机物、使水得到净化的目的。

（2）活性污泥系统 活性污泥系统主要设备是曝气池和沉淀池。经过预处理的污水与来自最后沉淀池中按比例（约占进水流量的 30%）返回的活性污泥一同进入曝气池，借助机械搅拌或加压进风对污水进行搅拌混合，或经高压射流管对废水进行射流，使活性污泥中微生物得到充分曝气，并在混合液中保持悬浮状态，与污水充分接触。经过 5～48 小时的曝气处理后，混合液排入沉淀池（二次沉淀池）沉淀。上清液经清之源（每立方米水加入 15 片左右）或瑞农（每立方米水加入 50 克左右）消毒后作为净化水排出，沉积的污泥按比例返回曝气池，剩余污泥即可作农田肥料。

2. 厌氧消化法 厌氧消化法又称为污水厌氧消化。其基本组成有铁箅、沉沙池（沉井）、除脂槽、双层生物发酵池及药物消毒池 5 部分。铁箅、沉沙池及除脂槽等装置是屠宰污水的预处理装置，用于除去污水中的毛、骨、组织碎屑、污沙、油脂及其他有待生物处理的物质。

双层生物发酵池分上、下两层。上层是沉淀池，下层为厌氧发酵池，又称消化池。将脱脂后的污水引入上层的沉淀池内，污水在沉淀池中停留时，直径在 0.1 毫米以上的悬浮物寄生虫（卵）等发生沉淀。沉淀物通过池底的斜缝，进入下层的消化池。此时污水中的厌氧菌，将沉淀物进行充分的腐败分解，一部分变为液体，一部分变为气体，最后只剩下 25%～30% 的胶状污泥。

（三）屠宰污水的消毒处理

经过生物处理后的污水一般还含有大量的菌类，特别是屠宰污水含有大量的病原菌，需经消毒处理后，方可排出。常用的方法是氯化消毒，将液态氯转变为气体，通入消毒池，可杀死 99% 以上的有害细菌。近年来的研究表明，用漂白粉或液态氯消毒污水，会造成氯对环境的二次污染，为了解决漂白粉和液态氯的二次污染问题，湖南坤源生物科技有限公司生产出了水消毒的专用产品——清之源，每立方米污水加入 15 片左右即可起到杀灭病原菌的作用，深受养殖户的好评。还有人研究出将紫外线灯成排地安放在污水净化处理后排水口前面的技术，待排出的水在紫外线灯周围经过 0.3 秒，即可达到消毒目的。

四、冷库的消毒

冷库是进行肉品冷冻加工和贮存冻肉的场所，极易被微生物污染，尤其易于滋生霉菌，所以必须定期对冷库进行除霉消毒。

冷库的消毒有两种情况：一是在发生疫情时的临时消毒；二是在业务淡季时所进行的定期消毒，每年 1～2 次。临时消毒一般是在库内肉品搬空后，采用不升温，在低温条件下进行消毒。

定期消毒应事先做好计划，做好准备工作。消毒前先将库房内能拆除的设备全部拆除搬空，升高温度，用机械方法清除地面、墙壁、顶板上的污物和排管上的冰霜，在霉菌生长的地方应用刮刀或刷子仔细清除，为了彻底、全面清除冷库中的污物，可用泡可净 [1：（80～100）稀释] 泡沫清洗剂进行清洗，还要准备好足够的消毒药物、工具、容器以及消毒人员的防护用品。冷库喷雾消毒时消毒剂可以选用瑞农（1：200 稀释）或过氧可安（1：200 稀释）或安比杀（1：200 稀释）或安灭杀（1：100 稀释）或卫可安（1：100 稀释）。喷雾消毒后，为了保证消毒效果，可以加上熏蒸消毒，熏蒸消毒时为了保证人和肉食品的安全，消毒剂可以选用烟克（2～3 克/米^3）或卫可安（4～5 克/米^3）。

五、运输工具的消毒

凡运载过待屠宰动物及其产品的车船和其他运输工具，都应进行消毒，以防止病原的散布。对运输途中未发生传染病的运输工具，清扫后用 85～90 ℃的热水冲洗消毒即可。对装运过传染病动物及其产品的运输工具，清扫后用瑞农（1：200 稀释）或过氧可安（1：200 稀释）或复方戊二醛（1：200 稀释）或镇疫醛（1：100 稀释）或安比杀（1：200 稀释）或安灭杀（1：100 稀释）或卫可安（1：100 稀释）溶液洗涤消毒，保持 30 分钟后再用热水仔细冲洗，清除的粪便和垫草等污物应进行生物堆肥发酵，或者清除的粪便焚烧销毁。

处理的程序是先清扫粪便、残渣及污物，然后用热水自车厢内顶棚开始，渐及车厢内外各部，直至洗水不呈污黄色为止，洗刷后再进行消毒。若为发生过烈性传染病的车船，应先用瑞农（1：200 稀释）或过氧可安（1：200 稀释）或农可福（1：200 稀释）或复方戊二醛（1：200 稀释）或镇疫醛（1：100 稀释）或安比杀（1：200 稀释）或安灭杀（1：100 稀释）或卫可安（1：100 稀释）高效消毒药液喷洒消毒后再彻底清扫，清除污物后再用消毒药消毒。两次消毒间隔时间为 30 分钟。最后一次消毒后 2～4 小时后，用热水洗刷后再行使用。

未发生过传染病车船内的粪便和发生过一般传染病车船内的粪便，须经发酵处理后再利用；发生过烈性传染病车船内的粪便，应集中销毁。

六、粪便的消毒

粪便的消毒有焚烧法、掩埋法、化学消毒法及生物热消毒法，其中生物热消毒法是对粪便最经济的消毒方法，所以多采用此法对粪便进行消毒。湿粪堆积发酵所产生的生物热可达 70 ℃或更高，能杀灭一切不形成芽孢的病原微生物和寄生虫卵。用这种方法处理后的粪便，由于发酵腐熟快，肥效良好。

七、人员与器械的消毒

在动物屠宰加工企业工作的人员及其工作器械常会被病原微生物污染，因此在工作结束后，尤其在场内发生疫病处理工作完毕时，必须经消毒后方可离开现场，以免引起病原在更大范围内扩散。消毒方法为：将穿戴的工作服、帽及器械等浸泡于有效化学消毒液中，工作人员的手及皮肤裸露部位用消毒液擦洗、浸泡一定时间后，再用清水清洗掉消毒药液。对于接触过烈性传染病，如炭疽病畜及产品的工作人员，可采用有效抗生素预防治疗。平时的消毒可采用消毒药液喷洒法，不需浸泡，直接将消毒液喷洒于工作服、帽上、工作人员的手及皮肤裸露处。器械物品，可用蘸有消毒液的纱布擦拭，而后再用水清洗。

所有加工设备都要根据情况采用消毒液喷雾、擦洗等方法消毒，消毒剂可选用瑞农（1∶200 稀释）或过氧可安（1∶200 稀释）或安比杀（1∶200 稀释）或安灭杀（1∶100 稀释）或聚维酮碘［1∶（5～10）稀释］。

八、消毒效果的检查

1. 清洁程度的检查　车间地面、墙壁、设备及圈舍场地清洁情况，按卫生要求必须做到干净、卫生、无死角。

2. 消毒剂使用正确性的检查　查看消毒工作记录，了解选用消毒剂的种类、浓度及其用量。检查消毒液的浓度时，可从剩余的消毒液中取样进行化验检查。要求选用的消毒剂高效、低毒，浓度和用量必须适宜。

3. 消毒对象的细菌学检查　消毒以后的地面、墙壁及设备，随机划区（10 厘米×10 厘米）数块，用消毒的湿棉拭子擦拭 1～2 分钟，将棉拭子置于30 毫升中和剂或生理盐水中浸泡 5～10 分钟，然后送化验室检验菌落总数、大肠菌群和沙门氏菌。根据检查结果，评定消毒效果。

4. 粪便消毒效果的检查

（1）测温法　用装有金属套管的温度计，测量粪便发酵堆中的温度，根据粪便堆在规定时间内达到的温度来评定消毒效果。当粪便生物发热达 60 ℃～70 ℃时，经过 1～2 天，可以使其中的巴氏杆菌、布鲁氏菌、沙门氏菌及口蹄疫病毒死亡；经过 24 小时可以杀灭红斑丹毒丝菌；经过 12 小时能杀死猪瘟病毒。

（2）病原菌检查　按常规方法检查，要求不得检出致病菌。

第十四章 动物交易场所的消毒技术

为了促进动物和动物产品的流通和中转，我国大部分地区都建有大、中、小型的动物交易场所。我国的动物交易场所主要有大动物交易场所（马、牛和羊）、苗猪交易场所、禽类交易场所、宠物交易场所和混合的动物交易场所。动物或其产品由各养殖场和千家万户集中于同一个地点进行交易，交易完成后又流向四面八方。由于动物及其产品来源、感染和带毒情况非常复杂，很容易由于集市交易而引起疫病传播。因此，搞好交易场所的消毒工作，才能保证交易场所工作的正常开展，减少动物疾病的发生和流行，从而保障人和动物的健康。

一、交易场所的生物安全防护和必备的消毒设施

1. 场所的生物安全防护 交易场所要有 2 米以上的围墙同外界隔离，防止除交易以外的动物进入市场。同时，存在多种动物交易的场所要对不同动物的交易区进行分区，设置物理屏障，防止人员和物品之间的相互往来。

2. 必备的消毒设施 动物交易所要配备各种化学消毒剂，背负式、可推式或担架式喷雾器，臭氧发生器，车辆消毒池，人员消毒通道，化粪池、生物发酵池和焚尸炉等。

二、车辆的消毒

车辆在进入交易场所之前检查检疫证明文件是否齐全和有效，然后让车辆通过交易场所入口处的消毒池，消毒池的长度为最大车轮长度的一周半，同时用喷雾器对车身和驾驶室进行喷雾消毒，有条件的话对整个车辆及其装载的动物进行喷雾消毒。

三、出入人员消毒

禁止闲杂人员和无关人员进入交易场所，进出交易场所的人员通过专用的通道进出，而且要采用不同的进出通道，进入通道在离开通道的上风向和上水向。进入人员要经过洗手消毒和鞋底消毒才允许进入市场，当离开市场时，要经过洗手消毒、鞋底消毒及身体的喷雾消毒后才准许离开市场。

四、交易场所的消毒

(一)消毒时机

1. 交易前消毒 每次交易场所开市前，要对交易场所的场地、暂时存放动物的圈栏和计量设备等进行彻底的清扫和消毒，消毒剂可选用农可福（1∶200 稀释）或菌疫灭（1∶200 稀释）或瑞农（1∶200 稀释）或过氧可安（1∶200 稀释）或复方戊二醛（1∶200 稀释）或镇疫醛（1∶100 稀释）或安比杀（1∶200 稀释）或安灭杀（1∶100 稀释）或卫可安（1∶100 稀释）等，做到地面不存在污水和污物，圈栏等不能有残存的动物血、毛、残余饲料等；同时更换好交易场所入口处消毒池的消毒液，准备好各种消毒用具和配制好一定数量的消毒液。

2. 交易后消毒 每次集市散市后，应及时清除交易场地上的粪便、废弃物，将粪便和垃圾倒入指定的化粪池或生物发酵池内。集市的排水沟、垃圾箱、粪便发酵池等，每天用农可福（1∶200 稀释）或菌疫灭（1∶200 稀释）溶液喷雾一次，集市内的动物棚舍、站栏、木柱、场地等，每周用农可福（1∶200稀释）或菌疫灭（1∶200 稀释）消毒 1～2 次。对集市内的专用水源也应注意经常消毒，消毒剂可选用清之源（每吨水 6～12 片）。

(二)发生烈性传染病的消毒

当交易场所及其所在地发生烈性传染病时，应停止交易场所动物和动物产品的交易，除采取封锁、隔离等措施外，应根据所发生的传染病选择消毒剂，对集市进行临时消毒。首先将动物病死地点和被污染的地方用农可福（1∶100 稀释）或安比杀（1∶100 稀释）或安灭杀（1∶50 稀释）溶液喷雾消毒，再挖去 10 厘米深的表土，作第二次消毒，消毒后的表土送到粪便发酵池内进行发酵消毒，然后填上新土再消毒一次。对交易场所内死亡动物尸体进行焚烧处理或深埋。

第十五章 国家级省级兽医实验室的消毒技术

国家级省级兽医实验室是各种动物疫病病原体汇集、混杂之处，因此切实做好消毒、灭菌和防止传染是疫病研究、诊断实验室工作中的重要环节，必须严密地实施疫病诊断与研究过程中的全程消毒工作；而且对于危害程度不同的微生物，必须在不同的物理性防护条件下操作，一方面防止试验人员和其他物品受污染，同时也防止其释放到环境中。

物理性防护由隔离设备、实验室的设计及试验实施等方面组成，根据其设施与管理严密程度及给个人、环境、社会提供的保护情况，分为P1、P2、P3和P4四个生物安全等级。危害程度不同的微生物试验要求在不同的生物安全实验室中进行。第一级危害群微生物：与人类健康和疾病无关，对健康成年人无致病作用；第二级危害群微生物：引发人类患病，但很少出现严重情况，通常有预防及治疗方法，对人和环境有中等潜在危害的微生物；第三级危害群微生物：引发人类患病，并出现严重或致死情况，但可能有预防和治疗方法，主要通过呼吸途径使人传染上严重的甚至是致死疾病的致病微生物或其毒素；第四级危害群微生物：引发人类患病，对人体具有高度的危险性，并出现严重或致死情况，通过气溶胶途径传播或传播途径不明，目前尚无有效疫苗或治疗方法的致病微生物或其毒素。对世界卫生组织（WHO）、世界动物卫生组织（OIE）与国家法定的Ⅰ（A）类传染病的研究、诊断应在生物安全3级（BSL-3）实验室进行。

第一节 国家级省级兽医实验室应用材料的消毒技术

疫病研究与诊断中使用的各种器械及用品，在使用前和使用后都必须按要求进行严格消毒。根据器械及用品的种类和使用范围不同，其消毒的方法和要求也不一样，具体如下：

一、玻璃器皿的消毒

1. 普通玻璃器皿的消毒 对于新购入的玻璃器皿，应先在1%～2%的盐酸溶液中浸泡 3～4 小时，以中和器皿上携带的碱性物质。对于使用过的玻璃器皿，若已经被病原微生物污染，在洗涤前必须使用消毒剂浸泡消毒或经高压灭菌，除去残留的病原微生物。玻璃器皿经上述预处理后，浸泡于水中，用毛刷擦上肥皂，刷去油脂和污垢，然后用自来水冲洗数次，最后用蒸馏水冲洗。洗净的玻璃器皿倒插于干燥架上，使其自然干燥，必要时还可放到 37 ℃温箱或 50 ℃干燥箱中，加速其干燥，温度不宜过高，以免器皿破裂。清洗干燥的玻璃器皿在消毒之前，须分开包装妥当，以免消毒后又被杂菌污染。

（1）吸管　先将吸管口塞入少许脱脂棉，以防止使用时将病原微生物吸入吸球或吸头中，同时又可对吸管口中进入的空气进行过滤。塞入的脱脂棉应松紧适宜。塞好脱脂棉后，将吸管用牛皮纸或锡箔纸包裹，置于专用金属套筒内。

（2）青霉素瓶　先用纸将其单个或数个包成一包，然后置于金属盒内。

（3）一般玻璃器　先做好大小适合的纱布棉塞，将试管或三角烧瓶塞好，外面用纸张包好，烧杯可直接用纸张包扎。

包装好的上述玻璃器皿放入干热灭菌器内消毒，于 160～180 ℃下作用 2 小时。也可采用高压消毒法，在 103.4 千帕压力下持续作用 20～30 分钟。

2. 用于组织及细胞培养的玻璃器皿的消毒

（1）用于组织及细胞培养的玻璃器皿（如细胞培养瓶、三角烧瓶、移液管、吸管等），无论是否已用过，均须先用洗洁剂清洗干净，然后采用由重铬酸钾、浓硫酸和水按一定比例配制的清洁液浸泡 20 小时，接着用流水冲洗 10 次以上，最后用蒸馏水冲洗 5 次以上或用双蒸水冲洗 3 次以上。

（2）玻璃器皿清洗干燥后，必须经包装后方可消毒，以防消毒后被杂菌污染。细胞培养瓶的瓶口先用锡箔纸包扎，外面再用牛皮纸包裹；吸管和移液管包扎前先在上管口塞入少量棉花（不宜太紧或太松），装入玻璃或金属套筒内消毒；试管以 4～6 支为一组，用方形牛皮纸包裹在一起进行消毒；青霉素小瓶可以直接放入铝盒内消毒。

（3）消毒包装好的用于细胞培养的玻璃器皿，须采用干热灭菌法，160～180 ℃维持 2 小时。灭菌处理后的玻璃器皿，应在 2 周内使用，过期使用应重新消毒。

二、搪瓷器皿的消毒

1. 药杯与换药碗的消毒　将药杯用清水冲去残留药液后，浸泡在优普诺（1∶100 稀释）或卫牧（1∶100 稀释）或 0.1%苯扎溴铵溶液中 1 小时；将换药碗用肥皂水煮沸消毒 15 分钟；再将药杯与换药碗分别用清水刷洗冲净后，煮沸消毒 15 分钟或高压消毒后备用。

2. 托盘与方盘的消毒　将其分别浸泡在瑞农（1∶100 稀释）溶液中 1 小时；再用皂水刷洗，清水洗净后备用。

3. 污物敷料桶的消毒　污物敷料桶每周消毒 1 次，桶内倒出的污物须经消毒处理后回收或焚毁后弃去；将桶内污物倒去后，用过氧可安（1∶100 稀释）或农可福（1∶100 稀释）溶液喷雾消毒，放置 30 分钟；用皂水将桶刷洗干净，清水洗净后备用。

三、金属器械的消毒

1. 止血钳和镊子等的消毒　被脓、血污染的镊子、止血钳等应先用超声波清洗干净，再行消毒；放入 1％皂水中煮沸消毒 15 分钟，再用清水将其冲净后，煮沸 15 分钟或高压消毒备用。

2. 手术刀剪等锋利器械的消毒　将器械浸泡在 2％中性戊二醛溶液中 1 小时；用皂水将器械进行超声波清洗，清水冲净，揩干后，浸泡于第二道 2％中性戊二醛溶液中 2 小时；用清水冲洗后浸泡于优普诺（1∶100 稀释）或卫牧（1∶100 稀释）或 0.1％苯扎溴铵溶液的消毒盒内备用。

3. 开口器的消毒　将开口器浸入过氧可安（1∶20 稀释）溶液中，30 分钟后用清水冲洗；用皂水刷洗，清水冲洗，擦干后，煮沸或高压蒸汽消毒备用。

4. 推车的消毒　每月定期用泡可净（1∶80 稀释）或去污粉或皂粉将推车擦洗一次；被污染的推车应及时用过氧可安（1∶100 稀释）溶液擦拭，30 分钟后再用清水揩净。

四、橡胶类用品的消毒

1. 橡胶手套的消毒　将手套浸泡在过氧可安（1∶100 稀释）或复方戊二醛（1∶150 稀释）溶液中，30 分钟后用清水冲洗，再将手套用皂水清洗，清水漂净后晾干；将晾干后的手套，用高压蒸汽消毒或环氧乙烷熏蒸消毒后备用。

2. 导尿管、肛管、胃导管等用品的消毒　将物件分类浸入过氧可安（1∶20 稀释）溶液中，浸泡 30 分钟后用清水冲洗，再将物件用皂水刷洗，清水洗净后，分类煮沸 15 分钟或高压消毒后备用。

3. 输液输血皮条的消毒　将皮条上注射针拆去后，用清水冲净皮条中残留液体，浸泡在清水中，再用皂水反复揉搓，清水冲净，擦干后，高压消毒备用。一次性输液输血皮条高压灭菌后方可弃掉。

五、培养基的消毒灭菌

培养基分装后，必须进行灭菌，以达到完全无菌的目的。培养基灭菌常用方法有高压灭菌及流动蒸汽灭菌两种。高压灭菌法是最可靠的灭菌方法，一般基础培养基通常在 121.3 ℃灭菌 15～20 分钟；含糖培养基常采用 115 ℃灭菌 10～15 分钟，以免糖类因高热而分解。流动蒸汽灭菌法主要用于间歇灭菌，一般鸡蛋培养基、血清培养基及其他不耐热的培养基，可采用这种方法灭菌，通常在 80～100 ℃温度下，灭菌 30 分钟，每天 1 次，连续 3 天即可达到无菌的目的。此外，含有尿素、血清等不耐热物质的培养基，也可用过滤除菌法或化学药物灭菌法，如在尿素液内加入麝香草酚结晶，作用 24 小时后，可杀灭尿素液内的杂菌。

六、细胞营养液的消毒

细胞培养液的营养物质对热比较敏感，因此不能对培养液进行高温消毒。对营养液的消毒主要采用过滤的方法进行除菌，但是过滤不能除去病毒和支原体。

第二节　国家级省级兽医实验室常规消毒技术

疫病诊断、研究实验室在处理病死动物和进行病原分离、鉴定等时，如果处理不当和消毒不彻底，就会造成病原在实验室的扩散，使实验室成为一个新的疫病传播地，尤其是处理人兽共患病病原时，有可能会使操作人员发生感染。因此，疫病研究与诊断实验室应该进行严格的消毒和灭菌，以预防和消除实验室内的交叉感染。

一、无菌室消毒

无菌室在使用前后可用紫外线照射 30～60 分钟，或将无菌室门窗紧闭用熏蒸消毒法消毒，用于熏蒸的消毒剂有多种：一是烟克（每立方米 2～3 克）熏蒸法，二是卫可安（每立方米 4 克）熏蒸法，三是戊二醛（每立方米 2 克）熏蒸法，四是甲醛熏蒸法，甲醛熏蒸方案有致癌的副作用，要慎用。

二、室内操作台面和地面、墙面的消毒

室内操作台面和地面、墙面用复方戊二醛（1∶150 稀释）或优普诺（1∶100 稀释）或卫牧（1∶100 稀释）溶液擦拭，或用过氧可安（1∶100 稀释）溶液

擦拭消毒。

三、实验动物与带毒废弃物的无害化处理

动物疫病研究与诊断中涉及许多带毒的病料、标本和尸体，以及各种患病动物和在病原分离、毒力测定、发病试验、免疫试验工作中各种实验动物（多数为细胞、鸡胚、小鼠、大鼠、地鼠、家兔和禽类等小型动物）的病死尸体和废弃物，这些带毒的污染物必须进行无害化处理。

1. 与病原处理相关用品和废液的消毒　接种针、接种丝和涂布棒等在使用前后要进行火焰烧灼消毒；所有的检验标本、培养物以及污染的玻璃器皿等，应放入消毒药水桶内过夜，再用高压蒸汽灭菌消毒，或用水煮沸后，再清洗；工作完毕，两手应用肥皂和水洗净，必要时先用安比杀（1：100 稀释）或安灭杀（1：50 稀释）或 1％～5％聚维酮碘溶液消毒，30 分钟后用水冲洗。在进行霍乱、布鲁氏菌、炭疽等烈性菌检验时，工作人员应严格注意避免自身感染和传播他人。凡标本、容器、培养物及其他有可疑污染的器械物品都要尽可能用高压蒸汽灭菌或焚化。

2. 试验后的鸡胚、病死动物尸体和动物排泄物等的消毒处理　试验结束后，对鸡胚煮沸消毒 30 分钟以上；病死实验动物尸体焚烧处理对小鼠排泄物及鼠缸内垃圾进行焚烧或高压消毒；家兔、豚鼠排泄物按 5 份排泄物加 1 份漂白粉，充分搅拌后消毒处理 2 小时；其余送检病料及标本高压灭菌或焚烧处理。

四、意外事故的紧急处理

实验室内一旦发生传染性病原体散布在桌上或地上，应立即用安比杀（1：50稀释）或安灭杀（1：25 稀释）或过氧可安（1：20 稀释）或瑞农（1：50 稀释）或 1％～5％聚维酮碘覆盖被污染处，10 分钟以后，用布或棉花拭净。盛放标本、病毒的试管、培养管等破碎片或标本、病毒泼洒在工作台或地面时，应用该病毒敏感的消毒剂覆盖，处理 30 分钟以上。当病原体或标本污染手时，应用该病原体敏感的消毒剂溶液浸泡洗刷，再用 75％酒精擦拭，最后用肥皂水洗净。工作服等污染有病原体时，须经 121.3 ℃ 20 分钟高压蒸汽灭菌处理。试管架等污染有病原体时，浸泡在敏感的消毒液内消毒 30 分钟。

五、实验室人员的个人消毒与防护

在从事动物疫病的研究与诊断过程中，许多疫病属于人兽共患病，其病原可通过传播媒介感染人发病，损害人体健康，甚至危及生命。因此，在从事动

物疫病研究与诊断的过程中，工作人员应采取技术措施和个人防护措施，保障人的安全和健康，具体措施如下：

1. 手与皮肤的消毒　工作者的手与皮肤是经常接触实验室病原体的部位，因此应注意及时消毒。工作前用肥皂流水洗手2～3分钟，搓手使泡沫布满手掌手背及指间至少10秒钟，再用流水冲洗干净，操作期间应戴手套，若手上有伤口，要做好防护并戴手套。试验工作后，用安比杀（1∶100稀释）或安灭杀（1∶50稀释）或1％～5％聚维酮碘或优普诺（1∶100稀释）或卫牧（1∶100稀释）或0.1％苯扎溴铵溶液浸泡2分钟，然后用清水冲洗干净。

2. 对化学因素的防护　实验室人员在配制化学消毒剂时，应戴口罩、帽子、护目镜、手套、穿长筒防水靴及防水围裙，防止消毒液溅到皮肤黏膜及眼睛内，配制时严格遵守操作规程，准确掌握配制浓度，取放物品后及时加盖，避免消毒液挥发对人体造成危害。

3. 对生物因素的防护　实验室工作人员在处理回收后的器械用品时要戴口罩、帽子、护目镜、手套，穿长筒防水靴及防水围裙，防止操作时溅到皮肤、口腔、眼内。对人畜共患病，如高致病性禽流感、布鲁氏菌病、乙型脑炎等接触过的用品与器具，应先灭菌再刷洗，操作完毕后更衣并洗手。水龙头应设脚踏式或感应性开关，洗手后自动烘干。

4. 对机械性因素的防护　在回收各种锐利器械时，应特别注意防止刺伤，针头、刀片不要用手直接取下，要用持针器取下，放在利器盒内，以防刺伤，一旦意外刺伤，要快速挤出血液，迅速用清水或肥皂水冲洗，然后用碘酒、酒精等消毒处理后包扎。

第三节　生物安全三级实验室的消毒技术

生物安全三级实验室又称P3实验室，是操作危险等级较高的病原微生物时实现生物安全的手段，目的是为了保护人员、产品及环境等不受污染。所用器材等的消毒参见兽医实验室应用材料的消毒技术。

一、空气消毒

采用高效过滤器（HEPA）对外界环境进入实验室的空气进行过滤消毒，利用生物安全柜对进入实验室内的空气进行进一步过滤消毒，所有实验室中，外排的气体也要经过过滤消毒处理。进入P3实验室工作前，应提前1小时启动P3实验室负压系统，各项安全参数符合标准时才能进入P3实验室工作。工作结束后，在P3实验室运行情况下开启紫外杀菌灯至少1小时，再关闭实验室负压系统。

二、人员的防护与消毒

实验室工作人员进入 P3 实验室要更换 P3 专用防护服装，在 P3 实验室缓冲间依次穿好双层鞋套和衣裤，戴好帽子、口罩、眼罩和双层手套，然后进入 P3 实验室工作区内。工作完毕离开 P3 实验室工作区，先进入缓冲间内，按无菌操作要求，首先消毒外层手套，然后脱掉外层手套，再消毒内层手套，然后戴着手套按无菌操作要求依次脱掉帽子、眼罩、口罩、衣裤和外层鞋套，将脱掉的衣物装入高压消毒袋中消毒，然后再依次脱掉内层鞋套和内层手套，置另一高压消毒袋中，消毒巾擦拭面部和双手消毒后离开 P3 实验室缓冲间。

三、样品的传入与传出

样品进出 P3 实验室要通过样品传递窗。首先打开 P3 实验室外的传递窗门，将样品放入传递窗内，关闭室外传递门，待安全灯亮后，打开室内传递窗门，取出样品后关闭室内传递窗门。样品使用后，严格无菌包装后，才可经传递窗传递出 P3 实验室。

四、废弃物的处理

P3 实验室内的试验废弃物均需高压灭菌后才能移出 P3 实验室，试验材料及仪器设备移出 P3 实验室前需经严格消毒。

第十六章 兽用生物制品厂的消毒技术

生物制品厂是生产生物制品的地方，由于生物制品原材料的特殊性，稍有不慎，生物制品厂也有可能成为疫病传播的散播地。为保证所生产产品的安全性，如何结合兽用生物制品的特点做好生产过程的微生物控制必然是生物制品生产中的重要内容之一，且贯穿于生产的始终。有效的消毒和灭菌技术是杀灭或除去微生物最直接和有效的措施。生物制品工业与其他制药业一样，也是通过实施"良好的质量管理规范（GMP）"，采用物理和化学的消毒灭菌方法来实现对生产过程中微生物的控制，只是方法选择时还需考虑消毒剂的残留和制品的稳定性等问题。

第一节　厂区布局

为做到安全生产，就"大消毒"而言。生物制品厂厂区的布局应符合生产流程的要求，保证生产工序衔接合理。一般应做到厂房建筑面积与占地面积的比例应恰当；生产用房、仓库、辅助用房的面积比例协调，与生产规模相适应；整个产区内人流与物流要分开；厂区内生产区应与行政区、生活区分开，并间隔一定的距离，不得互相影响；生活区与行政区应处于上风向，生产区以及三废处理、锅炉房等有严重污染的区域，应置厂区的下风向。

一、生产区布局

在考虑生产区内各个功能区域的布局时，应根据防止交叉污染的原则进行设计。既要采取一切措施防止生产区受到环境、人员、物料等的污染，又要防止厂区向外散播微生物，污染周围环境。

1. 洁净厂房　洁净厂房宜布置在厂区内环境清洁，人流物流不穿越或少穿越的地段，与交通频繁道路间的距离应大于 50 米。应分别设置人员和物料的出入门，原辅料和成品出入口要分开，极易造成污染的物料和废弃物必要时可设置专用的出入口，厂房内物料传递路线应尽量短；人员和物料进入洁净厂房要有各自的、与生产区洁净级别相适应的净化室和设施；生产区域按照工艺流程布局，减少流程的迁回反复；操作区内只允许放置与操作有关的物料和设备，不得用作其他区域内工作人员的通道。

2. 无菌室　无菌室主要是进行强毒（菌）种生产、检验等的场所，为防止散毒，无菌室需与其他区域严格隔离。不同洁净级别的房间或区域要按空气洁净度的高低由里向外布置；空气洁净度相同的房间或区域宜相对集中；空气洁净度房间之间的联系要有防止污染的措施，如气锁、风淋间或传递窗柜。

3. 安检、效检用实验动物房　安检、效检用实验动物房应与其他区域严格分开，并有专用的进出口及空气处理和净化消毒设施。

4. 用水量大、潮湿的区域　洗涤室等最好设在离无菌室较远的地方，厕所不得设置在有空气洁净度要求的生产区域内。

二、非生产区布局

生物制品厂的非生产区主要包括办公室、仓库及停车场等。一般来讲，生物制品厂的非生产区应处于该厂主导风向的上游，这样既保持了非生产区的环境，又有效地降低了生产区向非生产区的散毒危险。办公室应独立分开，仓库与成品库的位置既要考虑方便物料和成品进出仓，又要尽可能减少物料和成品受污染的机会。目前，国内外兽药企业在设计仓库时，把仓库与生产区连为一体，这样物料入仓后，整个物流的过程都处于封闭状态下，直至成品销售出厂。

第二节　生产厂区的消毒与灭菌

针对所有可能的污染来源，对进入的人员、物料、生产场所等采取各种措施控制微生物污染，以保证生物制品的质量，是生物制品厂生产过程中一项极其重要的工作。

一、环境的消毒

生产车间外的厂区一般不进行大规模消毒，优先考虑的是清洁。可通过在厂区外种植树木和草皮的方法减少尘土飞扬，减少微生物通过飞扬的尘土进行传播的机会。厂房建筑的外部，大多黏附空气中尘埃等污物，用高压水流自上而下冲洗即可，必要时加入洗涤剂（泡可净）或季铵盐类消毒剂。

车间内走廊和过道等若通风条件良好，一般不会滋生真菌等其他微生物，定期用吸尘器清除积尘即可。湿度大、通风不良车间的墙面易滋生真菌，不锈钢墙面也不例外，应根据车间清洁级别要求、建筑材料的特性采取适当的消毒灭菌方法，但应注意消毒剂残留和腐蚀的问题。

生产洁净区（无菌车间），一般墙面均为不锈钢、彩钢板、铝合金以及大面积玻璃或瓷砖等防水耐腐蚀的材料，可以用化学消毒剂如瑞农（1∶200 稀释）、清之源（每千克水添加 1～2 片）或过氧可安（1∶100 稀释）等局部擦拭。地板可以用瑞农（1∶200 稀释）或清之源（每千克水添加 1～2 片）或安比杀（1∶200 稀释）或安灭杀（1∶100 稀释）或过氧可安（1∶100 稀释）冲洗。季铵盐类消毒剂不应作为主消毒液，因为它们很难杀死真菌和芽孢，除非有 65 ℃以上热水、足够长的时间等协同作用。此外，应定期更换消毒剂种类。

对于无地漏清洁区域使用的拖把，用后应高压蒸汽灭菌。控制区的墙面耐水性较差，可用瑞农（1∶200 稀释）或清之源（每千克水添加 1～2 片）或安比杀（1∶200 稀释）或安灭杀（1∶100 稀释）或过氧可安（1∶100 稀释）等局部擦拭。

二、空气净化

空气虽然不是微生物生长和繁殖的理想环境，但大气中漂浮着许多尘埃和水滴等悬浮物，在许多情况下是微生物生存和传播的媒介。为防止空气中尘埃、昆虫、动物等污染物的进入，使厂房内达到规定的洁净度，同时也防止工作间的散毒，一般可通过采用紫外线照射、滤过，以及化学消毒来维持生产区域相应的空气洁净度，并使空气保持一定的流向。

1. 紫外线照射

（1）**固定式照射** 将紫外灯固定吊装在天花板或墙壁离地面 2.5 米左右处向下或侧向照射。使上部空气受到紫外线的直接照射，当上下层空气对流时，使室内空气都得到消毒。由于紫外线对人体有伤害，所以这种照射方式只适应于室内无人时使用。使用这种方法进行室内空气消毒时，灯的功率应为每立方米 ≥1 瓦，一般室内每 10 米^2 面积安装 30 瓦紫外灯管一支。

（2）**移动式照射** 对于没有安装固定紫外灯的地方，可用能搬动的紫外灯进行照射。在无人场所，可用活动紫外线灯架做暴露式照射。

2. 空气过滤除菌 空气过滤主要应用的是空气过滤器。过滤器根据滤材的滤菌（尘）效率，可分为初效过滤器、中效过滤器、高效过滤器和超高效过滤器四种。它们对 0.3 微米以上粒子的阻留率分别为 10%～65%、90%～95%、95%～99% 和大于 99.9%。目前，制药行业多采用中央空调或空气处理系统来满足厂房的要求。根据不同生产区域空气洁净度的要求设置相应的空气净化处理装置。洁净程度最高的为无菌操作室，要求达到 100 级，即每升空气中 ≥0.5 微米的颗粒应 ≤3 500 个。通过使用大面积高效滤器使进入室内空气形成层流即可满足要求。

由于滤器的面积、通过滤器的风流与风速、气流的方向、房间的压力等对于空气过滤除菌的效果都会造成影响，因此要综合考虑以达到预期的效果。为了达到应有的净化效果，还应定期及时更换过滤器。

3. 化学消毒法 目前用于降低室内空气中含菌量的化学消毒剂主要有臭氧、二氧化氯、过氧化氢、过氧乙酸等。

在生产中经常采用过滤除菌与其他灭菌方法相结合，以提高空气净化的质量。例如，在用过滤器过滤空气的同时辅以过氧化氢除菌，可以增强层流系统的消毒效果；紫外线照射的同时使用过氧化氢可大大增加空气的灭菌效果。

4. 选择生产区空气消毒方法时应考虑的问题 首先应根据生产区不同区域对空气清洁度的要求；其次，应考虑消毒过程中室内是否有人；第三，应兼顾经济的因素。从以上几个方面综合衡量，选择合适的空气洁净度级别。厂房的空气洁净级别可分为 100 级、1 000 级、10 000 级和大于 10 000 级，具体标准见表 16-1。

表 16-1 空气洁净度标准

洁净级别	尘粒数（个/升）		活微生物（个/升）	
	≥0.5 微米	≥5 微米	沉降菌	浮游菌
100 级	≤3 500	0	≤1	≤5
1 000 级	≤35 000	≤2 000	≤5	≤100
10 000 级	≤350 000	≤20 000	≤10	≤500
>10 000 级	≤3 500 000	≤200 000	—	—

三、生产设备的消毒

设备是保证产品质量的前提，要获得质量良好的制品，必须对生产环节所使用的所有设备进行严格消毒灭菌。设备的材料多种多样，其灭菌的方法随材料的不同也有所区别。目前，生物制品厂对设备灭菌主要采用以下几种方法：

1. 电离辐射消毒 电离辐射消毒特别适用于各种怕热的灭菌物品，如辐射级硅胶产品及塑料制品等。从长远和经济角度考虑，最适合于大规模消毒灭菌。

2. 高压蒸汽灭菌 高压蒸汽灭菌是应用比较广的一种灭菌技术，在生物制品厂中主要是用于发酵釜、供水管路、液体药物传输系统等密闭型设备的灭菌。

3. 干热灭菌 干热灭菌主要用于玻璃瓶、连接器、搅拌器、试管、吸管、培养皿和离心管等的灭菌。

4. 化学消毒 化学消毒也是生物制品厂应用较广的消毒技术，可根据设备材料性质的不同，选择相适应的消毒剂进行消毒。

四、生产区人员的消毒灭菌

生物制品的整个生产过程都是由人设计、控制和参与的，人是生产过程中最大的可能污染源。因此，人员消毒是生物制品厂不容忽视的问题。为保证生产的顺利进行和安全，保证最终产品的质量，人员进入生产区必须经过严格的消毒和灭菌。另外，生物制品厂工作人员在生产过程中直接与病原微生物接触，全身各部都有可能沾染致病菌，在离开生产区时，如果不进行严格消毒，将会把病原微生物携带出来，造成散毒。所以，对人员离开时消毒也有严格要求。在所有的生物制品厂，都设有专门的人员净化室对进出工作人员进行消毒处理。

根据人员净化的要求，净化室由外到内可包括换鞋室、存外衣室、盥洗室、洁净工作服室、气闸室或风淋室等。在人员净化室入口处有净鞋设施，盥洗室应设洗手和消毒设施，龙头开关宜安装非手动式的。一般的进出净化程序如图 16-1、图 16-2。

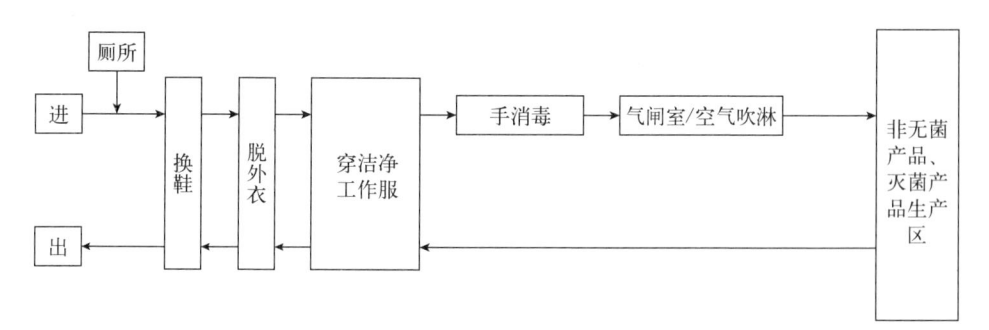

图 16-1 非无菌产品、可灭菌产品生产区人员净化程序

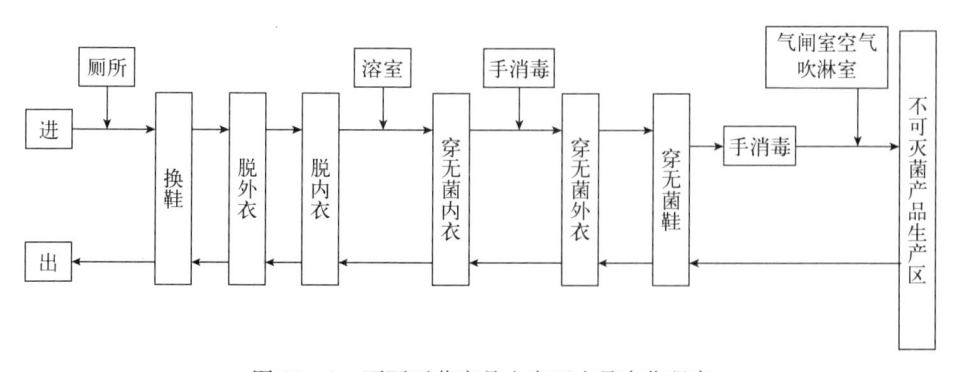

图 16-2 不可灭菌产品生产区人员净化程序

五、生产区物品的消毒灭菌

为控制生产过程中微生物的污染，进入生产区的所有物品必须经过严格的清洗或消毒灭菌。清洗和消毒方法因进入物品的性质不同而有所选择。一般而言，能耐受湿热灭菌处理的物品，如细胞培养用的转瓶、瓶塞、洁净服、缓冲溶液和试剂等，可采用双扉高压灭菌柜经高温高压灭菌处理后进入生产区；对于不能高温高压灭菌的细胞营养液、部分试剂和溶液（酶、双抗）等需采用过滤除菌后经管道泵入生产区；对于一些既不能高压灭菌也不能过滤处理的物品如生产用菌（毒）种、修理工具等，则需用表面消毒剂进行表面擦拭消毒或紫外线照射后经专用传递窗进入生产区；此外，一些用量很大的溶液、佐剂等，则可以在高温高压灭菌后经管道泵入生产区。

六、质检室的消毒

生物制品质量检验贯穿于生产的始终，从生产用菌（毒）种、原材料到半成品的检查，直至最终的成品检验。检验内容涉及制品的物理性状检验、纯粹检验、安全检验以及效力检验等多项内容，质检室的功能就是完成以上各项检验内容。为使检验工作能够安全顺利地进行，必须对不同功能的质检室采取相应的消毒灭菌措施。质量检验室的消毒具体包括环境和检验设备两方面，检验设备的消毒可参照本章生产设备消毒方法和原则进行，环境消毒则要根据房间功能不同而不同。

1. 常规化验室　常规化验室主要是从事生产用培养基、佐剂及其他所需试剂的检验，不操作病原微生物。因此，此区域没有空气洁净度要求，主要以保持清洁、整洁为主。一般可用低效化学消毒剂，如季铵盐类消毒剂等定期进行工作台面和地板的擦拭。

2. 安全检验、效力检验用动物试验房　安检、效检用动物试验房是以评价生物制品安全性、效力为目的进行实验动物饲育、试验的设备和建筑物的总和。由于生物制品的效力检验一般都要使用强毒，为保证生物安全，均采用屏障系统使检验室与外界隔离，同时室内要有严格的消毒措施，以保证工作人员的安全。具体的消毒方案应根据使用细菌或病毒的生物危害级别来确定，当所用病毒（细菌）为高致病性病原微生物时，房屋应密闭，有精密的供气/排气系统，进出房间的空气要通过高效过滤系统的处理，房间内要形成定向气流；有配套的人员净化室以保证进出工作人员的安全，有高压灭菌设备对试验产生的废弃物进行消毒等。

七、成品库（冷库）的消毒

冷藏是保证生物制品质量的一个重要条件，因此各个生物制品厂都建有疫苗保藏用冷库。温度对兽用生物制品的生产和使用具有举足轻重的影响，如用猪瘟兔化弱毒疫苗株制备的新鲜脾淋苗在 0～4 ℃只能保存 14 天，而在－15～－10 ℃则可以保存 6 个月；再如，作为成品的鸡新城疫Ⅱ系弱毒冻干疫苗在 0～4 ℃可保存 6 个月，在 10～15 ℃只能保存 3 个月。

冷库可分为中型和小型两类，中型冷库容量在 1 000 吨左右，中型冷库一般由主体建筑和附属建筑两部分组成。主体建筑包括不同温度冷藏库和空调间；附属建筑包括包装间、真空检验室、准备间、机房、泵房和配电室等。

冷库平常以保持清洁为主，必要时可以采用化学消毒剂进行消毒，可用卫可安（1∶100 稀释）或过氧可安（1∶200 稀释）或瑞农（1∶200 稀释）轮换消毒。

第三节　污物、动物尸体与病变组织的无害化处理

生物制品厂生产过程中产生的废弃物、动物尸体与组织除失去正常外观以外，还有可能携带病原微生物，如果处理不当，将会严重污染环境，并存在散毒的危险。所以，必须对污染的动物尸体和组织进行分类收集和堆存，并对污染情况不同的污染物分别进行处理，在达到无害化标准后，方可外输。一般用于动物尸体、污染废弃物消毒的方法主要是生物发酵消毒、高压灭菌消毒和焚烧处理。根据具体情况，可以单独使用一种方法，也可以几种方法交叉使用，以兼顾经济和无害化的要求。

一、生物发酵消毒

在实际生产中，带毒粪便、残渣和垫料的处理可采用生物发酵。根据各厂残渣和粪便的数量建适当规模的生物发酵池，以每池装满后能自然发酵 2 年以上为原则。发酵池应一半设在强毒区内，一半设在隔离区外。生物发酵池内外墙面除用水泥砂浆粉刷外，应涂沥青防水层，防止池内污水渗透和池外地表水和地下水渗入，影响发酵效果。发酵彻底后，启盖清出粪便和垫料等的残渣。

二、污染物的焚烧处理

动物尸体和脏器的处理常用焚尸炉焚烧处理，即应用喷柴油的方法，在引风条件下进行焚烧。但往往由于带毒尸体等不够一炉火化时，尸体堆积易散毒

发臭或被野鼠拖走，故有的厂采用将尸体和脏器用高压蒸汽消毒，再用生物发酵方法进行处理，亦很安全。

三、污水的消毒处理

生物制品厂在生产过程中产生的污水可能含有多种病原菌、致病性病毒和寄生虫（卵），如将污水不经过处理直接排放，则会污染江河湖泊及地下水，造成环境和水源的污染，更主要的是污水携带大量病原体，存在散毒危险。因此，做好生物制品厂的污水消毒十分重要。污水的处理和排放必须符合国家有关排放标准和生物安全的要求。生物制品厂污水处理程序主要包括预处理、消毒、检验、曝晒和排放等，其流程如图 16-3。

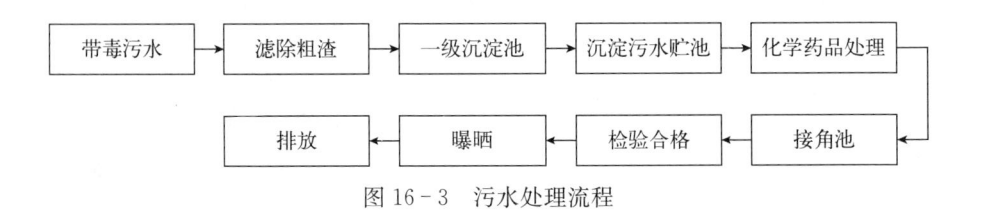

图 16-3 污水处理流程

预处理是利用物理学的原理除去污水中的悬浮固体、胶体、油脂和泥沙。最常用的预处理方式是筛滤和沉淀。需要的设施有粗格栅、细格栅、沉淀池等。

化学消毒是污水无害化处理中关键的一步，有多种化学消毒剂可用于污水处理，其中以臭氧处理污水效果较好。该法主要利用臭氧中氧的强氧化作用，使污水中的致病菌、病毒及细菌芽孢迅速杀灭，比氯气作用更强。污水经臭氧处理后，水的浊度、色度有明显改善，化学需氧量一般可减少 50%～70%；可除去放线菌、霉菌、水藻的分解产物及醇、酚、苯等污染物产生的异味和臭味。臭氧法反应迅速、流程简单，没有第二次污染，但耗电量较高。此外，还可用液氯、二氧化氯等进行消毒处理，用液氯消毒时，必须采用真空加氯机，并将投氯管出口淹没于污水中，严禁无加氯机直接向污水内投加氯气；输送氯气的管道用紫铜管，输送含氯消毒剂的管道用硬聚氯乙烯管。

第四节 非生产区的消毒

一、环境的清洁、卫生和消毒

非生产区一般不进行大规模消毒，优先考虑的是清洁。减少空气微生物污染机会的经济有效办法是绿化。通过植树、种草、建立绿化带，防止该区域内尘土飞扬，给办公区域制造一个良好的工作氛围。非生产区的道路应尽可能是柏油或混凝土，道路应有专人进行清扫，保持道路清洁。定期用高压水冲洗厂区道路，以减少粉尘飞扬而传播微生物。同时也应尽可能保持非生产区外墙壁的清洁。在有必要时，需对非生产区道路、外墙壁等进行冲洗并用相关消毒剂进行喷洒消毒。

二、办公室的消毒

生物制品厂办公室属非生产区范畴，无洁净级别要求，办公室卫生消毒主要是通过机械的方法对办公室内的地面进行清扫以及用抹布擦洗办公桌椅，保持室内环境干净整洁，必要时用抹布蘸取消毒液对室内桌椅进行擦拭或用化学消毒液进行喷雾。所要注意的是消毒剂应根据室内桌椅的材料性质而适当选择，以防止消毒剂使用不当而腐蚀办公桌椅，一般多选用季铵盐类消毒剂，比如优普诺（1∶200 稀释）或卫牧（1∶200 稀释），有病原微生物污染时可选用卫可安（1∶100 稀释）或过氧可安（1∶200 稀释）或复方戊二醛（1∶200 稀释）或镇疫醛（1∶100 稀释）。喷洒消毒液时室内不能有工作人员，喷洒人员应做好自我防护。

三、物料仓库的消毒

物料仓库是储存生物制品原料、新进设备、器械等的场所。良好的原材料是保证药品质量的重要保证，因此应保持物料仓库的清洁、干燥。一般而言，物料仓库无须消毒，只需保持库区清洁干燥，做好防虫、灭鼠工作。必要时可用适当的消毒剂进行喷洒。仓库区卫生控制主要通过以下几个方面来完成：

（1）库房内各类原辅材料及成品要按规定的区域存放，应做到区域划分明确、隔断界线清楚，存、取货走道畅通，物料标识明确并留有消防通道。

（2）库房内货架、垫板必须摆放整齐，离地 30 厘米、离墙 50 厘米，摆放方阵要便于吸尘和清洁。

（3）同一物料箱应在堆码极限高度要求范围内等高堆放，力求整齐、整洁，方便收发，便于整理。

（4）库内不得存有异物，地面每日清扫，垃圾随时清除并置于垃圾存放点。

（5）每周做一次清扫工作，对墙面、顶棚、屋角要重点清洁，不得有蜘蛛网存在，门窗内外要彻底清擦，门窗内以洗净手指抹过不留灰尘为合格。

（6）随时杀灭进入库房区的昆虫和小动物。

（7）所有门窗顶棚的木结构部分，如有腐朽立即修理。

（8）领料、送料人员进入库区时，衣、鞋必须整洁，必须在库房门外净鞋设施上除净鞋底的泥土。

（9）进库货箱必须严格检查有无污损，如有，必须待污物清除而不损伤外包装的情况下才可收入库内。

（10）除在拿取方便的位置放置消防器材外，库内不得有任何杂物。

（11）库区应通风良好，控制温度、湿度、防潮、防霉，通风窗口应安纱窗以防蚊蝇进入。大风大雨应关窗关门，防止风夹带尘沙进入库区，防止雨浸湿、污染场地和物料。

第五节　兽用生物制品厂的消毒方案

兽用生物制品厂在生产过程中，为了保证所生产制品的质量，同时也为了防止散毒，需要根据生产实际情况制定一整套完备可行的消毒方案。不同的生物制品厂因生产制品的不同，其消毒方案不尽相同。同一个生物制品厂，针对不同区域制定的消毒方案也有所不同。

一、生产区的消毒方案

（一）生产车间清洁消毒方案

建立生产区环境消毒程序的目的在于规范生产环境，使各生产区域达到要求的洁净级别，以保证所生产产品的质量和减少在生产过程中的潜在散毒风险。

1. 普通级生产区消毒

（1）操作区域　每次使用后，用湿毛巾清洁工作台、橱柜、设备外壁，擦除门窗、墙壁上的污渍，清洗水池，用拖把清洁操作区地面，清洗废物贮器，物品定点摆放整齐。设备、门窗、墙壁及地漏每周清洁一次，其中顶棚、风口和灯具用消毒剂清洗一切表面，消毒剂可选用卫可安（1∶150稀释）或过氧可安（1∶300稀释）或安比杀（1∶300稀释）或安灭杀（1∶150稀释）或复方戊二醛（1∶300稀释）或镇疫醛（1∶150稀释）或优普诺（1∶300稀释）或卫牧（1∶300稀释），清洁用水符合饮用水水质。

（2）公共区域　每天由清洁人员用拖把清洁区域内的所有地面，用湿毛巾擦除门窗、墙壁上的污渍，清洗淋浴间地面及地漏、洗手间水池，清洁卫生间，清除的垃圾按物品进出洁净厂房相关程序规定送出；清洗废物贮器，物品定点放置。设备外壁、用具外表、衣柜、浴室墙面及隔挡，门窗及墙壁（全面清洁），卫生间（用洁厕灵清洁），消毒水池、地漏及废物贮器等每周消毒一次，普通区长期不用的区域也每周清洁1次。顶棚（包括风口和灯具）、地面每月一次清洗消毒，消毒剂可选用卫可安（1：150稀释）或过氧可安（1：300稀释）或安比杀（1：300稀释）或安灭杀（1：150稀释）或复方戊二醛（1：300稀释）或镇疫醛（1：150稀释）或优普诺（1：300稀释）或卫牧（1：300稀释）。

2. 洁净区1万级（含局部100级）**区域清洁消毒**

（1）**班清洁消毒** 每班生产清场后用75％的酒精消毒100级层流罩下的工作台；用中性洗涤剂、消毒剂擦拭门窗、墙壁、室内用具、设备及地面，夏季消毒剂可选用复方戊二醛（1：300稀释）或镇疫醛（1：150稀释）或优普诺（1：300稀释）或卫牧（1：300稀释）；冬季消毒剂可选用过氧可安（1：300稀释）或卫可安（1：150稀释）；春秋季消毒剂可选用安比杀（1：300稀释）或安灭杀（1：150稀释）或5％聚维酮碘（1：25稀释）或瑞农（1：300稀释）。要清除垃圾，清洗消毒用品，物品定点摆放。要求每天进行一次熏蒸消毒，消毒剂可选用甲醛（对工作人员有致癌作用，建议不用或慎用）、烟克、烟营、卫可安、过氧可安等，具体用法请参照终末消毒一节。

（2）**周清洁消毒** 每周进行全面清洁消毒一次。用中性洗涤剂、消毒剂擦拭室内一切表面，包括墙面、风口、照明和顶棚，夏季消毒剂可选用复方戊二醛（1：300稀释）或镇疫醛（1：150稀释）或优普诺（1：300稀释）或卫牧（1：300稀释）；冬季消毒剂可选用过氧可安（1：300稀释）或卫可安（1：150稀释）；春秋季消毒剂可选用安比杀（1：300稀释）或安灭杀（1：150稀释）或5％聚维酮碘（1：25稀释）或瑞农（1：300稀释）。要清除垃圾，清洗消毒用品，物品定点摆放。要求每周进行一次彻底的熏蒸消毒，消毒剂可选用甲醛（对工作人员有致癌作用，建议不用或慎用）、烟克、烟营、卫可安、过氧可安等，具体用法请参照终末消毒一节。

（3）**清洁消毒程序** 按先物后地、先内后外、先上后下的顺序进行。先用纯化水擦拭一遍，必要时用洗涤剂擦去污迹，除去洗涤剂残留物后再用消毒剂消毒一遍。清洁工具使用后用洗涤剂清洗，用纯化水漂洗，用消毒剂浸泡15分钟后在洁具室归类放置。

3. 洁净区10万级区域清洁消毒

（1）清洁剂、清洁用水、清洁工具、消毒剂的使用同1万级区域。

（2）清洁消毒按先物后地、先内后外、先上后下的顺序进行。

（3）每天生产结束对区域内的工作台、设备内外壁、门窗、室内用具及地面进行清洁；清除垃圾，物品定置摆放。每周对整个区域进行全面清洁一次。

（4）先用清洁剂擦拭一遍，再用纯化水除去清洁剂残留物，最后用消毒剂擦拭消毒一遍。

（5）洁净区地漏清洁消毒，执行清洁消毒标准操作程序。

（6）清洁工具使用后用洗涤剂清洗，用纯净水漂洗，用消毒剂浸泡15分钟后放置于指定位置。

（7）清洁后目检表面应光洁，无可见异物或污迹。

（8）要求三天或每周进行一次熏蒸消毒，消毒剂可选用甲醛（对工作人员有致癌作用，建议不用或慎用）、烟克、烟营、卫可安、过氧可安等。

（二）生产区人流消毒方案

建立洁净区人员进出一、二、三更衣标准操作程序，操作人员必须严格认真执行。

1. 进入一、二、三更区程序

（1）人员进入一更区必须在拦截式鞋柜外侧脱下各自的鞋子，取下身上物品（如手表、通信工具、手提包等），整齐地摆放在各自的柜中锁好。在拦截式鞋柜的内侧换上进入二更区的拖鞋，经参观走道进入二更区。

（2）人员进入二更区（每次不超过4人），在拦截式鞋柜外侧脱下鞋子换上二更区洁净拖鞋（病毒区人员无），在内侧脱下衣服放入专用柜内；细胞区、配苗区人员进入浴室沐浴后进入三更区。病毒区人员经缓冲间进入。

（3）人员进入三更区后，将二更区洁净拖鞋换下，摆放到鞋柜内，换上洁净工作内衣、洁净工作服、三更区专用鞋子，戴好口罩，进入手消毒室，对手及手腕以上10厘米进行清洗和消毒，洗手时要用洗手液反复搓洗，直到感觉手没有油腻感为止，最后用流水对手及手腕以上10厘米进行反复搓洗，洗净手上的洗手液，手洗净后用风干机将手吹干，手吹干后再把手放到自动喷雾消毒器或用消毒盆中的消毒水对整个手及手腕以上10厘米进行消毒，消毒剂可选用安比杀（1∶300稀释）或安灭杀（1∶150稀释）或5%聚维酮碘（1∶25稀释）或复方戊二醛（1∶300稀释）或镇疫醛（1∶150稀释）或优普诺（1∶300稀释）或卫牧（1∶300稀释）或0.1%苯扎溴铵。手消毒后要让其自然干燥，然后进入洁净走道。

2. 出三、二、一更区更衣程序

（1）细胞区、配苗区人员在工作结束、清场后，要先对全身进行消毒，消毒剂可选用安比杀（1∶300稀释）或安灭杀（1∶150稀释）或过氧可安（1∶300稀释）或卫可安（1∶150稀释）或复方戊二醛（1∶300稀释）或镇疫醛（1∶150稀释）或优普诺（1∶300稀释）或卫牧（1∶300稀释）。再经过手消毒室对手消毒后才能进入三更区（手的消毒方法和消毒剂的选择与进入一、二、三更区的相同），脱下洁净工作服、鞋、口罩（统一收集于污物袋内），穿上二更区洁净拖鞋，退出到二更区。

（2）人员在二更区拦截式鞋柜内侧脱下洁净拖鞋，并在拦截式鞋柜的外侧换上一更区拖鞋，穿上衣服即可退出二更区，从参观走道入一更区。

（3）人员退入一更后，在拦截式鞋柜内侧换下一更区拖鞋并整齐摆放到柜内，穿上自己的鞋子，带好各自随身物品后，退出一更区。

3. 毒区工作人员出三更区、二更区程序

（1）毒区工作人员在全部工作结束、清场后，要先对全身进行消毒，消毒剂可选用安比杀（1∶300 稀释）或安灭杀（1∶150 稀释）或过氧可安（1∶200 稀释）或卫可安（1∶150 稀释）或瑞农（1∶200 稀释），在手消毒室用安比杀（1∶200 稀释）或安灭杀（1∶100 稀释）或 1%～5%聚维酮碘等消毒液对整个手、手臂进行消毒，然后进入三更区。

（2）脱下全部工作衣、帽、鞋、口罩，放入衣物收集袋中，标明"待清洗"标志。由本区域人员收集至废物处理间统一经高压灭菌处理后移出。

（3）进入沐浴室淋浴。要求用清洁剂彻底清洁全身后方可退出至二更区。

（4）人员在二更区拦截式鞋柜内侧脱下洁净拖鞋，并在拦截式鞋柜的外侧换上一更区拖鞋，穿上衣服即可退出二更区，从参观走道退入一更区。

（5）人员退入一更后，在拦截式鞋柜内侧换下一更区拖鞋并整齐摆放到柜内，穿上自己的鞋子，带好各自随身物品后，退出一更区。

4. 要求

（1）生产区人员从开始进入一更区起，均须随手关门，随手开关灯。

（2）进入二更三更，严禁更衣室内出入门同时开启。

（三）生产区物流消毒方案

建立物料、物品进出洁净区清洁消毒标准操作程序，以便操作人员执行。

1. 物料、物品进入洁净区清洁消毒程序

（1）不能高压或干烤消毒的物料、物品进入洁净区前，在粗洗准备间脱去外包装后，用消毒液将内包装外壁消毒，然后进入精洗间（10 万级）。

（2）在万级洁净区传递窗外，再次用消毒液擦拭消毒物料内包装外壁，然后放入传递窗内开紫外灯照射 30 分钟。

（3）万级洁净区操作人员从洁净区传递窗万级区一侧将物料、物品取出。传递窗使用严格执行其标准操作程序。

（4）可灭菌消毒的物料及物品脱去包装，清洁包扎后，经使用单元的双扉灭菌柜或干烤箱灭菌后从万级区一端出箱传入。操作严格执行其灭菌柜或干烤箱使用标准操作程序。

2. 物料、物品出洁净区清洁消毒程序

（1）出负压洁净区（病毒区）物料、物品及污染物、废弃物的消毒　要求污染物、废弃物及能高压灭菌的物料、物品、器具器皿一律经高压灭菌后移出。不能高压灭菌物品（仅限送检样品移出前处理）用瑞农（1∶100 稀释）或卫可安（1∶50 稀释）或过氧可安（1∶100 稀释）消毒液擦拭消毒送检样品装瓶，用塑料袋包扎后，放入瑞农（1∶100 稀释）或卫可安（1∶50 稀释）或过氧可安（1∶100 稀释）溶液中浸泡 15 分钟，然后取出，放入传递窗取样桶（由取样人预先放置），关闭窗门，合上桶盖（由取样人员操作），送至规定地点进行检测。操作执行传递窗使用标准操作程序。

（2）出其他洁净区（细胞区、配苗区）的消毒要求　物料、物品统一收集于各洁净区废物处理间后传出。操作应严格按规定执行（即废物处理间内至洁净区的门和至清洗间的门严禁同时开启；物料、物品传送交接在至清洗间的门侧进行，交接操作时两区人员密切配合传递，禁止人员出入）。

（四）质检室消毒方案

建立检验室工作环境及设备清洁消毒标准操作程序，保证检验室工作环境及设备的清洁卫生，防止污染。

1. 清洁范围与方法

（1）清洁范围　每天上班前和下班前各清洁一次。清洁的范围包括：操作台表面、地面、用具、走道、室内桌椅等。每周五上班前进行全面清洁一次。清洁范围包括地面、走道、室内桌椅、柜、水槽、门窗、墙壁、附属装置、设备（包括冰箱、干烤箱、离心机、操作台、手提式高压锅、水浴锅、温箱等）。清洁工具包括清洁盆、塑料盆、水桶、箩筐、清洁布、毛刷、火钳、铁铲、拖把、扫帚、簸箕、吸尘器等。清洁剂主要应用洗衣粉和肥皂等。

（2）清洁方法　上下班前将检验室内的桌面清理一遍，使其各项工作器具摆放整齐，并用扫帚将地面清扫干净，用湿抹布擦拭操作台、桌面一遍，并将废弃物清除到垃圾坑。

每周五进行全面清洁。检验室内的墙壁、顶棚、门窗用吸尘器吸取表面粉尘，将操作台、桌面整理干净，废弃物、残留物放入污物桶后，倾倒于垃圾坑；用扫帚清扫地面、走道，将灰尘及废物清除入垃圾坑；用清洁抹布擦拭桌、椅、柜、门面、操作台表面、设备外壁一遍，再用抹布浸湿自来水后，拧干擦拭两遍，最后用湿拖把拖地面两遍，如遇到表面污迹、污垢、堆积处用毛刷、洗衣粉水刷洗清除。

检验室的外围环境应先清除枯枝落叶、杂草等，用扫帚清扫干净，并将其放入指定的焚烧点进行焚烧。

用过的抹布，用洗衣粉或肥皂搓洗后再漂洗干净，晾干后存放于固定的地点，拖把用自来水冲洗干净，必要时用洗衣粉清洗干净晾干，放到指定地点存放。整个清洁工作应做到门窗清洁，桌面、柜、设备外壁无灰尘，地面无杂物、尘土。

2. 消毒范围与方法 主要应用安比杀（1∶300 稀释）或安灭杀（1∶150 稀释）或过氧可安（1∶300 稀释）或卫可安（1∶150 稀释）或复方戊二醛（1∶300 稀释）或镇疫醛（1∶150 稀释）或优普诺（1∶300 稀释）或卫牧（1∶300 稀释），检验室每两天全面消毒一次，操作台每次检验结束后消毒一次。消毒范围主要包括无菌操作台、检验室及走道、动物房等。每次检验结束后按比例取安比杀（1∶300 稀释）或安灭杀（1∶150 稀释）或过氧可安（1∶300 稀释）或卫可安（1∶150 稀释）或复方戊二醛（1∶300 稀释）或镇疫醛（1∶150 稀释）或优普诺（1∶300 稀释）或卫牧（1∶300 稀释）溶液，用清洁抹布浸入，捞出拧干后伸入操作台内进行全面擦拭两遍（包括灯管），外壁也擦拭两遍。

二、动物试验房的消毒方案

建立动物试验房定期消毒标准操作程序，规范其操作，防止散毒。消毒门、窗、墙壁、操作台、地面、实验动物架及固定容器、水槽，每周一次。常用的消毒剂为农可福（1∶200 稀释）或菌疫灭（1∶200 稀释）或过氧可安（1∶200 稀释）或安比杀（1∶200 稀释）或安灭杀（1∶100 稀释）或卫可安（1∶100 稀释）或复方戊二醛（1∶200 稀释）或镇疫醛（1∶100 稀释）或瑞农（1∶200 稀释）。消毒方法为将清洁后的小动物房，用消毒剂喷洒整个房间的地面、墙壁、门、窗，操作台、实验动物架，不易清洁消毒的位置应重点消毒处理。

三、污水、污物、尸体的无害化处理方案

建立动物房污水、污物和动物尸体的处理操作程序，防止散毒。

1. 污水的处理

（1）生产污水的处理 动物房的污水从专用下水道流进污水一级沉淀池，再流入二级沉淀池，再流入三级沉淀池，当达到一定水位后由污水泵将水打进污水贮存池。当污水贮存池的液面达到一定水位时（2 米），根据污水贮存池

的大小加入溶解好的一定量的清之源（每立方米加入 15 片左右）或者瑞农（每立方米 50 克左右）或者漂白粉，作用 24 小时，经消毒后由污水泵将污水打进总污水处理池，再按普通污水处理的方法进行无害化处理。

（2）日常管理　每天观察一次污水排放的下水道是否通畅，如不通畅，应及时疏通。定期清理一、二、三级污水沉淀池之污泥，每天观察一次污水提升泵是否处于正常工作状态，发现问题及时处理或向有关部门汇报。

（3）普通污水的处理　每天将格栅井之漂浮物清除干净，每周对格栅机加一次机油，每隔一段时间将格栅栏处之杂物清除。每 3～5 天开启一次排泥阀，将污泥排至湿泥井中。每年将湿泥井中之污泥清除一次。将电器控制开关处于自动开启状态，每天观察 1～2 次，看所有仪表、设备是否处于正常运行状态，一旦发现异常现象，及时处理或向有关部门汇报。每天测一次进出口水的酸碱度。

（4）污水检测　生物毒性监测，每月从污水处理池排放口抽取一定量的水注射动物，取家兔 2 只（体重 1.5～2.0 千克），各皮下注射 2 毫升，豚鼠 2 只（体重 300～400 克），各肌内注射 1 毫升，鸡 2 只（2～6 月龄），各皮下或肌内注射 0.5 毫升，观察 10 天，均应健活。BOD、COD 的监测，每年由环保部门进行监测。

2. 污物及动物尸体的处理

（1）动物的粪便送厂废弃物处理中心高温灭菌后无害化处理。

（2）所有试验过程中死亡及试验结束后扑杀的动物，做焚烧处理，并做好相关记录。

第十七章 传染病疫源地的消毒技术

第一节 传染病疫源地的消毒

一、疫源地的概念与区域划分

在一定条件下，传染源向其周围传播病原体所能波及的地域称为疫源地，包括传染源、被污染的动物圈舍、牧场、活动场所以及这个范围内的可疑动物和储存宿主。疫源地能不断向外界扩散和传播病原体，威胁其他地区人员和动物的安全。搞好疫源地消毒是防止传染病发生和流行、控制和扑灭传染病的重要措施之一。通常把范围较小的疫源地或单个传染源所构成的疫源地称为疫点。若干疫源地连成片并且范围较大时称为疫区。

二、疫点的消毒

（一）疫点消毒的原则和程序

1. 疫点消毒的原则

（1）**实施消毒的时间** 疫源地实施消毒的时间越早越好。动物卫生防疫监督机构在接到快报动物疫情报告后，应在 6～12 小时内实施消毒，其他非快报动物疫病在 12～48 小时内实施消毒。消毒持续时间应根据动物疫病流行情况及病原体监测结果确定。根据国家《动物疫情报告管理办法》规定，有下列情形之一的必须快报：发生一类或者疑似一类动物疫病；二类、三类或者其他动物疫病呈暴发性流行；新发现的动物疫情；已经消灭又发生的动物疫病。县级动物卫生防疫监督机构和国家动物疫情测报点确认发现上述动物疫情后，应在 24 小时内报至国家兽医部门。

（2）**实施消毒的范围** 消毒的范围应为可能被传染病动物排出病原体污染的范围或根据疫情监测的结果确定。

（3）**消毒方法的选择** 应根据消毒剂的性能、消毒对象及病原体种类而定。尽量避免损害消毒对象和造成环境污染。

（4）疫点消毒中的杀虫、灭鼠吸血昆虫、鼠类在疫病传播上具有重要作用，在对疫源地实施消毒的同时，应做好疫源地的杀虫、灭鼠工作。

2. 疫点消毒的程序

（1）消毒人员在接到疫源地消毒通知后，应立即检查所需消毒工具、消毒剂和防护用品，做好一切准备工作，并迅速赶赴疫点实施消毒。

（2）消毒人员到达疫点，了解动物发病及活动场所情况，禁止无关人员进入消毒区域。

（3）更换工作服（隔离服）、胶鞋，戴上口罩、帽子，必要时戴上防护眼镜。

（4）丈量消毒面积或体积，配制消毒药。

（5）消毒时，先消毒有关通道，然后再对疫点进行消毒。消毒时应先上后下，先左后右，从里到外，按一定顺序进行。

（6）消毒完毕后，及时将衣物脱下，将脏的一面卷在里面，连同胶鞋一起放入消毒液桶内，进行彻底消毒。

（二）疫点消毒对象和方法的选择

1. 疫点消毒的对象　疫点消毒的对象包括患病动物所在的圈舍、隔离场地、动物尸体、排泄物、分泌物及被病原体污染和可能被污染的一切场所、用具和物品等。疫源地消毒对象的选择，应根据所发生传染病的传播方式及病原体排出途径的不同而有所侧重。在实施消毒的过程中，应抓住重点，保证疫源地消毒的实际效果。如肠道传染病，消毒对象主要是发病动物排出的粪便，以及被其污染的物品、场所等；呼吸道传染病，则主要是消毒空气、分泌物及污染的物品等。

2. 疫点消毒方法的选择　疫点消毒方法应根据病原体的种类及消毒对象的具体情况进行选择。消毒排泄物、分泌物、垃圾等废弃物时，只需考虑消毒效果。而消毒那些有价值的物品时，则应注意既不损坏被消毒物品，又要保证确实的消毒效果。如金属笼具等不能使用具有腐蚀性的消毒剂等；对饲槽、饮水器等的消毒，不宜使用有毒的化学消毒剂；对含有大量的有机物的环境及污物消毒时，不但消耗消毒剂，而且由于蛋白质的凝固而对微生物起保护作用，故不宜用凝固蛋白质性能强的消毒剂。垂直光滑的表面，喷洒药物不易滞留，应用消毒液冲洗或擦洗；粗糙的表面，易于滞留药物，可进行消毒液喷雾处理。

（三）疫点各种消毒对象的消毒方法

1. 排泄物和分泌物的消毒　患病动物的排泄物（粪、尿、呕吐物等）和分泌物（脓汁、鼻液、唾液等）中含有大量的病原体及有机物，必须及时、彻底地进行消毒。消毒排泄物和分泌物时，常按其量的多少用倍量的农可福（1∶100 稀释）或菌疫灭（1∶100 稀释）与其作用 2～6 小时。

2. 饲槽、水槽、饮水器等用具的消毒 使用化学消毒剂消毒时，宜选用过氧可安、卫可安、清之源等类消毒剂，以免因消毒剂的气味影响以后动物采食或饮水。消毒时，通常是将其浸于瑞农（1∶100 稀释）或过氧可安（1∶100 稀释）或卫可安（1∶100 稀释）或清之源（1∶200 稀释）溶液中作用 30～60 分钟，或将其浸于 3％～5％的氢氧化钠溶液中 6～12 小时。消毒后应用清水将饲槽、水槽、饮水器等冲洗干净。对饲槽、水槽中剩余的饲料、饮水等也应进行消毒。

3. 圈舍、场地的消毒 密闭性能好的圈舍，可使用熏蒸法消毒，密闭性能差的圈舍以及场地，可使用消毒液喷洒消毒。在消毒墙壁、地面时，必须保证所有地方都喷湿。在严重污染的地方应反复喷洒 2～3 次，或者掘地 30 厘米，将表层土拌以漂白粉，埋入后盖以干净泥土压实。

4. 病死动物尸体的处理 合理安全地处理尸体，在防治动物传染病和维护公共卫生上都有重大意义。病死动物尸体处理的方法有掩埋、焚烧、化制和发酵四种。

（1）掩埋法 此法简便易行，但不是彻底处理的方法，故烈性传染病尸体不宜掩埋。在掩埋病死动物尸体时，应注意选择远离住宅、农牧场、水源、草原及道路的僻静地方，土质干燥、地势高、地下水位低，并避开水流、山洪的冲刷。掩埋坑的长度和宽度以能容纳侧卧的病死动物尸体即可，从坑沿到尸体上表面的深度不得少于 1.5～2 米。掩埋前，将坑底铺上 2～5 厘米的生石灰，尸体投入后（将污染的土壤、捆绑尸体的绳索一起抛入坑内），再撒上一层生石灰，填土夯实。

（2）焚烧法 此法是销毁尸体、消灭病原最彻底的方法，但消耗大量燃料，所以非烈性传染病尸体不常应用。焚烧尸体要注意防火，选择离村镇较远、下风头的地方，在焚尸坑内进行。有条件的地方也可送火化场焚化，小动物尸体有时也可送锅炉房焚烧。焚尸坑的形式有以下几种：

①十字坑 挖十字形的沟，沟长 2.6 米、宽 0.6 米、深 0.5 米。在两沟交叉处坑底堆放干草和木柴，沟沿横架两根粗的湿木棍，然后将尸体放在架上，在尸体的周围及上面再放上木柴，然后在木柴上倒上煤油，从下面点火，一直将尸体烧成黑炭为止，烧后就地埋在坑内。

②单坑 挖一长 2.5 米、宽 1.5 米、深 0.7 米的坑。将挖出的土堆积在四周做成土埂，坑内架满木柴，坑沿横架数根粗湿木棍，将尸体架上，焚烧方法同十字坑。

③双层坑　先挖一长宽各 2 米、深 0.75 米的大沟，在沟的底部再挖一长 2 米、宽 1 米、深 0.75 米的小沟，做成双层坑。在小沟底铺上干草和木柴，两端各留出 18～20 厘米的空隙，以便吸入空气助燃，在小沟沟沿横架数根粗湿木棍，将尸体放在架上，焚烧方法同十字坑。

（3）化制法　将病死动物尸体放入特制的加工器中进行炼制，达到消毒的目的，同时保留油脂、骨粉、肉粉等作工业用或动物饲料。尸体化制时要求有一定的设备条件，在基层可采用土法化制方法，将尸体或组织块放在有盖铁锅内进行烧煮炼制，直至骨肉松脆为止。

（4）发酵法　将尸体抛入尸坑内，利用生物热的方法进行发酵分解，从而起到消毒除害的作用。尸坑一般为井式，深 9～10 米，直径 2～3 米，坑口有一木盖，坑口高出地面 30 厘米左右。将尸体投入坑内，堆到坑口 1.5 米处时盖封木盖，经 3～5 个月发酵处理后，尸体即可完全腐败分解。

传染病疫源地内各种污染物的消毒方法及消毒剂参考剂量详见表 17 - 1。

表 17 - 1　疫源地污染物的消毒方法及消毒剂参考剂量

污染物	消毒方法及消毒剂参考剂量	
	细菌性传染病	病毒和真菌性传染病
空气	（1）甲醛熏蒸（12.5～25 毫升/米^3 作用 12 小时以上） （2）烟克熏蒸（2～3 克/米^3 作用 12～24 小时） （3）烟营熏蒸（2～3 克/米^3 作用 12～24 小时） （4）紫外线 60 000 微瓦·秒/厘米^2 （5）过氧可安或农可福（1∶100 稀释喷雾消毒，30 毫升/米^3）	（1）甲醛熏蒸（25 毫升/米^3 作用 12 小时以上） （2）烟克熏蒸（3 克/米^3 作用 12 小时以上） （3）烟营熏蒸（3 克/米^3 作用 12 小时以上） （4）过氧可安或农可福（1∶100 稀释喷雾消毒，30 毫升/米^3） （5）过氧可安熏蒸（3 克/米^3，20 ℃作用 1.5 小时以上）
排泄物（粪、尿等）	（1）成型便加 2 倍量的瑞农（1∶50 稀释）溶液，作用 2～4 小时 （2）稀便可直接加瑞农，用量为粪便的 1/5，作用 2～4 小时	
分泌物（鼻涕、唾液、浓汁、乳汁、穿刺液等）	（1）瑞农干粉用 1/5 的量作用 1 小时 （2）加等量瑞农（1∶50 稀释）溶液作用 1 小时 （3）加等量过氧可安（1∶50 稀释）作用 30～60 分钟	
饲槽、水槽、饮水器等	（1）瑞农（1∶100 稀释）溶液浸泡 30～60 分钟 （2）过氧可安（1∶100 稀释）溶液浸泡 30～60 分钟 （3）卫可安（1∶100 稀释）溶液浸泡 30～60 分钟 （4）清之源（1∶200 稀释）溶液浸泡 30～60 分钟	

（续）

污染物	消毒方法及消毒剂参考剂量	
	细菌性传染病	病毒和真菌性传染病
书籍、文件、纸张等	（1）环氧乙烷熏蒸，用量 800 毫升/米³ 作用 4～6 小时（20 ℃） （2）甲醛熏蒸，福尔马林用量 25 毫升/米³ 作用 12 小时以上	
用具	（1）高压蒸汽灭菌 （2）煮沸 15 分钟 （3）环氧乙烷熏蒸，用量 800 毫升/米³ 作用 4～6 小时（20 ℃） （4）过氧可安（1：100 稀释）溶液浸泡 30～60 分钟 （5）瑞农（1：100 稀释）溶液浸泡 30～60 分钟 （6）烟克或烟营熏蒸（2～3 克/米³ 作用 12～24 小时）	
圈舍、场地及圈内用具	（1）火焰消毒 （2）用农可福（1：100 稀释）或过氧可安（1：100 稀释）或瑞农（1：100 稀释）或安比杀（1：200 稀释）或安灭杀（1：100 稀释）或卫可安（1：100 稀释）或复方戊二醛（1：150 稀释）或镇疫醛（1：100 稀释）喷雾消毒，用量为 1 000 毫升/米² （3）烟克或烟营熏蒸（2～3 克/米³ 作用 12～24 小时） （4）甲醛熏蒸（25 毫升/米³ 作用 12 小时以上）	
医疗器械、玻璃、金属制品	（1）聚维酮碘［1：(15～25) 稀释］溶液浸泡 30～60 分钟 （2）安比杀［1：(200～300) 稀释］溶液浸泡 30～60 分钟 （3）安灭杀［1：(100～150) 稀释］溶液浸泡 30～60 分钟 （4）复方戊二醛［1：(200～300) 稀释］溶液浸泡 30～60 分钟 （5）镇疫醛［1：(100～150) 稀释］溶液浸泡 30～60 分钟	

三、疫区的消毒

疫区通常是指以疫点为中心，半径 3～5 千米范围内的区域。

疫区消毒的原则、程序和方法参照疫点的消毒进行。需要注意的是，疫区的范围更广，消毒时应仔细考虑当地的饲养环境和天然屏障（如河流、山脉等），充分调动当地的人力和物力，同时应注意与其他传染病控制措施配合，搞好传染源的管理、疫区的封锁、隔离、杀蚊蝇、防蚊蝇、灭鼠、防鼠、灭蚤和防鸟，搞好饮用水、污水、食品的消毒及卫生管理，搞好环境卫生，加强对易感动物群的保护。

四、受威胁区的消毒

受威胁区通常是指疫区周边外延 5～30 千米范围内的区域。

受威胁区内的养殖场、动物集贸市场、动物产品加工厂、交通运输工具等场所应加强预防消毒工作。定期用消毒剂喷洒受威胁区内的养殖场和动物集贸市场；饲料和粪便等要深埋、发酵或焚烧；刮擦和清洗笼具等所有物品，并彻底消毒。屠宰加工、贮藏等场所的所有设备、桌子、冰箱、地板、墙壁等要冲洗干净，用消毒剂喷洒消毒；所用衣物用消毒剂浸泡后清洗干净，其他物品都要用适当的方式进行消毒；产生的污水要进行无害化处理。

五、道路与运输工具的消毒

(一)道路的消毒

道路消毒用的消毒剂既要考虑杀灭力，又要考虑杀菌的持续时间，还要考虑其是否受有机物的影响，复合这样条件的消毒剂是农可福或菌疫灭。对水泥、柏油场地、道路可选用农可福（1∶100 稀释）或菌疫灭（1∶100 稀释）溶液喷洒消毒，每天 2～3 次，也可以用 3％～5％浓度的烧碱溶液喷洒消毒。由于烧碱的腐蚀性太强，对环境危害较大，应慎用，用后一定用清水对消毒的地方反复冲洗，以防对人造成伤害；对泥土场地应掘起表层土撒漂白粉，混合后深埋，为安全起见再对新土表面用农可福（1∶100 稀释）或菌疫灭（1∶100 稀释）喷洒消毒。

(二)运输工具的消毒

运载工具可能因经常运输动物或其产品而被污染，装运前后和运输途中若不进行消毒，可能会造成运输动物的感染及动物产品的污染，严重时会引起病原沿途散播，造成疫病流行。因此，装运动物及其产品的运载工具，必须进行严格的消毒。动物及其产品运出县境时，运载工具消毒后应由兽医防检机构出具消毒证明。

1. 运输前的消毒　在装运动物或产品前，首先对运载工具进行全面的清扫和洗刷，清洗时可先用专用的泡沫清洗剂泡可净［1∶（80～100）稀释］进行处理，然后选用农可福（1∶100 稀释）或菌疫灭（1∶100 稀释）或瑞农（1∶100 稀释）或过氧可安（1∶100 稀释）或复方戊二醛（1∶150 稀释）或镇疫醛（1∶100 稀释）等进行消毒，每平方米用量为 500～1 000 毫升。金属笼筐也可使用火焰喷灯烧灼消毒。

2. 运输途中的消毒　使用火车、汽车、轮船、飞机等长途运送动物及其产品时，应经常保持运载工具内的清洁卫生。条件许可时，每天打扫 1～2 次，清扫的粪便、垃圾等集中在一角，到达规定地点后，将其卸下集中消毒处理。途中可在运载工具内撒布一些漂白粉或生石灰进行消毒。如运输途中发生疫病时，应立即停止运输，并与当地兽医防检机构取得联系，妥善处理患病动物，根据疫病的性质对运载工具进行彻底的消毒。发生一般传染病时，可选用农可福（1∶100 稀释）或菌疫灭（1∶100 稀释）或瑞农（1∶100 稀释）或过氧可安（1∶100 稀释）或安比杀（1∶200 稀释）或安灭杀（1∶100 稀释）或卫可安（1∶100 稀释）或复方戊二醛（1∶150 稀释）或镇疫醛（1∶100 稀释）溶液喷洒消毒。清除的粪便、垫料等垃圾，集中堆积发酵处理；发生烈性传染病时，应先用农可福（1∶100 稀释）或菌疫灭（1∶100 稀释）或瑞农（1∶100 稀释）或过氧可安（1∶100 稀释）或安比杀（1∶200 稀释）或安灭杀（1∶100 稀释）或卫可安（1∶100 稀释）或复方戊二醛（1∶150 稀释）或镇疫醛（1∶100 稀释）等消毒液进行喷洒消毒，然后彻底清扫，清扫的粪便、垫料等垃圾堆积烧毁，清扫后的运载工具再选用农可福（1∶100 稀释）或菌疫灭（1∶100 稀释）或瑞农（1∶100 稀释）或过氧可安（1∶100 稀释）或安比杀（1∶200 稀释）或安灭杀（1∶100 稀释）或卫可安（1∶100 稀释）或复方戊二醛（1∶150 稀释）或镇疫醛（1∶100 稀释）溶液进行消毒，每平方米使用消毒液1升，消毒半小时后，用70 ℃热水喷洗运载工具内外，然后再使用农可福（1∶100 稀释）或菌疫灭（1∶100 稀释）或瑞农（1∶100 稀释）或过氧可安（1∶100 稀释）或安比杀（1∶200 稀释）或安灭杀（1∶100 稀释）或卫可安（1∶100 稀释）或复方戊二醛（1∶150 稀释）或镇疫醛（1∶100 稀释）等消毒液进行一次消毒。

3. 运输后的消毒 运输途中未发生疫病时，运输后先将运载工具进行清扫，然后可按运输前的消毒方法进行消毒，或用70 ℃的热水洗刷。运输途中发生过疫病，运输后运载工具的消毒可参照前述方法进行。运载工具消毒时，应注意根据不同的运载工具选用不同的消毒方法和消毒药液，同时应注意防止消毒液沾到运载工具的仪表零件，以免腐蚀生锈，消毒后应用清水洗刷一次，然后用抹布仔细擦干净。

第二节　工作人员的防护与消毒

作为专业的消毒人员，不仅应该熟悉各种消毒方法、消毒程序、常用消毒剂和消毒器械的使用，还应该具备良好的防护意识，养成良好的防护习惯。

一、穿戴防护用品的顺序

（1）戴口罩　口罩的使用与保存如果不正确，不仅起不到防护作用，病毒、细菌等还会随呼吸运动进入人体。戴口罩时一只手托着口罩扣于面部适当的部位，另一只手将口罩戴在合适的部位，压紧鼻夹，紧贴于鼻梁处。在此过程中，双手不接触面部任何部位。口罩上缘在距下眼睑1厘米处，口罩下缘要包住下巴，口罩四周要遮掩严密。不戴时应将贴脸部的一面叠于内侧，放置在无菌袋中，杜绝将口罩随便放置在工作服兜内，更不能将内侧朝外，挂在胸前。真正起防护作用的口罩，其厚度应在20层纱布以上。一般情况下，口罩使用4～8小时更换一次。若接触严密隔离的传染源，应立即更换。每次更换后用消毒液清洗。如果工作条件允许，提倡使用一次性口罩，4小时更换一次，用毕，经消毒后丢入污物桶内。

（2）戴帽子　注意双手不要接触面部，帽子的下沿应遮住耳朵的上沿，头发尽量不要漏出。

（3）穿防护服。

（4）戴上防护眼镜　注意双手不接触面部。

（5）穿上鞋套或胶鞋。

（6）戴上手套　将手套套在防护服袖口的外面。

二、脱掉防护服用品的顺序

（1）摘下防护镜，放入消毒液中。

（2）脱掉防护服，将反面朝外，放入黄色塑料袋中。

（3）摘掉手套，一次性手套应将反面朝外，放入塑料袋中，橡胶手套放入消毒液中。

（4）将帽子轻轻摘掉，反面朝外，放入塑料袋中。

（5）拖下鞋套或胶鞋，将鞋套反面朝外，放入塑料袋中，胶鞋放入消毒液中。

（6）摘下口罩，注意双手不要接触面部。

三、服装和手的防护消毒

1. 服装的消毒　工作服、靴、帽用后应严格消毒，如果接触的是一类或疑似一类传染病时，应先消毒，再清洗，消毒剂可选用瑞农（1∶100稀释，需要注意瑞农能使棉织物褪色）或复方戊二醛（1∶100稀释）或过氧可安（1∶100稀释）或安比杀（1∶100稀释）或安灭杀（1∶50稀释）溶液浸泡1～2小时，消毒后用清水反复清洗几次，洗净后晒干备用。如果接触的是非一类或疑似一类传染病时，可选用优普诺（1∶100稀释）或卫牧（1∶100稀释）溶液浸泡1～2小时，消毒后用清水反复清洗几次，洗净后晒干备用。对于不方便清洗的被褥等物品，可以采用熏蒸法消毒，可选用烟克或烟营（每立方米用 3～5 克）或福尔马林（每立方米用 25 毫升）熏蒸 12 小时，或用过氧可安（每立方米 3～5 克）熏蒸 90 分钟。工作人员必须每人一个更衣柜，并定期消毒，工作服每天更换。

2. 手的消毒 工作前用肥皂流水洗手 2～3 分钟，搓手使泡沫布满手掌手背及指间至少 10 秒钟，再用流水冲洗干净（若手上有伤口，先做好伤口防护），戴上手套。消毒工作结束后，用安比杀（1∶100 稀释）或安灭杀（1∶50 稀释）或 1%～5%聚维酮碘或卫可安（1∶100 稀释）或优普诺（1∶100 稀释）或卫牧（1∶100 稀释）溶液浸泡 2 分钟，然后用清水冲洗干净，如果接触的是一类或疑似一类传染病时，应适当加大消毒剂浓度并适当延长浸泡时间。

附　　录

附录一 猪场消毒程序

序号	消毒对象	推荐使用消毒剂及使用浓度	备注
1	车辆、装猪台和运载工具消毒	农可福（1∶200 稀释）或菌疫灭（1∶200 稀释）或复方戊二醛（1∶200 稀释）或镇疫醛（1∶100 稀释）或过氧可安（1∶200 稀释）或瑞农（1∶200 稀释）或卫可安（1∶150稀释）	最佳方案是先用泡可净清洗干净再消毒，清洗和消毒一定要做到面面俱到
2	洗手消毒	安比杀（1∶300 稀释）或安灭杀（1∶150 稀释）或 5％聚维酮碘［1∶（15～25）稀释］或优普诺（1∶300 稀释）或卫可安（1∶150 稀释）或卫牧（1∶300 稀释）	对皮肤无刺激
3	门卫喷雾消毒系统	复方戊二醛（1∶300 稀释）或优普诺（1∶300 稀释）或卫牧（1∶300 稀释）或卫可安（1∶150 稀释）或安比杀（1∶300 稀释）或安灭杀（1∶150 稀释）	安全、无腐蚀、无刺激
4	工作服清洗消毒	优普诺（1∶300 稀释）或卫牧（1∶300 稀释）	安全、无腐蚀
5	大门口消毒池及脚踏盆（池）消毒	农可福（1∶300 稀释）或菌疫灭（1∶300 稀释）	消毒持续达 7 天
6	大环境消毒	农可福（1∶300 稀释）或过氧可安（1∶200 稀释）或瑞农（1∶300 稀释）或菌疫灭（1∶300 稀释）或复方戊二醛（1∶300 稀释）或镇疫醛（1∶150 稀释）或卫可安（1∶150稀释）	使用方便，成本低，疫情期可适当加大消毒液浓度
7	养殖器具消毒	复方戊二醛（1∶300 稀释）或瑞农（1∶300 稀释）或过氧可安（1∶300 稀释）或优普诺（1∶300 稀释）或卫牧（1∶300 稀释）或卫可安（1∶150 稀释）	浸泡或喷雾消毒，广谱高效、无腐蚀
8	断脐、断尾、去势、手术部位及手术器械消毒	一喷康或聚维酮碘溶液原液或安比杀（1∶6稀释）或碘酊	广谱高效、无腐蚀、能杀灭芽孢

（续）

序号	消毒对象	推荐使用消毒剂及使用浓度	备注
9	种猪舍、育肥舍带体消毒	过氧可安 [1：（200～300）稀释] 或卫可安（1：150 稀释）或复方戊二醛（1：300 稀释）或农可福（1：300 稀释）或镇疫醛（1：150 稀释）或安比杀 [1：（300～400）稀释] 或安灭杀（1：150 稀释）。净化链球菌时可选用优普诺或卫牧（1：300 稀释）	妊娠阶段慎用农可福，以防流产
10	配种间消毒	安比杀（1：300 稀释）或安灭杀（1：150 稀释）或 5%聚维酮碘（1：25 稀释）	无刺激、安全高效
11	产房、产床、保温箱消毒，保育舍带体消毒	安比杀（1：300 稀释）或安灭杀（1：150 稀释）或过氧可安（1：300 稀释）或卫可安（1：150 稀释），同时配合力保生使用	无刺激、安全高效
12	饮水消毒	清之源（每吨水用 6～12 片）或瑞农（30～40 克/吨水）	清之源可以明显改善水质
13	水线	清之源（每千克水用 3～4 片）或瑞农（每千克水 10～20 克）	杀藻，清除管道生物膜
14	熏蒸消毒	烟克或烟营 1～2 克/米³ 或过氧可安10～15 克/米³ 或卫可安（卫可安：丙二醇：水＝1：5：20）专用熏蒸消毒机熏蒸消毒10～20 毫升/米³	彻底、完全、无残留（严禁带猪熏蒸消毒）
15	终末清场消毒	农可福 [1：（100～200）稀释]	杀病毒、细菌、寄生虫卵
16	污水消毒	每立方米用清之源15 片左右	杀菌、除臭、脱色
17	高热病多发季节消毒	复方戊二醛（1：300 稀释）或镇疫醛（1：150 稀释）或卫可安（1：150 稀释）	能有效灭高热病、圆环病毒
18	口蹄疫、流感等重大疫病流行季节消毒	农可福（1：300 稀释）或过氧可安（1：300 稀释）或安比杀（1：300 稀释）或安灭杀（1：150 稀释）或卫可安（1：150 稀释）或瑞农（1：300 稀释）	能有效杀灭口蹄疫病毒
19	非洲猪瘟的消毒	复方戊二醛（1：300 稀释）或镇疫醛（1：150 稀释）或卫可安（1：150 稀释）或安比杀（1：300 稀释）或过氧可安（1：200 稀释）	能有效杀灭非洲猪瘟病毒

（续）

序号	消毒对象	推荐使用消毒剂及使用浓度	备注
20	流行性腹泻、传染性胃肠炎等腹泻性疾病的有效防控措施	1. 消毒：安比杀（1∶300 稀释）或过氧可安（1∶200 稀释）或安灭杀（1∶150 稀释）；2. 干燥：力保生全舍撒 50 克/米²；3. 升温：保证猪舍温度在≥25 ℃（温度以温度计下端与猪背平的读数为准，另外母猪的舒适温度是 18 ℃）；4. 防止脱水：饮水中添加补液盐；5. 寄养：凡是怀孕母猪产前一个月内患有腹泻症状的，所产小猪一律不能吃它的奶，要寄养到健康母猪那里，同时，母猪上产床时要彻底消毒；6. 淘汰：对已发病的仔猪（尤其是不会吃料的仔猪），早发现早淘汰	
21	口蹄疫的有效防控措施	消毒预防：农可福（1∶200 稀释）或过氧可安（1∶200 稀释）带猪消毒。	
22	圆环病毒引起的皮炎肾病综合征的红斑、红点治疗措施	1. 卫可安 1∶（150～200）稀释，然后每千克溶液中加入 10～20 毫克地塞米松，每天 2 次，连用 5～7 天即可痊愈；2. 复方戊二醛 1∶20 稀释，每天 2 次，连用 5～7 天即可痊愈	
23	疥螨、真菌性皮炎、葡萄球菌性皮炎等治疗措施	农可福 1∶（20～50）稀释，全身或局部涂抹，每天 1 次或隔天一次，连用 3～5 天	

注：（1）常规消毒：每周 2～3 次，扑疫期消毒：每天 1～2 次。（2）夏季定期使用农可福对场地及猪舍消毒可有效驱除蚊蝇等有害昆虫；冬季使用农可福、过氧可安可以有效降低猪舍内氨氮气味。（3）产床、保温箱、保育床上长期使用力保生，可有效防止仔猪腹泻，提高仔猪成活率，同时降低猪舍氨氮气味。

附录二　鸡场消毒程序

序号	消毒对象	推荐使用消毒剂及使用浓度	备注
1	车辆及运输工具消毒	农可福（1：200 稀释）或菌疫灭（1：200 稀释）或复方戊二醛（1：200 稀释）或镇疫醛（1：100 稀释）或过氧可安（1：200 稀释）或瑞农（1：200 稀释）或卫可安（1：150 稀释）	消毒持续达 7 天，杀寄生虫卵
2	洗手消毒	安比杀（1：300 稀释）或安灭杀（1：150 稀释）或 5％聚维酮碘［1：（15～25）稀释］或优普诺（1：300 稀释）或卫可安（1：150 稀释）或卫牧（1：300 稀释）	对皮肤无刺激
3	门卫喷雾消毒系统	复方戊二醛（1：300 稀释）或优普诺（1：300 稀释）或卫牧（1：300 稀释）或卫可安（1：150 稀释）或安比杀（1：300 稀释）或安灭杀（1：150 稀释）	安全、无腐蚀、无刺激
4	工作服清洗消毒	优普诺（1：300 稀释）或卫牧（1：300 稀释）	安全、无腐蚀
5	大门口消毒池、脚踏盆（池）消毒	农可福（1：300 稀释）或菌疫灭（1：300 稀释）	消毒持续达 7 天
6	大环境消毒	农可福（1：300 稀释）或过氧可安（1：200 稀释）或瑞农（1：300 稀释）或菌疫灭（1：300 稀释）或复方戊二醛（1：300 稀释）或镇疫醛（1：150 稀释）或卫可安（1：150 稀释）	使用方便，成本低
7	养殖器具消毒	复方戊二醛（1：300 稀释）或瑞农（1：300 稀释）或过氧可安（1：300 稀释）优普诺（1：300 稀释）或卫牧（1：300 稀释）或卫可安（1：150 稀释）	广谱高效、无腐蚀
8	手术部位及手术器械消毒	聚维酮碘溶液原液或安比杀（1：6 稀释）	广谱高效、无腐蚀
9	育雏期带体消毒	安比杀（1：300 稀释）或安灭杀（1：150 稀释）或过氧可安（1：300 稀释）或卫可安（1：150 稀释），同时配合力保生使用	消毒快而持久、安全无刺激

（续）

序号	消毒对象	推荐使用消毒剂及使用浓度	备注
10	育成期带体消毒	过氧可安［1∶（200～300）稀释］或卫可安（1∶150 稀释）或复方戊二醛（1∶300 稀释）或农可福（1∶300 稀释）或镇疫醛（1∶150 稀释）或安比杀［1∶（300～400）稀释］或安灭杀（1∶150 稀释）。净化链球菌时可选用优普诺或卫牧（1∶300 稀释）	消毒快而持久、安全无刺激
11	产蛋期消毒	过氧可安［1∶（200～300）稀释］或卫可安（1∶150 稀释）或复方戊二醛（1∶300 稀释）或农可福（1∶300 稀释）或镇疫醛（1∶150 稀释）或安比杀［1∶（300～400）稀释］或安灭杀（1∶150 稀释）。净化链球菌时可选用优普诺或卫牧（1∶300 稀释）	无刺激、安全高效
12	种蛋消毒	1. 每立方米用过氧可安 40～60 毫升或复方戊二醛 10～15 毫升熏蒸消毒 2. 复方戊二醛或瑞农或过氧可安或优普诺或卫牧喷雾或者浸泡消毒	广谱高效
13	肉鸡舍带体消毒	过氧可安［1∶（200～300）稀释］或卫可安（1∶150 稀释）或复方戊二醛（1∶300 稀释）或农可福（1∶300 稀释）或镇疫醛（1∶150 稀释）或安比杀［1∶（300～400）稀释］或安灭杀（1∶150 稀释）。净化链球菌时可选用优普诺或卫牧（1∶300 稀释）	消毒快而持久、安全无刺激
14	饮水消毒及供水系统消毒	清之源（每吨水用 6～12 片）或瑞农（30～40 克/吨水）	清之源可以明显改善水质
15	清水线	清之源（每千克水用 3～4 片）或瑞农（每千克水 10～20 克）	杀藻，清除管道生物膜
16	熏蒸消毒	烟克或烟营 1～2 克/米³ 或过氧可安 10～15 克/米³ 或卫可安（卫可安∶丙二醇∶水＝1∶5∶20）专用熏蒸消毒机熏蒸消毒 10～20 毫升/米³	彻底、完全、无残留
17	终末清场消毒	农可福［1∶（100～200）稀释］	杀病毒、细菌、寄生虫卵
18	污水消毒	每立方米用清之源 15 片左右	杀菌、除臭、脱色

（续）

序号	消毒对象	推荐使用消毒剂及使用浓度	备注
19	新城疫、流感等重大疫病流行季节消毒	过氧可安（1：300 稀释）或安比杀（1：300 稀释）或安灭杀（1：150 稀释）或卫可安（1：150 稀释）或瑞农（1：300 稀释）	广谱、高效

注：（1）常规消毒：每周 2～3 次，扑疫期消毒：每天 1～2 次；（2）定期使用农可福对鸡舍消毒可有效杀灭球虫等寄生虫虫卵，同时可有效降低鸡舍氨氮气味；（3）育雏舍使用力保生，可有效降低呼吸道疾病发病率，同时可有效降低鸡舍氨氮气味；（4）冬季使用卫可安消毒，无刺激性气味，有效增加鸡舍内氧气，具有除臭、增氧、降氨的作用。

附录三 奶牛养殖场及奶站消毒程序

序号	消毒对象	推荐使用消毒剂及使用浓度	备注
1	车辆、运载工具消毒	复方戊二醛（1∶200 稀释）或镇疫醛（1∶100 稀释）或过氧可安（1∶200 稀释）或瑞农（1∶200 稀释）或卫可安（1∶150 稀释）	最佳方案是先用泡可净清洗干净再消毒，清洗和消毒一定要做到面面俱到
2	洗手消毒	安比杀（1∶300 稀释）或安灭杀（1∶150 稀释）或 5% 聚维酮碘［1∶（15～25）稀释］或优普诺（1∶300 稀释）或卫可安（1∶150 稀释）或卫牧（1∶300 稀释）	对皮肤无刺激
3	门卫喷雾消毒系统	复方戊二醛（1∶300 稀释）或优普诺（1∶300 稀释）或卫牧（1∶300 稀释）或卫可安（1∶150 稀释）或安比杀（1∶300 稀释）或安灭杀（1∶150 稀释）	安全、无腐蚀、无刺激
4	工作服清洗消毒	优普诺（1∶300 稀释）或卫牧（1∶300 稀释）	安全、无腐蚀
5	大门口消毒池及脚踏盆（池）消毒	卫可安（1∶150 稀释）或过氧可安（1∶300 稀释）或瑞农（1∶300 稀释）	消毒持续达 7 天
6	大环境消毒	过氧可安（1∶200 稀释）或瑞农（1∶300 稀释）或复方戊二醛（1∶300 稀释）或镇疫醛（1∶150 稀释）或卫可安（1∶150 稀释）	使用方便，成本低
7	料槽、水槽及饲喂器具消毒	过氧可安（1∶300 稀释）或瑞农（1∶300 稀释）或优普诺（1∶300 稀释）或卫牧（1∶300 稀释）或卫可安（1∶150 稀释）	广谱高效、无腐蚀
8	断脐、去势、手术部位及手术器械消毒手术部位及器械消毒	一喷康或聚维酮碘溶液原液或安比杀（1∶6稀释）或碘酊	广谱高效、无腐蚀、能杀灭芽孢
9	奶牛带体消毒及配种间消毒	过氧可安［1∶（200～300）稀释］或卫可安（1∶150 稀释）或复方戊二醛（1∶300 稀释）或镇疫醛（1∶150 稀释）或安比杀［1∶（300～400）稀释］或安灭杀（1∶150 稀释）或瑞农（1∶300 稀释）	无刺激，对圆环病毒有特效

（续）

序号	消毒对象	推荐使用消毒剂及使用浓度	备注
10	产房消毒	安比杀（1∶300 稀释）或安灭杀（1∶150 稀释）或过氧可安（1∶300 稀释）或卫可安（1∶150 稀释），同时配合力保生使用	无刺激、安全高效
11	挤奶车间消毒	安比杀（1∶300 稀释）或过氧可安（1∶300 稀释）或瑞农（1∶300 稀释）或卫牧（1∶300稀释）或优普诺（1∶300 稀释）	无异味、无刺激，对圆环病毒有特效
12	乳房及挤奶器具消毒	安比杀［1∶（15~20）稀释］或安灭杀［1∶（5~10）稀释］或 5%聚维酮碘［1∶（1~2）稀释］	无刺激、安全高效
13	饮水消毒	清之源（每吨水用 6~12 片）或瑞农（30~40 克/吨水）	清之源可以明显改善水质
	清水线	清之源（每千克水用 3~4 片）或瑞农（每千克水 10~20 克）	杀藻，清除管道生物膜
14	熏蒸消毒	烟克 1~2 克/米³（严禁带牛熏蒸消毒）或烟营 1~2 克/米³	彻底、完全、无残留
15	污水消毒	每立方米用清之源 15 片左右	杀菌、除臭、脱色
16	口蹄疫重大疫病流行季节消毒	过氧可安（1∶300 稀释）或安比杀（1∶300 稀释）或安灭杀（1∶150 稀释）或卫可安（1∶150 稀释）或瑞农（1∶300 稀释）	
17	预防和治疗腐蹄病	1. 预防：用农可福［1∶（50~100）稀释］或 5%硫酸铜水溶液进行蹄浴 2. 治疗：蹄康直接喷涂，一天一次，2~3 次治愈	

注：（1）常规消毒：每周 2~3 次，扑疫期消毒：每天 1~2 次。（2）经常在奶牛厩舍的地面撒力保生，可以有效防治腐蹄病。（3）乳房及挤奶器具经常用安比杀溶液消毒，可以明显减少乳房炎的发生。

附录四　特种动物养殖场消毒程序

序号	消毒对象	推荐使用消毒剂及使用浓度	备注
1	车辆、运载工具消毒	农可福（1∶200 稀释）或菌疫灭（1∶200 稀释）或复方戊二醛（1∶200 稀释）或镇疫醛（1∶100 稀释）或过氧可安（1∶200 稀释）或瑞农（1∶200 稀释）或卫可安（1∶150 稀释）	最佳方案是先用泡可净清洗干净再消毒，清洗和消毒一定要做到面面俱到
2	洗手消毒	安比杀（1∶300 稀释）或安灭杀（1∶150 稀释）或 5％聚维酮碘［1∶（15～25）稀释］或优普诺（1∶300 稀释）或卫可安（1∶150 稀释）或卫牧（1∶300 稀释）	对皮肤无刺激
3	门卫喷雾消毒系统	复方戊二醛（1∶300 稀释）或优普诺（1∶300 稀释）或卫牧（1∶300 稀释）或卫可安（1∶150 稀释）或安比杀（1∶300 稀释）或安灭杀（1∶150 稀释）	安全、无腐蚀、无刺激
4	工作服清洗消毒	优普诺（1∶300 稀释）或卫牧（1∶300 稀释）	安全、无腐蚀
5	大门口消毒池及脚踏盆（池）消毒	农可福（1∶300 稀释）或菌疫灭（1∶300 稀释）	消毒持续达 7 天
6	大环境消毒	农可福（1∶300 稀释）或过氧可安（1∶200 稀释）或瑞农（1∶300 稀释）或菌疫灭（1∶300 稀释）或复方戊二醛（1∶300 稀释）或镇疫醛（1∶150 稀释）或卫可安（1∶150 稀释）	使用方便，成本低
5	养殖器具消毒	复方戊二醛（1∶300 稀释）或瑞农（1∶300 稀释）或过氧可安（1∶300 稀释）或优普诺（1∶300 稀释）或卫牧（1∶300 稀释）或卫可安（1∶150 稀释）	广谱高效、无腐蚀
6	断脐、去势、手术部位及手术器械消毒	一喷康或聚维酮碘溶液原液或安比杀（1∶6 稀释）或碘酊	广谱高效、无腐蚀、能杀灭芽孢
7	产房带体消毒	安比杀（1∶300 稀释）或安灭杀（1∶150 稀释）或过氧可安（1∶300 稀释）或卫可安（1∶150 稀释），同时配合力保生使用	消毒快而持久、安全无刺激

（续）

序号	消毒对象	推荐使用消毒剂及使用浓度	备注
8	商品舍带体消毒	农可福（1∶300 稀释）或过氧可安 [1∶（200～300）稀释] 或卫可安（1∶150 稀释）或复方戊二醛（1∶300 稀释）或镇疫醛（1∶150 稀释）或安比杀 [1∶（300～400）稀释] 或安灭杀（1∶150 稀释）	消毒快而持久、安全无刺激
9	饮水消毒	清之源（每吨水用 6～12 片）或瑞农（30～40 克/吨水）	清之源可以明显改善水质
	清水线	清之源（每千克水用 3～4 片）或瑞农（每千克水 10～20 克）	杀藻，清除管道生物膜
10	熏蒸消毒	烟克或烟营 1～2 克/米³ 或过氧可安 10～15 克/米³ 或卫可安（卫可安∶丙二醇∶水＝1∶5∶20）专用熏蒸消毒机熏蒸消毒 10～20 毫升/米³	彻底、完全、无残留
11	终末清场消毒	农可福 [1∶（100～200）稀释]	杀病毒、细菌、寄生虫卵
12	污水消毒	每立方米用清之源 15 片左右	杀菌、除臭、脱色

注：（1）常规消毒：每周 2～3 次，扑疫期消毒：每天 1～2 次；（2）定期使用农可福对养殖舍消毒可有效杀灭球虫等寄生虫虫卵，还能驱蚊蝇，同时可有效降低舍内氨氮、腥臊等气味；（3）冬季使用卫可安消毒，无刺激性气味，有效增加舍内氧气，具有除臭、增氧、降氨的作用。

附录五 权威机构出具的坤源系列消毒产品杀灭非洲猪瘟、禽流感及口蹄疫病毒效果的检测报告

消毒剂对非洲猪瘟病毒杀灭效果测试报告

委托方： 湖南省动物疫病预防控制中心

湖南坤源生物科技有限公司

检测方： 国家非洲猪瘟参考实验室

中国动物卫生与流行病学中心

1. 质量要求： 符合 ISO 17025 质量管理体系规范

2. 实验地点： 国家外来动物疫病诊断中心三级生物安全实验室

3. 待测产品信息：

产品名称 （主要成分）	生产单位	生产日期	产品批号
安灭杀 （碘、磷酸、硫酸）	湖南坤源生物科技有限公司	20190106	20190101
复方戊二醛溶液 （戊二醛、苯扎氯铵）	湖南坤源生物科技有限公司	20190103	20190102
镇疫醛 （戊二醛、癸甲溴铵）	湖南坤源生物科技有限公司	20181204	20181201
菌疫灭复合酚 （酚、醋酸）	湖南坤源生物科技有限公司	20181225	20181204
瑞农 （三氯异氰尿酸钠粉）	湖南坤源生物科技有限公司	20181221	20181203
卫可安 （过硫酸氢钾复合物粉）	湖南坤源生物科技有限公司	20190106	20190103

4. 测试日期： 2019.7~2019.10

5. 测试目标：

测试消毒剂在说明书指定的工作浓度范围内（不含饮水工作浓

度），灭活细胞培养物中非洲猪瘟病毒的有效性。

6. 测试材料：

非洲猪瘟病毒流行株，由国家非洲猪瘟参考实验室分离鉴定，病毒滴度经测定为 $10^{7.2}HAD_{50}/ml$。

原代猪肺泡巨噬细胞细胞、猪红细胞和血清，由国家非洲猪瘟参考实验室制备提供。采用健康猪无菌采集肺脏，灌洗制备原代猪肺泡巨噬细胞，并同时采集制备红细胞、血清。

7. 测试方法：

测试物的准备：参考消毒剂说明书工作浓度范围（不含饮水工作浓度），合理选择低、中、高 3 个工作浓度，将消毒剂原液配制成 10 倍工作浓度备用。

暴露条件：将 1 个体积的待测消毒剂和 1 个体积的病毒培养物加入到 8 个体积含 1%猪血清的 PBS 中充分混合，混合物分别在 4℃接触 30 分钟和 20℃接触 30 分钟。

检测系统：暴露结束后，采用含 1%猪血清的 PBS 连续 10 倍稀释上述混合物，做 8 个稀释度，接种原代猪肺泡巨噬细胞培养物，同时加入猪红细胞。

培养和观察：将细胞板置于 37℃ 5%CO_2条件培养 6 天，每天检查各细胞培养孔中是否存在红细胞吸附反应（HAD）。若系列稀释的

细胞培养孔中均未出现 HAD 现象，判为该条件下消毒剂有效灭活非

洲猪瘟病毒；系列稀释的细胞培养孔中存在 HAD 现象的，判为该条

件下消毒剂未有效灭活非洲猪瘟病毒；测试结果出现可疑的，传代一

次，再次判定结果。

8. 测试结果：

产品名称 （主要成分）	工作浓度	暴露条件	
		20℃作用 30min	4℃作用 30min
安灭杀 （碘、磷酸、硫酸）	0.33%	√	√
	0.66%		√
	2%		√
复方戊二醛溶液 （戊二醛、苯扎氯铵）	1：300		√
	1：150		√
	1：80	√	√
镇疫醛 （戊二醛、癸甲溴铵）	1：2000	√	√
	1：1000	√	√
	1：500	√	√
菌疫灭复合酚 （酚、醋酸）	1：500	√	√
	1：300	√	√
	1：200	√	√
瑞灭 （二氯异氰尿酸钠粉）	1：3000	X	X
	1：1000	X	X
	1：300	√	√
卫可安 （过硫酸氢钾复合物粉）	1：1600	X	X
	1：800	X	X
	1：200	√	√

注："√"表示依据测试方法，系列稀释的细胞培养孔中均未出现 HAD 现象；"X"表示依据测试方法，系列稀释的细胞培养孔中存在 HAD 现象。

9. 结论：

依据本测试方法，在 4℃接触 30 分钟和 20℃接触 30 分钟条件下，测试的 6 种消毒剂，在下列工作浓度范围时，包括：安灭杀（批号：

20190101）工作浓度≥0.33%；复方戊二醛溶液（批号：20190102）

稀释倍数≤300 倍；镇疫醛（批号：20181201）稀释倍数≤2000 倍；

菌疫灭复合酚（批号：20181204）稀释倍数≤500 倍；瑞农（批号：

20181203）稀释倍数≤300 倍；卫可安（批号：20190103）稀释倍数

≤200 倍，证实可有效灭活非洲猪瘟病毒。

测试人：巩明霞　　　审核人：　　　批准人：

检测方：

签发日期：2019.10.2

检验报告书编号：X202008004

检 测 报 告

委托单位：湖南坤源生物科技有限公司

检验单位：中国农业科学院哈尔滨兽医研究所

国家禽流感参考实验室

联系电话：0451-51051678

二〇二〇年八月

X202008004

说　　明

1. 本检验报告仅对送检的样品在试验内容中的结果负责。
2. 本检验报告涂改、增删无效、未加盖单位印章无效。
3. 本检验报告和本验证机构的名称不得用于产品标签、广告、商品宣传和评奖等。
4. 如对本报告有异议，请于收到报告之日起十五个工作日内以书面形式向检验单位提出。

联系地址：哈尔滨市香坊区哈平路 678 号
邮政编码：150069
联系电话：0451-51051678

中国农业科学院哈尔滨兽医研究所
国家禽流感参考实验室

第 2 页/共 5 页

X202008004

二氯异氰尿酸钠粉对 H5N1 亚型禽流感病毒
杀灭效果检测

本实验室对湖南坤源生物科技有限公司委托检验的二氯异氰尿酸钠粉进行了体外杀灭禽流感病毒（AIV）的试验。现将试验结果报告如下：

1　材料与方法

1.1　受试产品

通用名：二氯异氰尿酸钠粉，商品名：瑞农。有效成分为二氯异氰尿酸钠，有效氯含量 30%；包装规格为 200g/包，批号为 20200701，生产日期 20200702，有效期 2 年。生产企业为湖南坤源生物科技有限公司。

1.2　禽流感病毒

H5N1 亚型高致病性禽流感病毒 A/Chicken/Liaoning/SD007/2017(H5N1) 由本研究室鉴定和保存。

1.3　鸡胚

10 日龄 SPF 鸡胚，由依托中国农业科学院哈尔滨兽医研究所的国家禽类实验动物资源库提供。

1.4　中和剂的配制

0.1Mol 的硫代硫酸钠，使用生理盐水溶液配制，完全溶解后过滤、备用。

1.5　二氯异氰尿酸钠粉对鸡胚的毒性试验

将二氯异氰尿酸钠粉与去离子水按照质量体积比进行 1:100 溶解。将质量体积比为 1:100、1:200、1:400 倍的二氯异氰尿酸钠粉分别接种 10 日龄 SPF 鸡胚，每个稀释程度接种 5 枚鸡胚（0.1mL/胚），将接种的鸡胚置 37℃温箱中培养 96 小时。24 小时以内死亡的鸡胚去掉，记录鸡胚死亡情况。

1.6　二氯异氰尿酸钠粉对病毒的杀灭率试验

配制 $10^{x.5x}EID_{50}/0.1mL$ 的 H5N1 亚型禽流感病毒悬液，与质量体积比为 1:100、

1：500、1:1000、1:2000、1:4000、1:8000、1:16000、1:32000 倍的二氯异氰尿酸钠粉，按 1:9 混合，在 20±1℃条件下作用 10 分钟后，与中和剂作用，再用灭菌 PBS 做 10 倍递进稀释，做 8 个稀释度，每个稀释度接种 5 枚鸡胚（0.1mL/胚）。阴性对照组用灭菌 PBS 代替二氯异氰尿酸钠粉，同法处理；稀释液接种 10 日龄 SPF 鸡胚，每个稀释度接种 5 枚鸡胚（0.1mL/胚）。将接种的鸡胚置 37℃温箱中培养，记录鸡胚死亡情况。24 小时以内死亡的鸡胚去掉，24 小时以后的死胚及时取出，至 96 小时全部取出，逐个取尿囊液做血凝（HA）试验，血凝阳性者判为鸡胚感染。

按照鸡胚感染的结果，按下列方程式计算试验组和对照组鸡胚感染的阳性率、样本含 EID_{50} 与杀灭率。

阳性率=血凝阳性鸡胚数/接种鸡胚数 ；样本含 EID_{50} 量的对数=L﹣d(S-0.5)（L 为最低稀释倍数的对数；d 为稀释度间对数的差；S 为各稀释列阳性率之和。）

病毒杀灭率=（对照样本含 EID_{50} 量-试验样本含 EID_{50} 量）/对照样本含 EID_{50} 量×100%

2 结 果

2.1 二氯异氰尿酸钠粉对鸡胚的毒性试验

由表 1 可知，将二氯异氰尿酸钠粉按照质量体积比 1:100、1:200、1：400 倍稀释的二氯异氰尿酸钠粉分别接种 10 日龄鸡胚，每个稀释度 5 枚鸡胚（0.1mL/胚），试验结果显示该消毒液 1:200 及以上质量体积比消毒液对鸡胚无致病性。

表 1 二氯异氰尿酸钠粉对鸡胚的毒性试验

	二氯异氰尿酸钠粉的不同稀释倍数（质量体积比）		
	1:100	1:200	1:400
鸡胚死亡情况（枚）	2/5	0/5	0/5

注：分子为死亡胚数，分母为接胚数

X202008004

2.2 二氯异氰尿酸钠粉对禽流感病毒的杀灭作用

将二氯异氰尿酸钠粉以体积比为 1:100、1:500、1:1000、1:2000、1:4000、1:8000、1:16000、1:32000 倍稀释液，分别与 $10^{8.50}EID_{50}/0.1mL$ 的 H5N1 亚型禽流感病毒悬液(9:1)室温作用 10 分钟，不同浓度的二氯异氰尿酸钠粉杀灭病毒率结果见表 2。

表 2　二氯异氰尿酸钠粉对 H5N1 亚型禽流感病毒的杀灭率

	不同浓度的二氯异氰尿酸钠粉（质量体积比）							
	1:100	1:500	1:1000	1:2000	1:4000	1:8000	1:16000	1:32000
杀灭率	100%	100%	100%	100%	100%	99.99%	98.00%	43.77%

3. 结 论

采用 Klein-Defors 悬浮杀灭与感染试验方法，将二氯异氰尿酸钠粉在不同浓度下，与 H5N1 亚型禽流感病毒（9:1）体外直接作用，以此检测二氯异氰尿酸钠粉体外对禽流感病毒的杀灭效果。不同质量体积比消毒粉的检测结果表明，与 H5N1 亚型禽流感病毒室温作用 10 分钟后，1:100 至 1:4000 倍（质量体积比）的二氯异氰尿酸钠粉对禽流感病毒的杀灭率为 100%，有完全的杀灭病毒作用。

中国农业科学院哈尔滨兽医研究所
国家禽流感参考实验室
检验专用章
2020 年 08 月 31 日

检验报告书编号：X202008003

检 测 报 告

委托单位： 湖南坤源生物科技有限公司

检验单位：中国农业科学院哈尔滨兽医研究所

国家禽流感参考实验室

联系电话：0451-51951678

二〇二〇年八月

X202008003

说　　明

1. 本检验报告仅对送检的样品在试验内容中的结果负责。
2. 本检验报告涂改、增删无效、未加盖单位印章无效。
3. 本检验报告和本验证机构的名称不得用于产品标签、广告、商品宣传和评优等。
4. 如对本报告有异议，请于收到报告之日起十五个工作日内以书面形式向检验单位提出。

联系地址：哈尔滨市香坊区哈平路 678 号
邮政编码：150069
联系电话：0451-51051678

中国农业科学院哈尔滨兽医研究所
国家禽流感参考实验室

第 2 页/共 5 页

X202008003

过硫酸氢钾复合物粉对 H7N9 亚型禽流感病毒杀灭效果检测

本实验室对湖南坤源生物科技有限公司委托检验的过硫酸氢钾复合物粉进行了体外杀灭禽流感病毒（AIV）的试验。现将试验结果报告如下：

1 材料与方法

1.1 受试产品

通用名：过硫酸氢钾复合物粉；商品名：坤源卫可安。有效成分为过硫酸氢钾、氯化钠，有效氯含量不少于 10%；包装规格为 250g/瓶，批号为 20200702，生产日期 20200704，有效期 2 年。生产企业为湖南坤源生物科技有限公司。

1.2 禽流感病毒

H7N9 亚型高致病性禽流感病毒 A/Chicken/Guangxi/S8098/2017(H7N9) 由本研究室鉴定和保存。

1.3 鸡胚

10 日龄 SPF 鸡胚，由依托中国农业科学院哈尔滨兽医研究所的国家禽类实验动物资源库提供。

1.4 中和剂的配制

0.1Mol 的硫代硫酸钠，使用生理盐水溶液配制，完全溶解后过滤、备用。

1.5 过硫酸氢钾复合物粉对鸡胚的毒性试验

将过硫酸氢钾复合物粉与去离子水按照质量体积比进行 1:100 溶解。将质量体积比为 1:100、1:200、1:400 倍的过硫酸氢钾复合物粉分别接种 10 日龄 SPF 鸡胚，每个稀释度接种 5 枚鸡胚（0.1mL/胚），将接种的鸡胚置 37℃温箱中培养 96 小时。24 小时以内死亡的鸡胚去掉，记录鸡胚死亡情况。

1.6 过硫酸氢钾复合物粉对病毒的杀灭率试验

配制 $10^{8.38} EID_{50}/0.1mL$ 的 H7N9 亚型禽流感病毒悬液，与质量体积比为 1:100、

X202008003

1：200、1:400、1:800、1:1600、1:3200、1:6400、1:12800 倍的过硫酸氢钾复合物粉，按 1:9 混合，在 20±1℃条件下作用 10 分钟后，与中和剂作用，再用灭菌 PBS 做 10 倍递进稀释，做 8 个稀释度，每个稀释度接种 5 枚鸡胚（0.1ml./胚）。阴性对照组用灭菌 PBS 代替过硫酸氢钾复合物粉，同法处理；稀释液接种 10 日龄 SPF 鸡胚，每个稀释度接种 5 枚鸡胚（0.1mL/胚）。将接种的鸡胚置 37℃ 温箱中培养，记录鸡胚死亡情况。24 小时以内死亡的鸡胚去掉，24 小时以后的死胚及时取出，至 96 小时全部取出，逐个取尿囊液做血凝(HA)试验，血凝阳性者判为鸡胚感染。

按照鸡胚感染的结果，按下列方程式计算试验组和对照组鸡胚感染的阳性率、样本含 EID_{50} 与杀灭率。

阳性率＝血凝阳性鸡胚数/接种鸡胚数 ；样本含 EID_{50} 量的对数＝$L-d(S-0.5)$

（L 为最低稀释倍数的对数；d 为稀释度间对数的差；S 为各稀释列阳性率之和。）

病毒杀灭率＝（对照样本含 EID_{50} 量-试验样本含 EID_{50} 量）/对照样本含 EID_{50} 量×100%

2　结　果

2.1 过硫酸氢钾复合物粉对鸡胚的毒性试验

由表 1 可知，将过硫酸氢钾复合物粉按照质量体积比 1:100、1:200、1:400 倍稀释的过硫酸氢钾复合物粉分别接种 10 日龄鸡胚，每个稀释度 5 枚鸡胚（0.1mL/胚）试验结果显示该消毒粉 1:100 及以上质量体积比消毒液对鸡胚无致病性。

表 1　过硫酸氢钾复合物粉对鸡胚的毒性试验

	过硫酸氢钾复合物粉的不同稀释倍数		
	1:100	1:200	1:400
鸡胚死亡情况（枚）	0/5	0/5	0/5

注：分子为死亡胚数，分母为接胚数

X202008003

2.2 过硫酸氢钾复合物粉对禽流感病毒的杀灭作用

将过硫酸氢钾复合物粉以体积比为 1:100、1:200、1:400、1:800、1:1600、1:3200、1:6400、1:12800 倍稀释液，分别与 $10^{8.38}$EID$_{50}$/0.1mL 的 H7N9 亚型禽流感病毒悬液(9:1)室温作用 10 分钟，不同浓度的过硫酸氢钾复合物粉杀灭病毒率结果见表2。

表2　过硫酸氢钾复合物粉对 H7N9 亚型禽流感病毒的杀灭率

	不同浓度的过硫酸氢钾复合物粉（质量体积比）							
	1:100	1:200	1:400	1:800	1:1600	1:3200	1:6400	1:12800
杀灭率	100%	100%	100%	100%	100%	99.99%	99.99%	99.98%

3. 结论

采用 Klein-Defors 悬浮杀灭与感染试验方法，将过硫酸氢钾复合物粉在不同浓度下，与 H7N9 亚型禽流感病毒(9:1)体外直接作用，以此检测过硫酸氢钾复合物粉体外对禽流感病毒的杀灭效果。不同质量体积比消毒粉的检测结果表明，与 H7N9 亚型禽流感病毒室温作用 10 分钟后，1:100 至 1:1600 倍（质量体积比）的过硫酸氢钾复合物粉对禽流感病毒的杀灭率为 100%，有完全的杀灭病毒作用。

中国农业科学院哈尔滨兽医研究所
国家禽流感参考实验室
2020 年 08 月 31 日

第 5 页/共 5 页

编号：LX2020003

检 验 报 告

检品名称：　碘酸混合溶液（商品名：坤源安灭杀）

供样单位：　湖南坤源生物科技有限公司

中国农业科学院兰州兽医研究所

说　明

1. 报告无检验单位公章无效。

2. 报告涂改、增删无效。

3. 报告无审核人、批准人签字无效。

4. 本检验报告只对送检样品所检项目负责。

5. 本检验报告一式3份，2份交送检单位，1份由检验机构存档。

6. 检验报告的检验结果和检验单位名称，未经检验单位同意不得用于广告、评优及商业宣传。

7. 如对本检验报告有异议，请于收到报告之日起15天内以书面形式向检验单位提出复核申请，逾期不予受理。

联系地址：甘肃省兰州市城关区徐家坪1号

邮政编码：730046

联系电话：0931-8343725

传　真：0931-8342052

中国农业科学院兰州兽医研究所

消毒剂检验报告

样品受理编号：20191115-3　　报告编号：LX2020003　　共3页　第1页

样品名称	碘酸混合溶液	检验类别	委托检验，初检
商品名	坤源安灭杀	规格	含碘 3.0%、酸量（以磷酸计）30%
生产批号	20191101、20191102、20191103	包　装	塑料瓶
生产单位	湖南坤源生物科技有限公司		
供样单位	湖南坤源生物科技有限公司	保存条件	遮光密封、阴凉处保存
收样日期	2019 年 11 月 15 日	检验日期	2019 年 11 月 20 日至 2020 年 05 月 20 日
检验项目	消毒剂对口蹄疫病毒的杀灭作用		
检验依据	(1)中华人民共和国原卫生部《消毒产品检验规定》(2003)；(2)世界动物卫生组织《陆生动物诊断试验和疫苗标准手册》(2016)。		

检验结论：

　　1. 湖南坤源生物科技有限公司送检的碘酸混合溶液（商品名：坤源安灭杀）能杀灭口蹄疫病毒。

　　2. 湖南坤源生物科技有限公司送检的碘酸混合溶液（商品名：坤源安灭杀）杀灭口蹄疫病毒的最大稀释度为 1:400。

检验：

审核：

批准：

检验机构公章

二〇二〇年五月二十日

碘酸混合溶液（商品名：坤源安灭杀）对口蹄疫病毒杀灭效果的检验报告

受湖南坤源生物科技有限公司的委托，对该公司生产的碘酸混合溶液（商品名：坤源安灭杀）进行杀灭口蹄疫病毒效果的检测。检验报告如下：

1. 试验材料及制备

1.1 碘酸混合溶液（商品名：坤源安灭杀），由湖南坤源生物科技有限公司提供。

1.2 稀释液：0.04mol/L 磷酸盐缓冲液（pH7.6）、灭菌去离子水。

1.3 病毒的制备和稀释： O 型口蹄疫乳鼠组织毒（$LD_{50}=10^{-8.0}$），用 0.04mol/L 的磷酸盐缓冲液（pH7.6）稀释成 1:500 倍病毒悬液，备用。

1.4 试验动物：4 日龄吮乳小白鼠（乳鼠），由中国农业科学院兰州兽医研究所实验动物场提供。

2. 试验方法

2.1 安全性试验

用去离子水将碘酸混合溶液（商品名：坤源安灭杀）做 1:50、1:100 和 1:200 倍稀释，分别注射 4 日龄乳鼠，每只乳鼠背部皮下注射 0.2ml 消毒液稀释液，每组注射 8 只；设阴性对照，阴性对照组 5 只乳鼠，每只乳鼠背部皮下注射 0.2ml 去离子水。注射后连续观察 96h。每组试验重复 1 次。

2.2 杀灭口蹄疫病毒效果的试验

用去离子水将碘酸混合溶液（商品名：坤源安灭杀）做 1:100、1:200、1:300、1:400 和 1:500 倍稀释，分别与 1:500 倍稀释的口蹄疫病毒等量混合，室温作用 30min 后，注射 4 日龄乳鼠，每组注射 8 只，每只乳鼠背部皮下注射病毒-消毒液混合液 0.2ml；设病毒对照（阳性对照），病毒对照每组 5 只乳鼠，每只乳鼠背部皮下注射 0.2ml 1:1000 倍稀释的病毒液；设健康对照（空白），健康对照每组 5 只乳鼠，每只乳鼠背部皮下注射 0.2ml 去离子水。注射后连续观察 7 天。每组试验重复 1 次。

3. 判定标准

3.1 安全性判定标准：乳鼠不死亡或无不良反应，判为安全，反之为不安全。

3.2 杀灭病毒效果判定标准

(1) 病毒对照组乳鼠在接种病毒后发病死亡，并从乳鼠体内检测到口蹄疫病毒，试验成立。

(2) 试验组乳鼠在观察期间无异常表现，全部健活，判定产品有效。

(3) 试验组有乳鼠死亡，并从乳鼠体内检测到口蹄疫病毒，判定该浓度下产品无效。

4. 试验结果

4.1 碘酸混合溶液（商品名：坤源安灭杀）在 1:100 倍及以上稀释时，对实验动物安全，结果见表 1。

表 1　消毒剂对动物的安全性测定

消毒剂浓度	接种乳鼠数（只）	死亡比例（死亡数/试验动物总数）	结果判定
1:50	16	8/16	不安全
1:100	16	0/16	安全
1:200	16	0/16	安全
阴性对照	10	0/10	试验成立

4.2 碘酸混合溶液（商品名：坤源安灭杀）对病毒杀灭效果测定，结果见表 2。

表 2：消毒剂对口蹄疫病毒杀灭效果的测定

消毒温度作用时间	消毒剂终浓度	接种乳鼠数（只）	死亡比例（死亡数/试验动物总数）	效果判定
16～25 ℃ 30min	1:200	16	0/16	有效
	1:400	16	0/16	有效
	1:600	16	4/16	无效
	1:800	16	9/16	无效
	1:1000	16	12/16	无效
	阳性对照	10	10/10	对照成立
	健康对照	10	0/10	对照成立

5. 试验结论

5.1 湖南坤源生物科技有限公司送检的碘酸混合溶液（商品名：坤源安灭杀）能杀灭口蹄疫病毒。

5.2 湖南坤源生物科技有限公司送检的碘酸混合溶液（商品名：坤源安灭杀）杀灭口蹄疫病毒的最大稀释度为 1:400。

编号：LX2020001

检 验 报 告

检品名称： 戊二醛癸甲溴铵溶液（商品名：镇疫醛）

供样单位： 湖南坤源生物科技有限公司

中国农业科学院兰州兽医研究所

说　明

1. 报告无检验单位公章无效。

2. 报告涂改、增删无效。

3. 报告无审核人、批准人签字无效。

4. 本检验报告只对送检样品所检项目负责。

5. 本检验报告一式 3 份，2 份交送检单位，1 份由检验机构存档。

6. 检验报告的检验结果和检验单位名称，未经检验单位同意不得用于广告、评优及商业宣传。

7. 如对本检验报告有异议，请于收到报告之日起 15 天内以书面形式向检验单位提出复核申请，逾期不予受理。

联系地址：甘肃省兰州市城关区徐家坪 1 号

邮政编码：730046

联系电话：0931-8343725

传　真：0931-8342052

中国农业科学院兰州兽医研究所
消毒剂检验报告

样品受理编号：20191115-1　　报告编号：LX2020001　　共 3 页　第 1 页

样品名称	戊二醛癸甲溴铵溶液	检验类别	委托检验，初检
商品名	镇疫醛	规格	100mL:戊二醛 5g+癸甲溴铵 5g
生产批号	20191101、20191102、20191103	包 装	塑料瓶
生产单位	湖南坤源生物科技有限公司		
供样单位	湖南坤源生物科技有限公司	保存条件	遮光密封、阴凉处保存
收样日期	2019 年 11 月 15 日	检验日期	2019 年 11 月 20 日至 2020 年 05 月 20 日
检验项目	消毒剂对口蹄疫病毒的杀灭作用		
检验依据	(1)中华人民共和国原卫生部《消毒产品检验规范》(2003)；(2)世界动物卫生组织《陆生动物诊断试验和疫苗标准手册》(2016)。		

检验结论：

　　1. 湖南坤源生物科技有限公司送检的戊二醛癸甲溴铵溶液（商品名：镇疫醛）能杀灭口蹄疫病毒。

　　2. 湖南坤源生物科技有限公司送检的戊二醛癸甲溴铵溶液（商品名：镇疫醛）100%杀灭口蹄疫病毒的最大稀释度为 1:800。

检验：

审核：

批准：

检验机构公章

二〇二〇年五月二十日

戊二醛癸甲溴铵溶液（商品名：镇疫醛）对口蹄疫病毒杀灭效果的检验报告

受湖南坤源生物科技有限公司的委托，对该公司生产的戊二醛癸甲溴铵溶液（商品名：镇疫醛）进行杀灭口蹄疫病毒效果的检测。检验报告如下：

1. 试验材料及制备

1.1 戊二醛癸甲溴铵溶液（商品名：镇疫醛），由湖南坤源生物科技有限公司提供。

1.2 稀释液：0.04mol/L 磷酸盐缓冲液（pH7.6）、灭菌去离子水。

1.3 病毒的制备和稀释：　O 型口蹄疫乳鼠组织毒（$LD_{50}=10^{-8.0}$），用 0.04mol/L 磷酸盐缓冲液（pH7.6）稀释成 1:500 倍病毒悬液，备用。

1.4 试验动物：4 日龄吮乳小白鼠（乳鼠），由中国农业科学院兰州兽医研究所实验动物场提供。

2. 试验方法

2.1 安全性试验

用去离子水将戊二醛癸甲溴铵溶液（商品名：镇疫醛）做 1:50、1:100 和 1:200 倍稀释，分别注射 4 日龄乳鼠，每只乳鼠背部皮下注射 0.2ml 消毒液稀释液，每组注射 8 只；设阴性对照，阴性对照每组 5 只乳鼠，每只乳鼠背部皮下注射 0.2ml 去离子水。注射后连续观察 96h。每组试验重复 1 次。

2.2 杀灭口蹄疫病毒效果的试验

用去离子水将戊二醛癸甲溴铵溶液（商品名：镇疫醛）做 1:100、1:200、1:300、1:400、1:500 和 1:600 倍稀释，分别与 1:500 倍稀释的口蹄疫病毒等量混合，室温作用 30min 后，注射 4 日龄乳鼠，每组注射 8 只，每只乳鼠背部皮下注射病毒-消毒液混合液 0.2ml；设病毒对照（阳性对照），病毒对照每组 5 只乳鼠，每只乳鼠背部皮下注射 0.2ml 1:1000 倍稀释的病毒液；设健康对照（空白），健康对照组 5 只乳鼠，每只乳鼠背部皮下注射 0.2ml 去离子水。注射后连续观察 7 天。每组试验重复 1 次。

3. 判定标准

3.1 安全性判定标准：乳鼠不死亡或无不良反应，判为安全，反之为不安全。

3.2 杀灭病毒效果判定标准

(1) 病毒对照组乳鼠在接种病毒后发病死亡，并从乳鼠体内检测到口蹄疫病毒，试验成立。

(2) 试验组乳鼠在观察期间无异常表现，全部健活，判定产品有效。

(3) 试验组有乳鼠死亡，并从乳鼠体内检测到口蹄疫病毒，判定该浓度下产品无效。

4. 试验结果

4.1 戊二醛癸甲溴铵溶液（商品名：镇疫醛）在 1:50 倍及以上稀释时，对实验动物安全，结果见表 1。

表 1 消毒剂对实验动物的安全性测定

消毒剂浓度	接种乳鼠数（只）	死亡比例（死亡数/试验动物总数）	结果判定
1:50	16	0/16	安 全
1:100	16	0/16	安 全
1:200	16	0/16	安 全
阴性对照	10	0/10	试验成立

4.2 戊二醛癸甲溴铵溶液（商品名：镇疫醛）对病毒杀灭效果测定，结果见表 2。

表 2 消毒剂对口蹄疫病毒杀灭效果的测定

消毒温度作用时间	消毒剂终浓度	接种乳鼠数（只）	死亡比例（死亡数/试验动物总数）	效果判定
	1:200	16	0/16	有 效
	1:400	16	0/16	有 效
	1:600	16	0/16	有 效
16～25 ℃	1:800	16	0/16	有 效
30min	1:1000	16	3/16	无 效
	1:1200	16	7/16	无 效
	阳性对照	10	10/10	对照成立
	阴性对照	10	0/10	对照成立

5. 试验结论

5.1 湖南坤源生物科技有限公司送检的戊二醛癸甲溴铵溶液（商品名：镇疫醛）能杀灭口蹄疫病毒。

5.2 湖南坤源生物科技有限公司送检的戊二醛癸甲溴铵溶液（商品名：镇疫醛）100%杀灭口蹄疫病毒的最大稀释度为 1:800。

参 考 文 献

代广军，苗连叶，2013. 养猪企业赚钱策略及细化管理技术 [M]. 北京：中国农业出版社.

丁农，费建明，2016. 实用栽桑与养蚕技术 [M]. 武汉：武汉大学出版社.

孙卫东，2009. 猪场消毒、免疫接种和药物保健技术 [M]. 北京：化学工业出版社.

田文霞，2007. 兽医防疫消毒技术 [M]. 北京：中国农业出版社.

魏刚才，胡建和，2011. 养殖场消毒指南 [M]. 北京：化学工业出版社.

肖淑霞，黄志龙，廖建华，等，2015. 食用菌无公害栽培技术 [M]. 福州：福建科学技术出版社.

张振兴，姜平，2010. 兽医消毒学 [M]. 北京：中国农业出版社.